职业教育无人机应用技术专业活页式创新教材

无人机农林植保技术及应用

主　编　姜宽舒　于　泓

参　编　王艳莉　邹元香　惠　瑾

机械工业出版社

本书立足于我国现代农业发展现状及无人机植保技术的特点，结合植保无人机行业应用和现代农业装备应用技术专业教学需要而编写。从低空精准高效施药技术工作原理入手，介绍无人机植保技术应用中被广泛关注的农药基础知识、主要农作物病虫害、植保无人机种类、高效施药技术与作业规范、常见大田作物和经济作物的作业案例以及植保无人机的其他拓展应用，通过模块化、项目化的教学手段，促进学生掌握植保无人机各系统的组成、结构与分类、工作机理、典型设备操作系统特性等知识和技能。

本书可作为高职院校现代农业装备应用技术等专业的植保无人机应用课程教材，也可以作为高职院校其他相关专业的参考教材以及新型职业农民培训教材。

图书在版编目（CIP）数据

无人机农林植保技术及应用 / 姜宽舒，于泓主编.
北京：机械工业出版社，2024.10（2025.2重印）. --（职业教育无人机应用技术专业活页式创新教材）. -- ISBN 978-7-111
-76483-0

Ⅰ. S4

中国国家版本馆CIP数据核字第2024TJ7559号

机械工业出版社（北京市百万庄大街22号　邮政编码100037）
策划编辑：谢　元　　　　　责任编辑：谢　元　丁　锋
责任校对：韩佳欣　张　薇　　封面设计：张　静
责任印制：郜　敏
中煤（北京）印务有限公司印刷
2025年2月第1版第2次印刷
184mm×260mm·16印张·345千字
标准书号：ISBN 978-7-111-76483-0
定价：65.00元

电话服务　　　　　　　　　网络服务
客服电话：010-88361066　　机　工　官　网：www.cmpbook.com
　　　　　010-88379833　　机　工　官　博：weibo.com/cmp1952
　　　　　010-68326294　　金　书　网：www.golden-book.com
封底无防伪标均为盗版　机工教育服务网：www.cmpedu.com

前　言

　　我国作为农业大国，拥有 20 多亿亩基本农田，每年有大量的植保作业防治需求。农药喷洒是粮食生产的重要一环，对防病治虫、促进粮食和农业稳产高产至关重要。但是施药方法的限制造成生产成本增加、农药使用量较大、农产品残留超标、作物药害、环境污染等问题。为有效控制农药使用量，保障农业生产安全、农产品质量安全和生态环境安全，农业农村部制定了《到 2020 年农药使用量零增长行动方案》，明确要求在 2020 年实现农药生产、使用零增长。无人机植保具有植保效率高、喷洒精准均匀、地形适应性强、毁苗率低、节水节药、人药分离安全性好等突出优点，从很大程度上克服了传统植保方式的弊端，为高效、安全植保作业提供了有效途径。近年来，国家大力推进农业现代化，随着各项补贴及利好政策的推出，农用植保无人机在各地区已经推广应用。

　　2016 年以来，全国在用的植保无人机有 220 余种，生产厂家 300 余家；大疆、极飞、拓攻等无人机企业陆续推出了成熟可靠的植保无人机系列产品，可挂载 5～30L 的药箱，喷幅为 5～20m，适用于不同的施药条件，已经在水稻、小麦、玉米、甘蔗、果树、棉花等多种作物上进行了病虫害防治作业，实际效果证明已经能够达到实用水平，能有效、及时防治大田作物病虫害。我国植保无人机行业目前正处于快速发展阶段，2019 年，行业销售植保无人机 3 万台，2020 年已达到 6 万台，实现了整体翻倍的发展速度。与此同时，2020 年我国植保无人机保有量已达 11 万台，全年作业面积突破 10 亿亩次，植保无人机已从早期的实验性产品发展成为一种常见的农业生产机械。

　　植保无人机能够进行航空植保、种子播撒、肥料喷洒等作业，相对于传统的人工农药喷洒方式，具有效率高、节水、省药、操作安全的特点，是保障农业增产增收的有力工具。相对于美国耕地高度集中、开阔，农业生产机械化程度高的特点，我国不仅土地较为分散，并且丘陵地形多，植保无人机更为适合我国的实际农业情况。并且，随着城镇化的快速发展，大量的农民进入城市成为城镇居民，农村的土地流转速度逐步加快，这为植保无人机的发展提供了更为广阔的天地。

　　综上所述，植保无人机在我国是一个快速发展的新兴行业。在高速发展的同时，深入研究无人机农林植保及病虫害防治、培训专业高水平人才的迫切性不容忽视，更好地认知新兴的植保无人机施药技术有助于优化无人机设计、推广与应用，促进农药的高效、安全使用，并可为我国农用植保无人机市场的健康、有序发展做出贡献。

　　本书立足于我国现代农业发展现状以及现阶段无人机植保技术的特点，结合市场上主流科技企业的成熟品牌植保无人机，分析其结构和技术特点，着重从低空精准高效施药技术工作原理入手，介绍无人机植保技术应用中被广泛关注的农药基础知识、主要农作物病虫害、植保无人机种类、高效施药技术与作业规范、常见大田作物和经济作物的作业案例以及植保无人机的其他拓展应用，向读者阐述植保无人机各系统的组成、结构与分类、工作机理、典型设备系统特性等，便于读者更好地认识和理解无人机植保技术的发展和实际运用。

　　在本书编写过程中，编者曾参阅和借鉴了国内外相关文献、资料，并标注了引用的文献，在此谨向其作者表示真诚的谢意。

　　国内植保无人机发展史较短，并且产品发展较为迅速，由于编者水平有限并且时间紧迫，本书如有错误及瑕疵之处，敬请各位专家和读者批评指正。

姜宽舒

目 录

前言

模块一　植保无人机的基础认知

重点内容导图	... 002
学习任务 1　了解农林植保飞机的发展历程	... 003
知识点 1　农用飞机的发展历史	... 003
知识点 2　植保无人机的发展历史	... 005
拓展课堂 1	... 012
学习任务 2　植保无人机的分类	... 012
知识点 1　按动力源分类	... 013
知识点 2　按机型结构分类	... 013
拓展课堂 2	... 014
学习任务 3　植保无人机的系统组成	... 014
知识点 1　机身结构	... 015
知识点 2　动力系统	... 016
知识点 3　飞行控制系统	... 020
知识点 4　通信链路系统及遥控器	... 022
知识点 5　喷洒系统	... 023
知识点 6　其他挂载系统	... 027
拓展课堂 3	... 028

模块二　农药的基础知识及安全使用

重点内容导图	... 030
学习任务 1　农药的定义	... 031
知识点 1　农药的毒性	... 031
知识点 2　复配药剂	... 032
知识点 3　农药剂型	... 032

知识点 4　禁止使用的农药 ... 033

拓展课堂 1 ... 034

学习任务 2　农药的分类 ... 034

知识点 1　杀菌剂 ... 035

知识点 2　杀虫剂 ... 036

知识点 3　除草剂 ... 037

知识点 4　植物生长调节剂 ... 040

拓展课堂 2 ... 040

学习任务 3　农药的施用 ... 041

知识点 1　农药的科学使用 ... 043

知识点 2　农药的安全使用 ... 047

知识点 3　药害的产生及预防 ... 049

实训任务　农药的配置 ... 051

技能点　农药的配置方法 ... 052

拓展课堂 3 ... 053

技能考核工作单 ... 054

模块三　旋翼式植保无人机结构与特性

重点内容导图 ... 056

学习任务 1　旋翼式植保无人机的结构与组成 ... 057

知识点 1　单旋翼植保无人机的结构与组成 ... 057

知识点 2　多旋翼植保无人机的结构与组成 ... 062

拓展课堂 1 ... 063

学习任务 2　旋翼式植保无人机的流场特性 ... 064

知识点 1　单旋翼植保无人机的流场特性 ... 064

知识点 2　多旋翼植保无人机的流场特性 ... 065

拓展课堂 2 ... 066

学习任务 3　旋翼式植保无人机的应用 ... 067

知识点 1　单旋翼植保无人机的应用 ... 067

知识点 2　多旋翼植保无人机的应用 ... 070

拓展课堂 3 ... 073

模块四　植保无人机的操作与维护保养

重点内容导图 ... 076

实训任务 1　飞行准备与手动作业 ... 077

技能点 1　飞行前检查 ... 077

技能点 2　手动模式作业 ... 078

技能点 3　手动增强模式作业 ... 078

拓展课堂 1 ... 079

实训任务 2　自主规划作业 ... 080

技能点 1　AB 点模式作业 ... 080

技能点 2　航线规划作业 ... 081

技能点 3　航线的执行与纠偏 ... 087

拓展课堂 2 ... 090

实训任务 3　植保无人机维护与保养 ... 090

技能点 1　植保无人机的日常保养 ... 091

技能点 2　植保无人机的检查 ... 093

技能点 3　植保无人机的存放与运输 ... 096

技能点 4　植保无人机的常见故障与排除 ... 097

技能点 5　植保无人机的校准操作 ... 098

拓展课堂 3 ... 099

技能考核工作单 ... 100

模块五　植保无人机施药参数与控制评价

重点内容导图 ... 104

学习任务 1　施药技术参数与控制 ... 105

技能点 1　亩喷洒量的计算 ... 105

技能点 2　喷幅的设置 ... 106

拓展课堂 1 ... 107

学习任务 2　飞行参数与控制 ... 108

知识点 1　飞行速度（作业速度） ... 108

知识点 2　飞行高度（作业高度） ... 108

知识点 3　航迹精度（定位精度）　... 110

知识点 4　作业行距　... 110

拓展课堂 2　... 111

学习任务 3　影响植保效果的因素及评价指标　... 111

知识点 1　气象影响参数　... 112

知识点 2　地空因素　... 117

知识点 3　质量评价方法与指标　... 121

拓展课堂 3　... 131

技能考核工作单　... 132

模块六　植保无人机的安全使用与风险控制

重点内容导图　... 134

学习任务 1　植保无人机的安全飞行操作规范　... 135

知识点 1　植保无人机相关法律法规　... 135

知识点 2　植保无人机施药运行管理的一般规定　... 138

知识点 3　植保无人机作业的技术规范　... 141

知识点 4　施药作业人员的相关规范　... 142

拓展课堂 1　... 142

学习任务 2　无人机植保作业的风险控制　... 143

知识点 1　作物或周边作物药害的防治　... 143

知识点 2　周边作业飘移药害的防治　... 144

知识点 3　对养殖物造成毒害的防治　... 145

知识点 4　人身安全事故预防　... 146

知识点 5　设备损失预防　... 150

拓展课堂 2　... 151

学习任务 3　植保无人机作业注意事项　... 152

知识点 1　作业效果综合影响因素　... 152

知识点 2　作业参数选择思路　... 160

知识点 3　夜间作业注意事项　... 165

知识点 4　高温作业注意事项　... 168

拓展课堂 3　... 170

模块七　植保无人机作业的典型案例

重点内容导图　　　　　　　　　　　　　　　　　　　　... 174

学习任务　植保无人机作业的典型案例　　　　　　　　... 175

知识点 1　小麦作业案例　　　　　　　　　　　　　... 175

知识点 2　水稻作业案例　　　　　　　　　　　　　... 179

知识点 3　玉米作业案例　　　　　　　　　　　　　... 184

知识点 4　棉花作业案例　　　　　　　　　　　　　... 188

拓展课堂　　　　　　　　　　　　　　　　　　　　　... 192

模块八　农用无人机的其他应用与展望

重点内容导图　　　　　　　　　　　　　　　　　　　　... 194

学习任务 1　无人机农田信息监测　　　　　　　　　　... 195

知识点 1　光谱与成像监测　　　　　　　　　　　　... 195

知识点 2　农田土壤信息监测　　　　　　　　　　　... 207

知识点 3　作物养分信息监测　　　　　　　　　　　... 210

知识点 4　植物病害信息监测　　　　　　　　　　　... 214

知识点 5　植物虫害信息监测　　　　　　　　　　　... 216

拓展课堂 1　　　　　　　　　　　　　　　　　　　　... 217

学习任务 2　无人机农田其他应用及展望　　　　　　　... 218

知识点 1　无人机授粉　　　　　　　　　　　　　　... 218

知识点 2　无人机施肥　　　　　　　　　　　　　　... 222

知识点 3　无人机播种　　　　　　　　　　　　　　... 224

知识点 4　研究展望　　　　　　　　　　　　　　　... 225

拓展课堂 2　　　　　　　　　　　　　　　　　　　　... 226

附　录

附录 A　多轴农用植保无人机系统通用标准（Q/T JYEV—2015）　... 227

附录 B　植保无人飞机施药安全技术规范（DB37/T 3939—2020）　... 237

附录 C　农业植保无人机安全作业操作规范（DB36/T 995—2017）　... 242

参 考 文 献

01

模块一
植保无人机的基础认知

学习任务 1　了解农林植保飞机的发展历程

学习任务 2　植保无人机的分类

学习任务 3　植保无人机的系统组成

项目导读

　　无人机植保具有植保效率高、喷洒精准均匀、地形适应性强、毁苗率低、节水节药、人药分离、安全性好等突出优点，从很大程度上克服了传统植保方式的弊端，为高效、安全植保作业提供了有效途径。近年来，国家大力推进农业现代化，随着各项补贴及利好政策的推出，农用植保无人机在各地区已经推广应用。

　　农林植保飞机是一种新型高效的农用植保作业工具，本模块初步介绍了农林植保飞机的发展历程、植保无人机的分类以及植保无人机的系统结构组成和常见挂载。

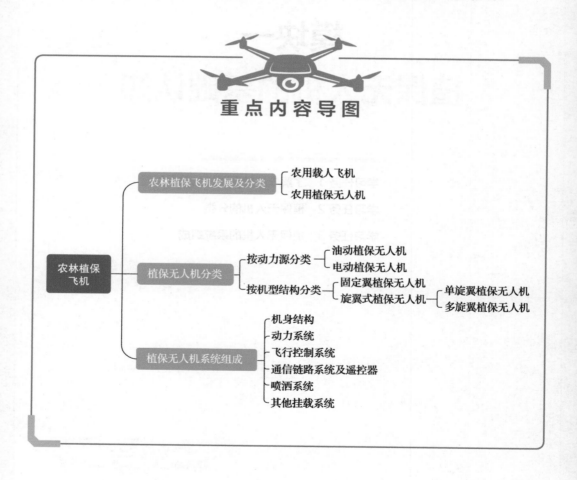

重点内容导图

- 农林植保飞机
  - 农林植保飞机发展及分类
    - 农用载人飞机
    - 农用植保无人机
  - 植保无人机分类
    - 按动力源分类
      - 油动植保无人机
      - 电动植保无人机
    - 按机型结构分类
      - 固定翼植保无人机
      - 旋翼式植保无人机
        - 单旋翼植保无人机
        - 多旋翼植保无人机
  - 植保无人机系统组成
    - 机身结构
    - 动力系统
    - 飞行控制系统
    - 通信链路系统及遥控器
    - 喷洒系统
    - 其他挂载系统

学习任务 1　了解农林植保飞机的发展历程

知识目标

1）了解农林用载人飞机的发展历史。

2）熟悉无人机的分类和应用情况。

素养目标

1）培养学生专业认同与自信。

2）培养学生吃苦耐劳、坚韧不拔的职业精神。

? 引导问题 1

近年来，国家大力推进农业现代化，随着各项补贴及利好政策的推出，农用植保无人机在各地区已经推广应用。那么植保无人机的发展历程是怎样的？应用领域又有哪些？

▶ 知识点 1　农用飞机的发展历史

农用飞机是指为了农业目的而制造或改造的固定翼飞机，配驾驶员 1 位，有的可搭载乘员，通常执行空中喷洒农药、施肥、播种、森林灭火等任务，在一些发达国家农用航空已经发展成一门产业。据报道，全世界拥有农用飞机 3 万余架，每年作业面积 1 亿 hm²（15 亿亩）以上，飞机作业面积占总耕地面积的 17%，其中美国、俄罗斯等国家的飞机作业面积高达 50% 以上。

1911 年，德国林务官阿尔福莱德·齐梅尔曼首次利用有人驾驶飞机喷洒液体和粉末农药，用于防治森林病虫害。1918 年，美国第一次使用有人驾驶飞机喷施农药灭杀棉花虫害，从此，有人驾驶的航空施药拉开了历史序幕。

1921 年 8 月，约翰·麦克雷迪（John Macready）驾驶一架美国空军 JN-4 "珍妮"飞机进行了空中喷洒农药作业，当时飞机播撒了铅砷酸盐来杀灭毛毛虫，取得了令人满意的效果，随后农用飞机在欧美国家得到广泛应用。

第二次世界大战结束以后，大量轻型飞机被改装为农用飞机。20 世纪 50 年代以后出现专门设计的农用飞机，其中较为著名的有苏联的安 -2、美国的 "农用马车"、澳大利亚的 PL-12 "空中卡车" 等。农用飞机通常体积很小，结构简单。大多数农用飞机只装有一台气冷式活塞发动机或涡轮螺旋桨发动机，功率为 110~440kW，飞机的总质量在 3t 以下。多用途飞机装有 1 台或 2 台发动机，但功率不超过 735kW（1000 马力），飞机总质量近 6t。农用飞机仪表和无线电设备简单，但比较完善。许多农用飞机采用前缘缝翼、双缝襟翼或襟副翼等增升装置，不仅可以改善飞机在简易跑道上的起飞和着陆性能，而且能提高超低空飞行时的安全性。农用飞机与普通飞机的最大区别是安装了喷洒系统，主要由药桶、搅拌器和喷撒装置等组成。首批使用的农用飞机主要由第二次世界大战后的双翼机改装，如"德哈维兰虎蛾"和"斯蒂尔曼"。20 世纪 40 年代，专用固定翼农用飞机的应用越来越普遍。农用飞机的作业高度为 1~10m（距作物顶端），作业速度为 100~180km/h，喷幅宽一般可达 20~30m。飞机不但需要在作业区超低空飞行，还须不断爬升、盘旋、下滑、拉平，有时还要飞越周围的树林、高压电线、农场上的建筑等障碍物。作业时，过去通常都以地面信号作为标志，将药物、种子、肥料等喷施在预定地块。现在已普遍采用电子自动定位导航系统，利用地面小型电台网导航农用飞机。农用飞机的有效载重是飞机净质量的 35%~40%，由于每次载药量有限，飞机需要在简易的跑道上频繁起飞和着陆。为了适应简单崎岖的短距起降，各种关于涡扇发动机、双层机翼和适应不同功能的转换装置等的设计改良层出不穷，如苏联的安 -2、波兰的 M-15（图 1-1）和加拿大的 DHC-2 "海狸"等。但在农场面积较大的国家，体积和功率更大、效率更高的涡轮螺旋桨农用飞机得到发展。

在农用飞机的应用方面，新西兰政府做出了很多努力。20 世纪 40 年代末，新西兰空军专门成立了一个部门，甚至动用了道格拉斯 DC-3、格鲁曼"复仇者"等中大型飞机来进行农用领域的应用开发。如将道格拉斯 DC-3 型飞机送往英国进行改造，加装了重达 1t 的料斗；把呈粉末状的过磷酸钙装在改造后"复仇者"飞机的长程油箱中进行试验，为大面积推广应用取得了可靠数据。这些试验成功之

图 1-1　波兰的 M-15 农用载人飞机

后，农民合作组织纷纷要求新西兰政府和空军对农用飞机作业提供资助。后来，政府的工作逐步被民营企业所取代，越来越多的新西兰空军飞行员在退役后购买价格低廉、前置料斗的小型飞机投入农业领域进行商业飞行。据美国农业航空协会提供的数据，美国现有 7000 余架农用飞机应用于农业生产。进入 70 年代以后，农业航空扩展到精细农作物的种植，如使用飞机播种、空中喷洒除草剂、空中施肥等，农用飞机的大量应用使美国一跃成为世界上主要的稻米出口国之一。美国一直是世界上农用飞机应用最广泛、政府支持力度最大的国家，但在 2001 年因"9·11"恐怖袭击影响，有一段时间曾暂停农用飞机升空。此外，英国、澳大利亚、日本和俄罗斯等国家的农用飞机使用率均在世界上名列前茅。在日本，有超过 1000 架的农用飞机投入使用。

我国农业航空应用已有 50 多年的历史，20 世纪 50—60 年代，一些大型国营农场开始推广使用农用飞机。现全国拥有农用飞机约 300 架，主要机型有：Y-5B 型飞机（图 1-2），发动机功率 735kW，载药量 1000kg，作业高度（距作物顶端）5~7m，作

业效率 80hm²/h；Y-11 型飞机，功率 210kW（单台发动机），载药量 800kg，作业高度 3~6m，作业效率 70hm²/h；M-18A 型飞机，功率 735kW，载药量 1350~1500kg，作业高度 3~15m，作业效率 140hm²/h；GA-200 型飞机，功率 184kW，载药量 500kg，作业高度 3~5m，作业效率 60hm²/h；N-5A 型飞机和 PL-12 型飞机，功率 294kW，载药量 700kg，作业高度

图 1-2 农用 Y-5B 型飞机

3~5m，作业效率 74hm²/h。黑龙江是全国农用飞机拥有量最多、作业面积最大的省份。1985 年 5 月，黑龙江垦区组建了我国最大的农林专业航空企业——黑龙江龙垦通用航空公司。2009 年 4 月，龙垦通用航空公司又从波兰引进 15 架 M-18B 型农用飞机，此时龙垦航空的农用飞机达到 8 种机型共 52 架。该公司主要经营农林超低空喷洒农药、播种、勘探测量、人工增雨、森林灭火作业以及抢险救灾、公务飞行、飞行员培训等业务，拥有飞行、机务及地勤服务人员，为我国粮食安全以及大、小兴安岭森林资源的有效保护发挥了重要的作用。在"十二五"期间，龙垦通用航空公司农用飞机发展到 80 架，年作业面积在 134 万 hm² 以上。

自 1960 年以来，有关飞机喷洒农药所带来的环境问题越来越受到人们的关注。为了减小农用飞机的负面影响，不少国家对飞机喷药施肥进行了一定的限制，如瑞典全面禁止飞机喷洒农药。但无论如何，农用飞机同地面机械作业相比，所具有的速度快、范围宽、用工少、效率高、成本低、效益高等优点仍较为明显。自 20 世纪 80 年代以来，在一些国家的农用飞机上已采用彩色气象数字雷达、固体数字测距仪和电子导航等先进技术装备，并进行夜间作业飞行。为适应农业现代化建设的需要，遥控模型飞机、充氦飞艇和空间卫星等现代航空航天器已越来越多地用于农业，开辟了航空航天遥感新业务。近几年，农用飞机朝着专用、小型、轻量和采用高效率涡轮发动机的方向发展。在飞机上大量采用现代先进技术与装备，进一步提高飞机的安全性、可靠性和经济性，并着重解决雾滴飘移和作业信号定位自动化问题，将使农业航空在农业发展中发挥越来越重要的作用。

▶ 知识点 2 植保无人机的发展历史

植保无人机相对于农用载人飞机，携带方便，使用优势突出，既能适应不同地形，又可满足不同作物需要，而且不受作物种植模式的影响；植保无人机升降简单，不要求有专用跑道，过去地面大型植保机械较为棘手的水田、山地、坡地、不平整田地等，大都可以用植保无人机进行飞防作业。植保无人机喷洒效率约为人工喷洒效率的 100 倍，可在一定程度上解决当今劳动力缺乏、劳动力成本高等问题。植保飞防作业为远程遥控操作，人距离农药相对较远，减小了有毒农药对人体的伤害，还可以夜间作业，安全生

产工作得到更大保障。

近十几年来，由于植保无人机低空低量航空施药作业效率高、具有全地形作业能力和节水省药等独特优势，同时由于我国经济的高速发展造成农村劳动力的大量转移而使得农村劳动力不足等原因，植保无人机在我国迅猛发展。

从全球来看，航空施药装备与技术的发展得益于高效农药的创制生产、应用与发展。20世纪40年代中期以来，农药进入有机合成高速发展的时代，大量有机合成品种如雨后春笋般出现，它们具有类型多、药效高、对作物安全、应用范围宽等特点。这个时期可以分为前期（20世纪40年代中期至60年代末期）和当代（20世纪60年代末期至今）两个发展阶段。有机合成农药前期，有机氯、有机磷和氨基甲酸酯三类神经毒剂先后被开发出来并形成系列产品；保护性杀菌剂的应用，使玉米、大豆、水稻、小麦等大田作物的部分病害有药可治；这个阶段，杀虫剂和杀菌剂占世界农药市场份额的近70%。20世纪60年代末期以后，有机农药向高效化方向发展，人们越来越重视农药对生态环境的影响与农药残留导致的农产品安全问题，并强化了对农药的全程管理；这一时期，除草剂出现了多种活性高、对作物有选择性，但高毒、高残留的品种，采用航空施药，农药雾滴细小极易造成飘移，从而污染非靶标作物及水源、土壤。20世纪60—70年代，农业发达的欧洲国家逐步形成大型农场专业化生产方式，建立了以大型地面植保机械和有人驾驶的航空植保为主体的防治体系。至20世纪80年代中后期，由于大型有人驾驶的航空施药作业导致的因农药雾滴飘失引起的环境污染和农药药害问题，欧洲共同体（简称"欧共体"）决定禁止在欧共体国家内部使用航空施药，至今只允许地面机械按非常严格的欧盟标准进行农药喷洒作业。

在美国，超大规模经营农场的规模化种植和同种作物大区连片种植的种植方式决定了有人驾驶的农业航空领域主要使用作业效率较高的大型固定翼飞机和载人直升机。另外，美国政府也一直担忧植保无人机施药产生的农药飘失污染，尚未立法允许无人机从事农药喷洒作业。美国是农业航空应用技术最成熟的国家之一，已形成较完善的农业航空产业体系、政策法规以及大规模的运行模式。据统计，美国农业航空对农业的直接贡献率达15%以上，年处理全国40%以上的耕地面积；全美65%的化学农药采用飞机作业完成喷洒，其中水稻施药作业100%采用航空作业方式。

在亚洲，日本农民户均耕地面积较小，地形多山，不适合有人驾驶固定翼大飞机作业，因此日本农业航空以直升机为主。日本是最早将小型单旋翼直升无人机用于农业生产的国家之一。至今，小型植保无人机在日本经历了40余年的发展历史。20世纪70年代开始，日本经济腾飞，适龄劳动力大多进城寻找工作，农村劳动力极度匮乏，因此在引进美国军方无人靶机技术的基础上，日本雅马哈（Yamaha）公司于1985年推出世界上第一架用于喷洒农药

图1-3　日本雅马哈公司第一代"R50"型
　　　　农用植保无人机

的植保无人机"R50",如图 1-3 所示,挂载 5kg 药箱。此后,单旋翼油动植保无人机在日本农林业方面的应用发展迅速。与早期的植保无人机相比,日本无人机旋翼大大减少、发动机转速大大降低以适应农业植保作业的要求,植保无人机施药技术参数不断改进,施药雾滴分布均匀性(变异系数)降低到 30% 以下。从 2005 年开始,日本水稻生产中单旋翼植保无人机使用量已超过载人直升机。目前,采用小型单旋翼植保无人机进行农业施药已成为日本农业发展的重要趋势之一。

中国的农用航空始于 20 世纪 50 年代初,运用的机型主要有"Y-5B(D)""Y-11""蓝鹰 AD200N""蜜蜂 3 型""海燕 650B"等固定翼有人驾驶机型。20 世纪 90 年代专为超轻型飞机配套设计的 3WQF 型农药喷洒设备,可广泛用于水稻、小麦、棉花等大田农作物的病虫害防治、化学除草,草原灭蝗,森林害虫防治等。1995 年由北京科源轻型飞机实业有限公司生产的"蓝鹰 AD200N"型飞机主要用于农田、林带病虫害防治、卫生防疫及净化水源等,有效喷幅达 22~30m,作业速度 110km/h,单日每架次作业量可达上万亩(1 亩 =0.067hm²),而施药量仅 0.10~0.25kg/ 亩,防效达 90% 以上。1999 年,由中国林业科学研究院研制的"HU2-HW"型超低容量喷洒设备及 NT100GPS 导航系统与"海燕 650B"飞机配套技术,应用在广西武鸣林区防治病虫害,研究人员对此进行了相关试验研究。目前,中国有农林用固定翼飞机 1400 余架,直升机 60 余架,植保无人机 10000 余架,使用固定翼飞机和直升机防治农林业病虫草害和施肥的面积达到 200 多万 hm²。但和农业航空发达国家相比差距仍十分巨大:我国农用飞机拥有量仅占世界农用飞机总数的 0.13% 左右,农业航空作业面积占我国总耕地面积的 1.70%,喷洒设备性能较差。

在我国,自"十一五"期间国家 863 计划"新型施药技术与农用药械"立项研发植保无人机至今已发展 10 余年,植保无人机与低空低量航空施药技术发展迅速。北京必威易创基科技有限公司(简称"北京必威易公司")是我国首个应用植保无人机的农业服务公司,早在 2000 年,该公司就从日本陆续进口了 6 架日本雅马哈"R50"型植保无人机用于农药喷洒。2005 年 12 月,当雅马哈公司准备将第 10 架同类型飞机出口给北京必威易公司时,被名古屋海关扣押,日本政府以植保无人机可能被用于军事用途为由禁止雅马哈公司继续将植保无人机销售到中国。

2005—2006 年,中国农业大学、中国农业机械化科学研究院、农业部南京农业机械化研究所等科研机构开始向科技部、农业农村部、教育部等相关部门提议立项进行植保无人机的研制工作。经过前期准备和申报工作,2008 年,由农业部南京农业机械化研究所、中国农业大学、中国农业机械化科学研究院、南京林业大学、中国人民解放军总参谋部第六十研究所等单位共同承担的科技部国家 863 计划项目"水田超低空低量施药技术研究与装备创制"正式启动,这一项目的启动,标志着国内科研机构正式开始探索植保无人机航空施药技术与装备研发。该项目研制出基于总参谋部第六十研究所已研发出的"Z-3"飞行平台的油动单旋翼植保无人机,装配 1 个 10kg 药箱,搭载两个超低量离心雾化喷头,如图 1-4 所示。

2008年，中国农业大学药械与施药技术研究中心与山东卫士植保机械有限公司（简称"山东卫士"）、临沂风云航空科技有限公司（简称"风云科技"）开始合作，进行低空低量遥控多旋翼施药无人机的研发工作，于2010年研制出国内也是世界上第一款多旋翼电动植保无人机，包括搭载10L药箱的8旋翼机和搭载15L药箱的18旋翼机两种机型（图1-5），装配专为多旋翼植保无人机研发的变量离心式喷头，此后几年里这款无人机在全国10多个省市进行了示范作业并得到了推广。2013年，山东省科技厅组织的由罗锡文院士作为主任的鉴定委员会对该成果的鉴定结论为"项目取得了多项创新，在低空低量遥控多旋翼无人施药技术方面，该项目综合性能达到国际先进水平。"同年，该"低空低量遥控多旋翼无人施药机"获得山东省科学技术进步奖二等奖。

图1-4　"Z-3"飞行平台的油动单旋翼植保无人机

图1-5　"3WSZ-15"型18旋翼植保无人机

2010年，中国农业大学药械与施药技术研究中心与珠海银通公司开始合作，进行低空低量遥控电动单旋翼植保无人机的研发，于2012年研制出国内第一款电动单旋翼植保无人机，可搭载10L药箱，装备4个扇形喷头，如图1-6所示。

我国油动单旋翼植保无人机的民间开发可能较国家863计划项目更早。2010年，无锡汉和航空技术有限公司（简称"无锡汉和"）生产的"3CD-10"型单旋翼油动植保无人机首次在郑州全国农业机械展览会上亮相（图1-7），这是国内首款在市场上销售的油动单旋翼植保无人机，开启了中国植保无人机的商业化。2011年，无锡汉和植保无人机再次亮相北京国际现代农业博览会，引起了强烈反响。

图1-6　国内第一款电动单旋翼植保无人机

图1-7　无锡汉和"3CD-10"型单旋翼油动植保无人机

截至 2012 年，我国植保无人机已成类成型，按结构主要分为单旋翼和多旋翼，按动力系统可以分为电池动力与燃油发动机动力两种，种类达 10 多种，一般空机质量为 10~50kg，作业高度为 1.5~5m，作业速度小于 8m/s。以电池为动力的电动植保无人机的核心是电机，操作灵活，起降迅速，单次飞行时间一般为 10~15min。以燃油发动机为动力系统的油动植保无人机的核心是发动机，结构相对复杂，机身重，需要一定的起降时间，单次飞行时间可超过 1h（取决于油箱大小），维护较复杂。单旋翼无人机（电动与油动）药箱载荷多为 5~20L，部分油动机型载荷可达 30L 以上。多旋翼无人机多以电池为动力，较单旋翼无人机药箱载荷小，多为 5~10L，具有结构简单、维护方便、飞行稳定等特点，喷雾作业效率高达 1~2 亩/min。

2012 年，植保无人机的应用、推广在我国拉开序幕。2012 年 4 月，全国首场低空航空施药技术现场观摩暨研讨会在北京市小汤山某空军飞行俱乐部召开，由中国农业大学药械与施药技术研究中心、中国农业科学院植物保护研究所与全国农业技术推广服务中心联合主办，广西田园公司协办；参会的油动和电动、单旋翼和多旋翼等植保无人机共 12 种，还有有人驾驶的 3 款动力伞植保飞行器亮相现场观摩会；参会的植保无人机公司有北京天途、无锡汉和、山东卫士、广西天途、北京圣明瑞等共 15 家，参会的还有来自黑龙江农垦农业局，湖南、湖北、辽宁、宁夏与广西的植保站与部分省市植保站药械科的相关人员共 80 余人。全国农业技术推广服务中心陈生斗主任与中心首席专家张跃进研究员、黑龙江农垦农业局马德全局长、中国农业大学李召虎副校长、农业科学院植物保护研究所陈万全副所长、农业部农业机械化司刘云泽处长、种植业管理司植保植检处王建强处长等参加了 2012 年 4 月 23 日上午的现场观摩会与下午的专门研讨会议。以此为起点，低空低量航空施药技术研究在我国逐渐成为热点。

至此，植保无人机施药技术在中国已呈渐起之势，无人机施药到底能不能用、管不管用是管理部门、研究人员、生产厂家和农民都密切关心的问题。为了评估植保无人机的工作性能和作业效果，受农业部委托，2013 年 1 月，中国农业大学药械与施药技术研究中心和华南农业大学罗锡文院士团队在海南水稻种植区进行合作。中国农业大学团队负责对 13 种国产植保无人机进行田间施药沉积特性及施药效果测试，华南农业大学团队负责植保无人机空间流场测试。测试结果表明，参与测试的所有国产无人机喷雾作业均对水稻病虫害有明显的防治效果。以此试验结果为基础，测试团队向农业部种植业管理司及农业机械化司提交了总结报告，农业部据此从 2013 年起开始在全国范围内推广植保无人机低空低量航空施药技术。2014 年 5 月 25 日，由中国工程院院士、华南农业大学罗锡文教授任理事长的"农业航空产业技术创新战略联盟"在黑龙江佳木斯正式成立。在成立会上，罗锡文理事长安排了起草关于建议大力促进植保无人机和农业航空发展的报告并提交给国务院有关部门，建议国家大力推动农业航空事业的发展。2014 年 7月 18 日，在中国农业大学药械与施药技术研究中心会议室，由罗锡文院士主持，赵春江院士、何勇教授、薛新宇研究员、袁会珠研究员等 10 多位国内专家共同参加了植保无人机和农业航空发展研讨会，讨论了由何雄奎起草的"大力促进植保无人机和农业航空发展的报告"，此报告经过 5 次修订后上呈国务院，得到时任国务院副总理的汪洋同志的批示；农业部根据汪洋副总理的批示，安排于 2015 年在湖南与河南两省开始首次试点、补贴植保无人机，自此，植保无人机步入了快速发展的轨道。

2015 年 11 月，深圳市大疆创新科技有限公司（简称"深圳大疆"）在北京推出"MG-1"型电动多旋翼植保无人机，正式进军农用无人机领域。到 2015 年底，全国植保无人机生产厂商已达 100 余家。2016 年 5 月 28 日，国家航空植保科技创新联盟在河南安阳成立，安阳全丰航空植保科技有限公司（简称"安阳全丰"）为理事长单位，华南农业大学为常务副理事长单位，中国农业大学与中国农业科学院等其他 7 家单位为副理事长单位，共同助推植保无人机产业发展。2016 年，由中国农业大学作为主要起草单位之一的江西省地方标准《农业植保无人机》（DB36/T 930—2016）出台，这是我国早期较为全面的关于植保无人机的地方标准之一。2016 年 8 月，由中国农业电影电视协会和中国农业大学联合主办的首届中国无人机与机器人应用大赛在江苏苏州正式启动。同年 10 月，在江西南昌举办了大赛初赛——农业植保无人机应用赛，对 23 个参赛队伍植保无人机的飞行稳定性、喷雾质量等性能进行了考核。2017 年 9 月，大赛决赛在湖北武汉市正式开赛，来自国内 18 家知名品牌的植保无人机企业和服务队参赛，全方位展示产品成果和植保无人机防治病虫害技术（以下简称飞防技术），并决出了全国植保机械 10 强。

我国植保无人机低空低量航空作业从零开始至逐渐兴起，经过 10 年的迅猛发展，直到今天成就非凡。据农业部相关部门统计，截至 2016 年 5 月，全国在用的农用无人机共 178 种，生产厂家 300 余家，可挂载 5~300L 的药箱，喷幅为 5~20m，适用于不同的施药条件，喷雾作业效率高达 2.5~6hm²/h，能有效、及时防治水稻病虫草害。截至 2017 年年底，据不完全统计，全国植保无人机装机量达到近 14000 架，已经在包括水稻、小麦、玉米、甘蔗、果树、棉花等多种作物上进行了病虫害防治作业，实际效果证明已经能够达到实用水平，并正处于迅速发展阶段。

植保无人机及其施药技术在我国取得了长足的进步。随着经济的发展，中国与亚洲其他很多国家（如日本）一样都面临着人口老龄化和人口缩减的严峻形势，农业劳动力短缺的趋势未来会愈发明显，同时一家一户的小规模生产模式将长期存在，因此，为了保障我国农业的稳定和可持续发展，加快实现农业机械化，特别是提升山区与水田的全程机械化作业水平已经成为中国国家层面的发展战略。植保无人机低空低量高效航空施药技术取代人力背负手动喷雾作业符合当前中国农业现代化发展的要求，提升了中国植保机械化水平，但在农用植保无人机快速发展的过程中，既充满机遇又充满挑战：

1）使用植保无人机进行农药喷洒作业相对于传统人工施药方式作业效率优势明显。在中国植保无人机低空低量施药已应用在玉米、水稻、小麦等作物上，植保无人机独特的优势还在于易于部署和使用，特别是适用于在小地块、复杂地形等人工或地面与拖拉机配挂的地面大型植保机具难以进地作业的丘陵、山地、水田等区域。在中国大部分小地块农田的植保作业中，无人机载荷和电池连续使用时长的局限性并不是无人机施药的主要障碍，在植保无人机的市场上占有率高的是那些施药更加均匀、作业可靠且续航时间长、坚固耐用的无人机。

2）考虑到植保无人机及其施药技术的新颖性和复杂性，植保无人机解决了作业的效率问题，但施药的均匀性对植保无人机来说是一个很大的挑战。对植保无人机均匀施药技术的研发应放在首要地位。低空低量无人机施药与传统的有人驾驶航空施药和地面机具施药不同，气象条件对它的影响十分明显，对实现均匀施药的各种施药参数有必要进行进一步研究。我国目前缺乏适用于低空低量无人机航空施药的施药技术，也没有植保无人机专用的专业喷雾系统，亟须通过对喷头的研发与选择、喷头与喷雾流场的匹配、药箱的设计、加药系统等方向的系统化研发来优化雾化与雾滴沉积状态。截至目前，尚未出台科学、合理的行业标准，用于规范进入生产与应用市场的企业。因此，亟待出台专业的标准与规范，为不同天气和地面条件下无人机植保作业合理施药参数的确定提供可靠的指导。

3）在无人机施药技术喷雾质量、防治效果和安全性评估方面，先进技术的研发与应用会在相当程度上对无人机发展的进程产生影响。农药在作物冠层中的穿透性、雾滴沉积量、覆盖率和雾滴飘移控制是在评价无人机施药效率和防治效果时需要优先考虑的。载波相位差分（carrier phase differencing）技术仅精确了飞行轨迹，使航线规划和自主飞行更稳定、更精准，但无法精准控制作业喷幅、避免重喷与漏喷，亟待研发先进的新型飞控系统、传感系统和软件平台。另外，仍须充分研究小型单旋翼及多旋翼植保无人机雾滴沉积与空气动力学以及其与温度、湿度、风速等外界环境因素相互作用的基础理论，为针对植保作业的专用无人机及其关键工作部件的设计提供理论指导，否则喷雾飘移造成的环境污染和靶标区域外飘失雾滴的沉积会导致相邻作物严重的药害以及对施药人员的损害。尤其是喷洒像除草剂、生长调节剂这样的敏感剂型时，喷雾高度在距离作物冠层表面 1m 以上很容易造成农药的大量飘移，因此减少施药区域外附近敏感作物的药害是一个很大的挑战。基于田间测试的可飘移雾滴风险评估和减飘技术的运用是未来无人机施药技术发展过程中需要考虑的重要方面。

植保无人机的市场化规模运营、植保无人机施药技术的商业化需要政府、研究机构、企业及用户等各利益相关方的共同参与和合作，专业化组织可以提供收费合理的无人机病虫害防治综合服务，这意味着将复杂的无人机植保技术带到农民身边变得切实可行，可以使农民逐渐接受这种农作物病虫害防治技术。例如，可以通过政府直接购买当地农业合作社或植保服务公司的无人机航空植保作业服务，向农业生产提供农作物病虫害的全程快速防治专业服务。这些专业化组织将会在农药供销与植保作业全程扮演关键角色，还可以负责提供无人机驾驶员培训，进行植保作业、机具维修、保险、产品运送和交付。专业化飞防组织还拥有飞防作业累积的经验和能力，开发专业化的病虫害防治体系，可以应对复杂的或大规模的爆发性病虫害防治。采用基于服务的商业模式有助于农药销售并促进植保无人机施药的推广应用。在这项新技术的推广阶段，对价格格外注重的种植户往往会抱有观望态度。政府推出的针对植保服务的采购和刺激计划，将会对农民参与无人机植保作业的热情产生积极影响。政府的采购和支持将会促进专业化植保组织和无人机生产厂商进行更多的合作以及加大对植保服务领域的投入。

同时，无人机植保作业，既是无人机与植保作业技术，又是农药与剂型的专业工程技术。植保技术与适用于无人机施药的农药新剂型的发展以及传统农药产品标签的改进为施药技术的改善提供了空间，懂得无人机及其操控、植物病虫草害的防治技术是关键，同时也要明确农药剂型是影响农药实际使用效果非常重要的因素，不但能影响雾滴雾化过程、雾滴飘失，而且可以影响农药雾滴在靶标作物表面的持留量等。植保无人机施药专用商品化农药制剂迄今尚在研发阶段，适用于无人机低空低量农药喷洒的制剂会提升农药分布均匀度，降低雾滴飘失潜力。另外，用于低空低量无人机施药的农药包装上必须标明监管部门的授权许可标志，但当前的农药产品包装上并没有针对无人机航空施药的强制说明和推荐使用剂量。未来需要对农药产品标签进行改进或在包装中提供额外的专用航空施药说明书，产品包装上也要标明针对无人机喷雾作业的使用剂量和施药液量。

拓展课堂 1

　　毛主席曾说："农业的根本出路在于机械化"，可见机械化对于农业的重要性。习近平总书记说："要给农业插上科技的翅膀"，近年来的中央一号文件都提出要加快推进农业机械化的转型升级，将机械化、信息化进行融合。因此，智能农机产业迎来新的发展机遇。

　　我国是传统农业大国，每年都有大量的耕、种、管、收的作业需求。预计到 2025 年，我国农业服务市场规模将突破 8000 亿元，且农机化专业人才缺口将超过 44 万人。随着农村人口的外流，农机智能化、农民职业化、管理精细化是我国现代农业发展的必然选择。

学习任务 2　植保无人机的分类

知识目标

1）掌握植保无人机的动力源分类。

2）掌握植保无人机的机型结构分类。

素养目标

1）培养学生的好奇心。

2）培养学生的爱国主义情怀、职业理想与信念。

3）培养学生的自主创新意识。

? 引导问题 2

不同类型的植保无人机的结构型式和作业特性都不一样，合理地选择植保无人机对作业效果和节能减排非常重要。那么植保无人机的分类形式以及各自的结构区别、优缺点有哪些？

知识点 1　按动力源分类

目前国内销售的植保无人机分为两类，即油动植保无人机和电动植保无人机，二者对比见表 1-1。

表 1-1　油动植保无人机和电动植保无人机优缺点对比

	油动植保无人机	电动植保无人机
优点	1. 载荷大，15~120L 都可以 2. 航时长，单架次作业范围大 3. 燃料易于获得，采用汽油混合物作为燃料	1. 电机寿命可达上万小时 2. 环保，无废气，不造成农田污染 3. 易于操作和维护，一般练习 7 天就可操作自如 4. 售价低，一般在 10 万 ~18 万元，普及化程度高
缺点	1. 由于燃料是采用汽油和机油混合，不完全燃烧的废油会喷洒到农作物上，造成农作物污染 2. 售价高，大功率油动植保无人机一般售价在 30 万 ~200 万元 3. 整体维护较难，因采用汽油机作为动力源，其故障率高于电机 4. 发动机磨损大，寿命为 300~500h	1. 载荷小，载荷范围为 5~15L 2. 航时短，单架次作业时间一般为 4~10min，作业面积 10~20 亩 / 架次 3. 采用锂电池驱动的电动机作为动力源，外场作业需要配置发电机，及时为电池充电

知识点 2　按机型结构分类

在机型结构上，植保无人机又分为单旋翼植保无人机（图 1-8）和多旋翼植保无人机（图 1-9）。单旋翼和多旋翼植保无人机优缺点对比见表 1-2。

表 1-2　单旋翼和多旋翼植保无人机优缺点对比

	单旋翼植保无人机	多旋翼植保无人机
优点	1. 风场稳定，雾化效果好，向下风场大，穿透力强，农药可以打到农作物的根茎部位 2. 抗风性更强	1. 入门门槛低，更容易操作 2. 造价相对便宜
缺点	1. 一旦发生炸机事故，单旋翼机造成的损失可能更大 2. 价格更高	1. 抗风性更弱 2. 下旋风场更弱 3. 造成风场散乱，风场覆盖范围小，若加大喷洒面积，把喷杆加长，会导致飞行不稳定，作业难度加大，增加摔机风险

图1-8　单旋翼植保无人机

图1-9　多旋翼植保无人机

拓展课堂2

　　无人机植保具有植保效率高、喷洒精准均匀、地形适应性强、毁苗率低、节水节药、人药分离、安全性好等突出优点，从很大程度上克服了传统植保方式的弊端，为高效、安全植保作业提供了有效途径。近年来，国家大力推进农业现代化，随着各项补贴及利好政策的推出，农用植保无人机在各地区已经推广应用。

学习任务3　植保无人机的系统组成

知识目标

1）掌握植保无人机的机身结构。

2）掌握植保无人机的动力系统组成。

3）掌握植保无人机的飞控系统组成。

4）了解植保无人机的通信链路系统及遥控器。

5）掌握植保无人机的喷洒系统组成。

6）了解植保无人机的其他挂载系统。

素养目标

1）培养学生的批判性思维能力。

2）培养学生独立思考、分析问题、解决问题的能力。

植保无人机总体结构分类包括动力系统、通信系统、喷洒系统。了解植保无人机的系统组成对掌握植保无人机作业和维护保养非常重要，那么常见的植保无人机的系统组成和挂载有哪些？

知识点 1　机身结构

机身是所有机载装备、模块的载体，除了机架，还包括支臂、脚架、云台等。植保无人机的机体主要是指整个无人机的机身，机体材料主要有玻璃钢、塑料、碳纤维、橡胶、铝合金和不锈钢等。机体材料应具有高的比强度和比刚度，以减小飞机的结构质量，改善飞行性能或增加经济效益，还应具有良好的可加工性，便于制成所需要的零件。以大疆 MG-1 多旋翼植保无人机为例，机身结构如图 1-10 所示。

1. 机架

机架是用来支承起无人机的组件，需要具有一定的强度和合理的架构，保证整个植保无人机的稳定性。同时它是其他结构部件的安装基础，用以将支臂、脚架、飞控、喷洒系统等连接成一个整体。

图 1-10　大疆 MG-1 机身结构

2. 支臂

支臂是机架结构的延伸，用以扩充轴距，安装动力电机，有些多旋翼的脚架也安装在支臂上。根据支臂数目的不同，常见的植保无人机可分为四旋翼、六旋翼、八旋翼等结构，如图 1-11 所示。

图 1-11　不同旋翼和支臂数目的植保无人机

3. 脚架

脚架是用来支承停放、起飞和着陆的部件，还兼具保护下方任务设备的功能，有些多旋翼植保机的天线也安装在脚架上。多旋翼植保无人机的脚架类似于直升机的滑橇式起落架，大多采用碳纤维材料，如图1-12所示。

图1-12　植保无人机脚架

知识点2　动力系统

电动单旋翼植保无人机和电动多旋翼植保无人机的动力系统由电池、电子调速器、无刷电机、螺旋桨等共同构成，如图1-13所示。螺旋桨是最终产生升力的部分，由无刷电机进行驱动，而整个无人机最终是由螺旋桨的旋转而获得升力并进行飞行的。在多旋翼植保无人机中，螺旋桨与电机直接连接，螺旋桨的转速等同于电机的转速；在单旋翼植保无人机中，螺旋桨通过变速器与电机连接，螺旋桨的转速是电机通过变速器降速后的速度。无刷电机必须在无刷电子调速器（控制器）的控制下工作，它是能量转换的设备，将电能转换为机械能并最终获得升力。电子调速器由电池供电，将直流电转换为无刷电机需要的三相交流电，并且对电机进行调速控制，调速的信号来源于主控单元。电池是整个系统的电力储备部分，负责为整个系统进行供电，而充电器则是地面设备，负责为电池供电。

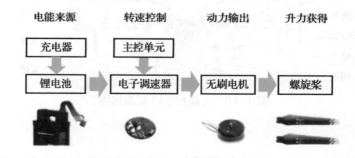

图1-13　电动植保无人机动力系统构成

1. 锂聚合物电池

锂聚合物电池（lithium polymer battery，LiPo）是一种能量密度高、放电电流大的新型电池，如图1-14所示。同时锂电池相对脆弱，对过充、过放都极其敏感，在使用中应该深入了解其使用性能。锂聚合物电池的充电和放电过程，就是锂离子的嵌入和脱嵌过程，充电时锂离子从负极脱离嵌入正极，而在放电时，锂离子脱离正极嵌入负极。一旦锂聚合物电池放电导致电压过低或者充电电压过高，电池正、负极的结构将会发生坍塌，导致锂聚合物电池发生不可逆的损伤。

电池的主要参数及示例如下：

1）放电截止电压。电芯安全放电的最低电压为 2.75V，低于此电压继续放电将会对电池性能造成损伤。

2）充电截止电压。电芯安全充电的最高电压为 4.20V，高于此电压继续充电将会对电池性能造成损伤。

3）标准电压。电芯的标准标称电压为 3.7V，也是在计算时所使用的参数。

4）储存电压。适合于长期储存的电压为 3.8~3.9V，锂电池具有自放电低的特点，但在长期存放时仍然会有部分自放电导致电压降低，所以应以高于 3.7V 的电压进行储存。

图 1-14　植保无人机锂电池

2. 无刷电调

电子调速器（electronic speed control，ESC）习惯上简称电调，如图 1-15 所示。其作用是根据主控单元的控制信号，将电池的直流输入转变为一定频率的交流输出，用于控制电机的转速。通常，小尺寸的多旋翼无人机在正常工作时，每台电机的工作电流平均为 3~5A，如果没有电调的存在，主控单元根本无法承受这样大的电流，而且主控单元也没有驱动无刷电机的功能。

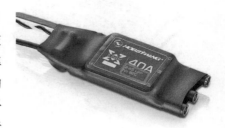

图 1-15　电子调速器

电调还有高压和低压之分，12 节以上电池串联的是高压电调；还有普通与阵列之分，阵列的散热面积大、温度较低、效率高一些，但价格也更贵一些；还有快速响应和慢速响应的区别，目前多旋翼无人飞行器都使用快速响应的电调。大多数常见电调都是可以编程的，能通过编程卡或遥控器进行多项参数的设置。

无刷电调的主要参数如下：

1）使用电压。使用电压是该电调所能使用的电压区间。例如，某 40A 电调的使用电压为 2~6S（S 是锂电池的一种电压表示符号，表示锂电池节数），也就是说使用电压区间为 7.4~22.2V。需要注意的是，电调的使用电压必须在指定范围内，否则将不能正常工作。

2）持续电流。持续电流是该电调可以持续工作的电流，使用时超过该电流可能导致电调过热烧毁。若某款电调持续工作电流为 20A，那该电调的工作电流就必须在 20A 以内。电调还拥有另外一个电流参数——最大瞬间电流，即电调可以在短时间内承受高于额定电流一定范围的电流。

3）信号频率。电调信号的刷新频率决定了电调的响应速度。电调信号刷新频率一般为 30~499Hz，多旋翼无人机宜选用高刷新频率的电调。更高的信号刷新频率可以使无人机速度更快。

4）脉宽调制（PWM）驱动频率。无刷电调对电机进行控制，都是以调节 PWM 占空比方式来进行调速的，而 PWM 频率就是 PWM 信号的频率。目前的 PWM 频率主要集中在 8~16kHz。

3. 无刷电机

无刷直流电机（brushless DC motor，BLDC）简称无刷电机。多旋翼植保无人机常用的是三相无刷外转子电机，如图 1-16 所示。无刷电机是随着半导体电子技术发展而出现的新型机电一体化产品，它是现代电子技术、控制理论和电机技术相结合的产物，其运转原理如图 1-17 所示。

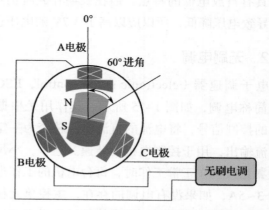

图 1-16　大疆 6010 无刷外转子电机　　　　图 1-17　三相无刷电机运转原理示意图

与普通有刷直流电机利用电枢绕组旋转换向不同，无刷电机是利用电子换向驱动磁钢旋转的电机。普通的直流电机是利用碳刷进行换向的。碳刷换向存在很大的缺点，主要包括：机械换向产生的火花引起换向器和电刷摩擦、电磁干扰，噪声大、寿命短；结构复杂、可靠性差、故障多，需要经常维护；换向器的存在，限制了转子转动惯量的进一步下降，影响了动态性能。

4. 螺旋桨

螺旋桨，一般也简称为桨叶，将电机的旋转功率转变为无人机的动力，是整个动力系统的最终执行部件，螺旋桨安装在电机上，电机仅仅是将电能转换成机械能，而螺旋桨才是真正产生升力的部件，其结构如图 1-18 所示。螺旋桨的性能对于无人机的飞行效率具有十分重要的影响，直接影响无人机的续航时间。

图 1-18　植保无人机动力螺旋桨结构

（1）螺旋桨主要参数　螺旋桨的主要参数包括长度和螺距，螺旋桨也是根据这两个参数命名的，例如，大疆 MG-1 所用的 21×7 螺旋桨，即表示其长度为 21in（1in=2.54cm），螺距为 7in。

1）长度。目前螺旋桨的长度单位有英寸和厘米，英寸更为常用，因为无人机最先由西方研发，所以长度单位还保留了之前的习惯。在同样的转速下，螺旋桨的长度越大，其负载也越大，对电机的功率要求也越大。

2）螺距。螺距为螺旋桨在不可压缩的流体当中旋转一周所前进的距离，单位也是英寸。桨叶的角度越大，其螺距也就越大，一片螺旋桨尺寸标注为 12×9，表示该桨叶直径为 12in，螺距为 9in。同时，这片桨叶也会标注 305×227，这里的单位是毫米，表达的意义是一样的。在同样的转速下，螺旋桨的螺距越大，其负载也越大。

3）正反桨。按照螺旋桨工作的旋转方向，可将螺旋桨分为正桨和反桨。从桨叶上方看，逆时针方向旋转的称为正桨，用 CCW 表示，固定翼飞机的螺旋桨（图 1-19）是逆时针方向旋转的；而顺时针方向旋转的螺旋桨则称为反桨，用 CW 表示。CCW 桨叶与 CW 桨叶不可混用，一旦安装错误，将会导致无人机无法正常飞行。

将逆时针旋转的桨叶定义为正桨是从一战时期开始的，普通的螺旋桨飞机从迎风面看，其桨叶都是逆时针旋转。对于正桨与反桨的识别，关键是查看其迎风一侧的位置，如果其迎风朝向逆时针方向旋转则为正桨，反之则为反桨。正反桨的区分如图 1-20 所示。

图 1-19　固定翼飞机的螺旋桨

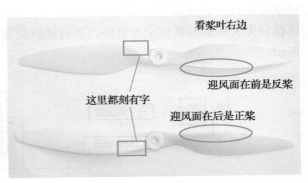

图 1-20　正反桨的区分

（2）螺旋桨的分类

1）按材质分类。螺旋桨按材质可分为塑料桨（图 1-21）、碳纤维桨（图 1-22）和木桨（图 1-23）。塑料桨性能一般，但是其价格便宜，所以在小型多旋翼植保无人机上得到了大量的应用。碳纤维桨强度高、重量轻、寿命较长，是最好的螺旋桨之一，但是其价格是最贵的。木桨强度高、性能较好、价格也较高，主要应用于较大型无人机。

2）按结构分类。螺旋桨按结构可分为折叠桨与非折叠桨，非折叠桨的结构为整体一体成型，而折叠桨左右两侧的桨叶是分开的并可以折叠。折叠桨的设计初衷主要是方便无人机的运输。

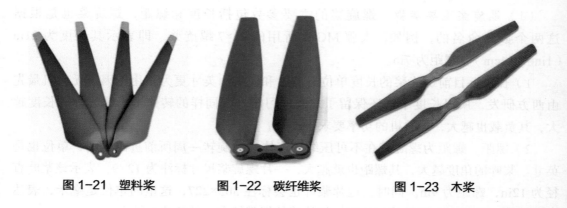

图 1-21 塑料桨   图 1-22 碳纤维桨   图 1-23 木桨

知识点 3 飞行控制系统

飞行控制系统（简称飞控系统）通过高效的控制算法内核，能够精准地感应并计算出无人机的飞行姿态等数据，再通过主控单元实现精准定位悬停和自主平稳飞行。

飞行控制系统一般主要由主控单元、IMU（惯性测量单元）、GNSS（全球导航卫星系统）、磁罗盘模块构成。IMU 是角速度以及加速度传感器，对无人机的运动姿态进行探测并反馈给主控单元。磁罗盘（指南针）是无人机方向传感器，对无人机的方向进行探测并反馈给主控单元。主控单元在获得角速度、加速度、方向等姿态信息后，才能够对数据进行分析并最终保持无人机的平衡。而 GNSS 能够确定无人机所处的经纬度，最终保证无人机能够实现定点悬停以及自动航线飞行。植保无人机飞控系统结构如图 1-24 所示。

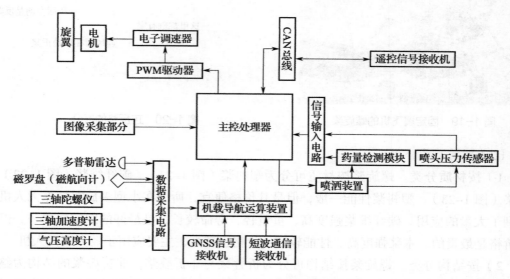

图 1-24 植保无人机飞控系统结构

1. 航电板

目前市场上主流厂家的植保无人机,都将主控单元、GNSS、IMU、磁罗盘、气压计等全部集成到航电板当中。航电板是植保无人机的核心,如图1-25所示,损坏则无法正常飞行。

图 1-25 植保无人机航电板

2. 雷达与气压计

雷达不断旋转并发射雷达波从而能够发现对应方向上的障碍物,并且还能够实现定高,也就是实现与作物的高度保持恒定。气压计也能够探测飞行器高度,首先检测起飞点的气压,飞行当中时刻探测实际气压,通过气压差即可确定相对飞行高度。

在开启雷达时,植保无人机通过雷达获取数据进行定高;而在关闭雷达定高功能时,将通过气压确定高度。雷达定高相对于气压定高更准确,且能够随着地形的变化而改变飞行器高度,是优先采取的定高方式。

3. GNSS 和实时动态测量(RTK)

利用定位卫星,在全球范围内实时进行定位、导航的系统,称为全球导航卫星系统(GNSS)。植保无人机在没有GNSS的前提下,无法实现自动飞行。沿设定的航线自动飞行必须建立在无人机清楚自身的地理位置的前提下进行,并且没有GNSS的无人机飞控系统无法消除累计误差,将会在水平方向上不断飘移,无法实现精准定位悬停。GNSS信号在空旷地接收效果最佳,高楼及密集的高层建筑物会对GNSS信号构成影响。

但是GNSS定位精度只能达到米级别,如果需要更精准的定位则需要实时动态测量(RTK)系统。RTK系统利用载波相位差分技术,能够通过对普通GNSS信号进行差分计算,获得厘米级定位。具体的定位原理如图1-26所示。

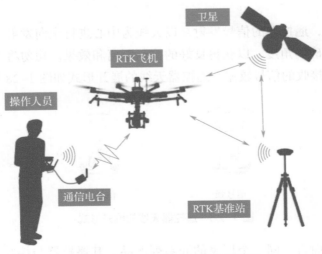

图 1-26 GNSS 和 RTK 定位原理

知识点4 通信链路系统及遥控器

通信链路系统主要用于多旋翼植保无人机系统传输控制和载荷通信的无线电链路，是无人机与地面操控人员之间沟通的桥梁。通信链路的主要构成包括地面端与天空端。地面端需要将控制信号以及任务指令发到无人机（天空端），无人机则需要将无人机的状态以及任务设备的状态发送到地面端。无人机通信链路系统结构如图1-27所示。

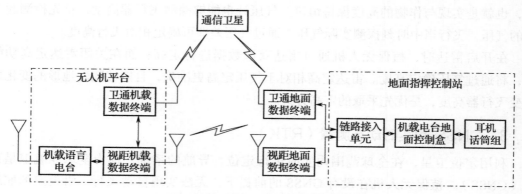

图1-27 植保无人机通信链路系统

以往的航模无人机当中，地面与空中的通信往往是单向的，也就是地面进行信号发射，而航模无人机进行信号接收并完成相应的动作，地面的部分被称为发射机，航模无人机机载的部分被称为接收机，所以这一类的无人机通信数据链只有一条。而多旋翼无人机地面操纵人员不仅要求能控制无人机，还需要了解无人机的飞行状态以及无人机任务设备的状态，这就要求地面端能够接收无人机发射的数据，这是常见的第二条数据链。

需要了解的是，遥控器的信号发射是以天线为中心进行全向发射，在使用时一定要展开天线，保持正确的角度，以获得良好的控制距离和效果。切勿将天线方向垂直对向无人机，此时天线接收的信号较差。遥控器天线的展开形式如图1-28所示。

信号强　　　　　　　信号弱
图1-28 遥控器天线的展开形式

对植保无人机而言，同一个厂家的同系列产品，其遥控器与接收机可以互相连接，这个连接的过程就是"对频"。对频是指将发射机与接收机进行通信对接，在对频之后该接收机即可接收该发射机发射的遥控信号。以大疆 T 系列植保无人机为例，遥控器与植保无人机的对频方式为：首先在遥控器 App"遥控器"里选择对频，然后在飞行器开机的情况下，按住电池开关键持续 5s，即可完成对频操作。

知识点 5　喷洒系统

喷洒系统主要包括药箱、继电器、电动液泵和喷头组；继电器与电动液泵连接，用于控制电动液泵开关；电动液泵通过药液管与喷头组连接；喷洒控制信息输出接口与继电器连接，飞控处理单元依据是否到达喷雾区域进行继电器开关的控制，从而控制电动液泵是否进行喷雾作业。植保无人机喷洒系统中主要使用的喷头有两种：压力式喷头和离心式喷头。配好的农药装入药箱，液泵提供动力引流，再通过药液管到达喷头，将农药均匀喷洒到作物表面。压力式喷洒系统的结构如图 1-29 所示。

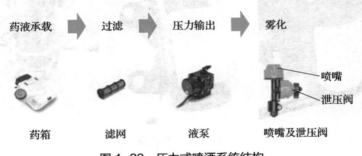

图 1-29　压力式喷洒系统结构

1. 药箱

药箱是植保无人机喷洒系统的一个重要部件。我国植保无人机药箱多为工程塑料材质，须耐酸碱、耐腐蚀，有桶状、长方体状、三棱柱状和圆锥状等不同形状，容量大小依据无人机平台起飞载荷而定，多为 5~20L。目前，对于市场上几乎所有多旋翼无人机，药箱都直接固定于无人机机身下方，如大疆 MG-1 型（图 1-30a）和天途 M6A 型。而大部分单旋翼植保无人机，则效仿日本雅马哈无人机，普遍使用双药箱的设计方式（图 1-30b），即在主旋翼下方机身两侧对称位置各放置 1 个药箱，两个药箱通过管路连通保持液面高度一致，使药液形成一个整体，安阳全丰 3WQF120-12 型、汉和水星一号以及广西田园 3XY8D 型均采用这种方式。此外，一些单旋翼无人机采用的则是较独特的 U 形药箱，即一种类似于将两侧的药箱打通、将无人机机身下部嵌入药箱 U 形槽内的结构，例如高科新农 HY-B-15L 型和 S40 型单旋翼电动无人机。

2. 液泵

液泵产生的压力是药液进入管路和雾化的动力来源，目前植保无人机喷雾系统绝大多数都采用早期研发的国产微型电动隔膜泵，如图 1-31 所示。

a)　　　　　　　　　　　　　b)

图 1-30　植保无人机药箱

图 1-31　隔膜泵

　　微型电动隔膜泵采用微型直流电机（一般电压为 5V、12V、24V）作为动力驱动装置，驱动内部机械偏心装置做偏心运动，由偏心运动带动内部的隔膜做往复运动，从而对固定容积的泵腔内的液体进行压缩（压缩时进液口关闭、排液口打开，形成微正压）、拉伸（拉伸时排液口关闭、进液口打开，形成负压）。在泵进液口处与外界大气压产生压力差，在压力差的作用下，药液被吸入泵腔，再从排液口排出。微型电动隔膜泵的优势在于耐腐蚀、压力高、噪声低，可以用于高黏度药液的吸液和排液，但其隔膜的脉动作用导致喷雾压力的脉动，而不能实现压力均匀稳定的喷雾作业。在单旋翼无人机的双药箱设计中，多采用每侧药箱分别连接一个液泵的方式，以保证两侧管路压力相同。植保无人机喷雾系统中使用的电动隔膜泵的流量范围在 0.5~5.0L 之间、压力不超过 1MPa。

　　近几年来，植保无人机使用的液泵通常为蠕动泵、齿轮泵和高压泵。齿轮泵又称正排量装置，它像一个缸筒内的活塞，当一个齿进入另一个齿的流体空间时，因为液体压缩比很小，所以液体和齿就不能在同一时间占据同一空间，这样液体就被机械性地排开，液泵每转一圈排出的液体量是一样的。液泵将药液由药箱抽送到喷头并产生一定的压力。植保无人机常用的蠕动泵结构如图 1-32 所示，常用的齿轮泵结构如图 1-33 所示。

图 1-32 蠕动泵

图 1-33 齿轮泵

3. 喷头

在植保无人机喷雾作业过程中，药液经过无人机雾滴雾化装置——喷头进行雾化而分散，形成具有不同大小的细小的雾滴颗粒，并形成具有一定宽度的雾滴谱。不管是各种地面喷雾机还是各种航空喷雾机，成雾过程中，喷头是农药雾化的核心部件。按照药液雾化的动力来源来分，目前主要有压力式喷头和离心式喷头两种，这也是目前市场上主流植保无人机使用的雾化喷头类型。压力式喷头与传统地面机具上安装的喷头相同，一般根据作物特点选用扇形雾喷头或圆锥雾喷头；而离心式喷头大多则是采用 20 世纪80 年代研发生产的手持电动离心喷雾器的离心式喷头，或在此基础上由各无人机生产厂商根据自身机型特点开发而成。

这两种不同类型喷头的特点对比见表 1-3。

表 1-3 压力式喷头与离心式喷头的特点对比

	压力式喷头	离心式喷头
雾化原理	通过液泵产生的压力使药液通过喷头时在压力作用下破碎成细小雾滴，其成雾粒径主要受喷头压力及孔径的影响	通过电机带动喷头高速旋转，通过离心力将药液分散成细小雾滴颗粒，成雾粒径主要受电机电压的影响
优点	药液下压力大；喷洒架构简单；成本低	产生的雾滴粒径小，雾化均匀；更容易精准控制喷洒流量；适用农药品类多
缺点	雾滴雾化均匀性相对较差；无法通过远程控制调节泵压来改变喷雾粒径；不适用于粉剂	药液相对易飘移；雾化控制成本高；高转速对喷头电机轴承要求较高

（1）压力式喷头 压力式喷头借助液泵产生的压力，使药液通过喷头时在压力的作用下与空气高速撞击破碎成细小的液滴，其雾化粒径主要受喷头压力及孔径的影响。压力式喷头的优点在于两个方面：一是喷雾压力较大，喷雾压力为 1~8MPa，有的甚至高达 20~40MPa，药液的雾滴直径一般在 70~120μm，雾滴高压下获得极大的初速度（10~30m/s），能缓解因飞行和外界环境引起的飘移作用，因高速运移至靶标物的时间短，减少了因高温、干旱等蒸发流失；二是喷洒系统均采用技术较成熟的地面机具稳压

喷雾系统部件，结构相对简单，成本较低。但它的缺点也很明显：雾化产生的雾滴谱宽、雾滴直径差异大、雾化均匀性不佳；植保无人机无法通过远程控制调节泵压来改变喷雾粒径，而只能通过更换不同孔径型号的喷头进行调整；不适用于悬浮剂、可湿性粉剂等传统农药剂型的喷施，易造成喷头堵塞。目前，我国市场上使用的扇形雾喷头包括Lechler LU 和 ST、Teejet XR 等几个系列，孔径型号多为 01、015、02 和 025 号等小口径，喷雾角为 110°或 120°，大多在 0.15~0.50MPa 压力下，单喷头流量在 0.28~1.28L/min，雾滴体积中值直径（VMD）在 100~200μm 范围内，雾滴较细，广泛应用于大田作物农药及生长调节剂喷洒作业。压力式喷头结构如图 1-34 所示。

（2）离心式喷头　离心式喷头通过电机带动雾化盘高速旋转，通过离心力将药液分散成细小的雾滴颗粒。雾滴粒径主要受电机电压、供液流速、雾化盘特性的影响。离心式喷头的优点有：产生的雾滴粒径更小，直径相差也更小，雾滴谱窄，药液雾化均匀、效果好；容易通过电压调整电机转速进而精准控制雾滴粒径；适用农药品类多，包括可湿性粉剂、悬浮剂、乳油等水溶性较差的农药剂型。与此同时，它的劣势则主要在于雾滴没有液压而产生的大初速度，药液相对容易受无人机旋翼风场和环境大气流场的影响，如果无人机下旋气流风场不足时，雾滴就极容易产生飘移；另一方面，离心雾化喷头雾化控制的成本相对较高，同时，高转速对喷头电机轴承寿命影响也较大。市面上现有的离心式喷头大多是各无人机厂商或配件厂商根据作业的需求在 20 世纪 80 年代早期离心式喷头的基础上二次开发而成，并没有行业公认的国际标准甚至国家标准，这就会导致喷头质量参差不齐、工作性能不佳、雾化效果差等不良结果。

离心式喷头的特点是药液雾化均匀，雾滴直径相差不大。缺点是离心式喷头的配件很容易出现问题，寿命较短，更换频率较高，而且离心式喷头基本上没有什么下压力，完全凭借无人机的风场下压，与压力式喷头相比，飘移量大一些，对于高秆作物和果树来说效果差一些。离心式喷头的结构型式如图 1-35 所示。

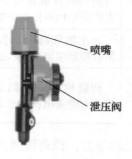

图 1-34　压力式喷头　　　　图 1-35　离心式喷头

综上所述，压力式喷头与离心式喷头各有所长，各有所短。在目前条件下，需要根据实际作业气象条件、作物特点、防治对象、药液理化性质和植保无人机旋翼下旋气流场性能等因素综合考虑，选择合适的喷头进行田间施药作业。

4. 滤网

植保无人机喷洒系统中需要设置滤网，作用是将进入液泵和喷头的药液进行过滤，以避免杂质堵塞喷头。药箱进液口处的滤网如图1-36所示。

图1-36 滤网

5. 流量监测装置

（1）液位计 液位计（图1-37）用于确认药液量，是无药警告的信号来源。地面加药时实时显示预估换药点，方便用户根据下一个换药点位置加注合适药量，保证航线在下一个换药点刚好无药，进一步节约能源、提高作业效率。

图1-37 药箱液位计

（2）流量计 流量计（图1-38）是喷洒系统用于监测药液流速及流量的器件，用于精确计算实际药液流量，有助于使作业用药量更精准。

图1-38 液泵流量计

知识点6 其他挂载系统

播撒系统是用于植保无人机的功能配件，可实现种子播撒、饲料播撒等，大大拓宽了植保无人机的应用范围。播撒系统主要由作业箱、播撒机两部分构成，通过甩盘结构将物料均匀地播撒到目标区域中。播撒系统内置搅拌装置，可有效防止落料堵塞，提高作业准确度及可靠性。通过配备称重传感器及控制模块，播撒系统可实时监测作业箱内剩余物料质量，使流量控制与无料警告更加精准。包装内附带的挡板可阻挡向上播撒的颗粒,从而有效避免物料对螺旋桨的损伤。播撒系统结构如图 1-39 所示。

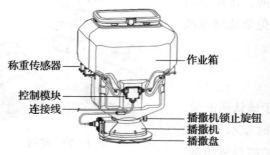

称重传感器————作业箱

控制模块
连接线
————播撒机锁止旋钮
————播撒机
————播撒盘

图 1-39　播撒系统

拓展课堂 3

　　中国作为农业大国,拥有 20 多亿亩基本农田,每年有大量的耕、种、管、收等农机作业需求。我国农业在经历了以人力和畜力为主的传统农业后,随着农业信息化和农业机械化的快速发展,正大步迈入智慧农业的新时代。近年来,随着农村人口的外流,农业劳动力日益短缺和人工成本增加的现象也日益严重,寻求新型高效的农业机械作业方式迫在眉睫。智慧农业可大幅度提高农业劳动生产率、资源利用率和土地产出率,成为当今世界现代农业发展的重要方向,也是我国现代农业发展的必然选择。

　　《国务院关于加快推进农业机械化和农机装备产业转型升级的指导意见》中提出"促进物联网、大数据、移动互联网、智能控制、卫星定位等信息技术在农机装备和农机作业上的应用",推行无人化智能农业装备,既符合世界发展趋势,也符合我国提升农机装备智能化水平的重大需求,对加快智慧农业应用发展具有重大意义。

02

模块二

农药的基础知识及安全使用

学习任务 1　农药的定义

学习任务 2　农药的分类

学习任务 3　农药的施用

实训任务　　农药的配置

广义上的农药是指用于预防、消灭或者控制危害农业、林业的病、虫、草和其他有害生物以及有目的地调节、控制、影响植物和有害生物代谢、生长、发育、繁殖过程的化学合成或者来源于生物、其他天然产物及应用生物技术产生的一种物质或者几种物质的混合物及其制剂。狭义上，农药是在农业生产中，为保障、促进植物和农作物的生长，所施用的杀虫、杀菌、杀灭有害动物（或杂草）的一类药物的统称。

掌握常用农药的选用和配置，是保障农作物生长和产量的重要措施。本模块介绍了农药的基础知识及安全选用，包括农药的分类和科学施用。

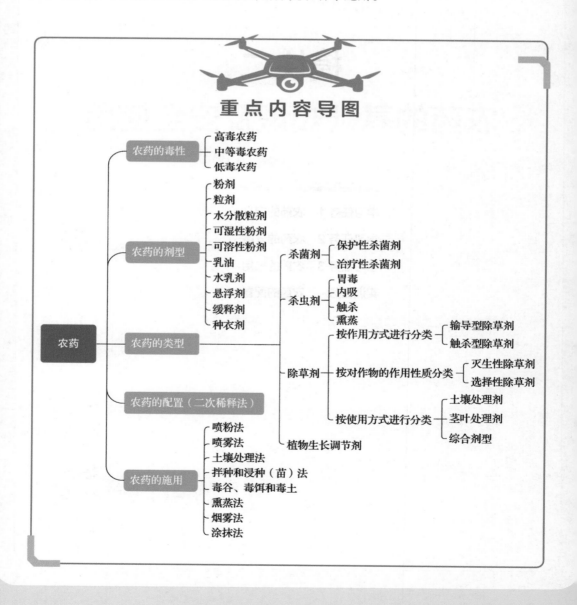

学习任务 1　农药的定义

知识目标

1）掌握农药的基本定义。

2）掌握农药的剂型和相关法律法规。

3）了解禁止使用的农药。

素养目标

1）培养认真细致、严谨治学的态度。

2）培养职业道德观念、增强责任感。

3）加强沟通协调、团队协作的能力。

❓ 引导问题 1

农药在农业生产中使用非常广泛，在使用过程中必须保证人员和作物的安全。区分重毒性的农药非常重要。那么如何区分农药的剂型？法规禁止使用的农药有哪些？

▊ 知识点 1　农药的毒性

根据农业生产上常用农药（原药）的毒性（急性口服、经皮毒性、慢性毒性等）综合评价，分为高毒、中等毒、低毒三类。

1）高毒农药（$LD50<50mg/kg$）[⊖]：包括 3911（甲拌磷）、苏化 203（治螟灵）、1605（对硫磷）、甲基 1605、1059（内吸磷）、杀螟威、久效磷、磷胺、甲胺磷、异丙磷、三硫磷、氧化乐果、磷化锌、磷化铝、氰化物、呋喃丹、氟乙酰胺、砒霜、杀虫脒、西力生、赛力散、溃疡净、氯化苦、五氯酚、二溴氯丙烷、401 乙蒜素等。

2）中等毒农药（LD50 在 $50\sim500mg/kg$ 之间）：包括杀螟松、乐果、稻丰散、乙硫磷、亚胺硫磷、皮蝇磷、六六六、高丙体六六六、毒杀芬、氯丹、滴滴涕（DDT）、西维因、害扑威、叶蝉散、速灭威、混灭威、抗蚜威、倍硫磷、敌敌畏、拟除虫菊酯类、克瘟散、稻瘟净、敌克松、402 乙蒜素、福美砷、稻脚青、退菌特、代森胺、代森环、2,4- 滴、燕麦敌、毒草胺等。

3）低毒农药（$LD50>500mg/kg$）：包括敌百虫、马拉松、乙酰甲胺磷、辛硫磷、三氯杀螨醇、多菌灵、托布津、克菌丹、代森锌、福美双、萎锈灵、异草瘟净、乙磷铝、

⊖　LD50 表示半数致死剂量。

百菌清、除草醚、敌稗、阿特拉津、去草胺、拉索、杀草丹、2甲4氯、绿麦隆、敌草隆、氟乐灵、苯达松、茅草枯、草甘膦等。

农药中毒轻者表现为头痛、头昏、恶心、倦怠、腹痛等，重者出现痉挛、呼吸困难、昏迷、大小便失禁，甚至死亡。人体摄入的硝酸盐有81.2%来自受污染的蔬菜，而硝酸盐是国内外公认的三大致癌物亚硝胺的前体物。城市垃圾、污水和化学磷肥中的汞、砷、铅、镉等重金属元素是神经系统、呼吸系统、排泄系统主要的致癌因子；有机氯农药在人体脂肪中蓄积，诱导肝脏的酶类，是肝硬化肿大原因之一；长期食用受污染蔬菜，是导致癌症、动脉硬化、心血管病、胎儿畸形、死胎、早夭、早衰等疾病的重要原因。

知识点2　复配药剂

为延缓抗药性和兼治病虫、杂草以提高农药防治效果，根据一药多治的原则，按照农药一定的混合比例采用复合配制方法配成的农药称为复配农药。农药生产企业根据复配原则，按照一定的配比将两种或两种以上的农药有效成分与各种助剂或添加剂混合在一起加工成固定剂型和规格的制剂，如瑞士先正达公司生产的68%金雷（代森锰锌+甲霜灵）或64%杀毒矾（代森锰锌+恶霉灵）；又如乙草胺+莠去津424D用于玉米田除草等。目前，复配制剂已有"杀虫剂+杀菌剂""杀虫剂+杀虫剂""杀菌剂+杀菌剂""除草剂+除草剂""除草剂+肥料"等多种的两元与三元类型。复配药剂类型举例如图2-1所示。

a）杀虫剂+杀菌剂　　b）杀虫剂+杀虫剂　　c）除草剂+除草剂

图2-1　复配药剂

知识点3　农药剂型

常见农药剂型有粉剂、粒剂、可湿性粉剂、乳油、悬浮剂、缓释剂等，详见我国国标《农药剂型名称及代码》（GB/T 19378—2017）。

1）粉剂。粉剂95%粉粒可通过200目筛（筛孔内径74pm），适用于水源困难的地区。粉剂不能用于兑水喷雾。

2）粒剂。粒剂按粒径大小分为微粒剂、颗粒剂和大粒剂，粒径大于大粒剂的称为块状剂，又称丸剂。

3）水分散粒剂。水分散粒剂又称干悬浮剂或粒型可湿性粉剂，在水中能较快地崩解、分散，形成高悬浮的制剂。

4）可湿性粉剂。可湿性粉剂以不溶于水的原药与润湿剂、分散剂、填料混合，经粉碎而成。该剂加水可稀释成稳定的、分散性良好的可供喷雾用的悬浮液。

5）可溶性粉剂。可溶性粉剂由水溶性较大的农药原药，或水溶性较差的原药附加了亲水基，与水溶性无机盐和吸附剂等混合磨细后制成。粉粒细度要求 98% 通过 80 目筛［指在每英寸（25.4mm）的长度上有 80 个筛孔］。

6）乳油。农药原药按比例溶解在有机溶剂中，加入一定量的农药专用乳化剂配制成透明均相液体。该制剂需要使用大量有机溶剂，目前国家不提倡该剂型。

7）水乳剂。水乳剂是将液体或与溶剂混合制得的液体农药原药以直径为 0.5~1.5μm 的小液滴分散于水中的制剂，外观为乳白色牛奶状液体。该剂型环境友好，国家积极提倡。

8）悬浮剂。悬浮剂是将固体农药原药以直径为 4μm 以下的微粒均匀分散于水中的制剂。以水为介质的浓悬浮剂常简称为悬浮剂，以油为介质的浓悬浮剂常简称为油悬剂。

9）缓释剂。控制农药有效成分从加工品中缓慢释放的农药剂型称为缓释剂。

10）种衣剂。农药包覆在植物种子外面并形成比较牢固药层的剂型称为种衣剂。

知识点4　禁止使用的农药

《农药管理条例》规定，农药生产应取得农药登记证和生产许可证，农药经营应取得经营许可证，农药使用应按照标签规定的使用范围、安全间隔期用药，不得超范围用药。剧毒、高毒农药不得用于防治卫生害虫，不得用于蔬菜、瓜果、茶叶、菌类、中草药材的生产，不得用于水生植物的病虫害防治。农业农村部发布的最新禁限用农药目录如下：

1）禁止（停止）使用的农药（46 种）：包括六六六、滴滴涕、毒杀芬、二溴氯丙烷、杀虫脒、二溴乙烷、除草醚、艾氏剂、狄氏剂、汞制剂、砷类、铅类、敌枯双、氟乙酰胺、甘氟、毒鼠强、氟乙酸钠、毒鼠硅、甲胺磷、对硫磷、甲基对硫磷、久效磷、磷胺、苯线磷、地虫硫磷、甲基硫环磷、磷化钙、磷化镁、磷化锌、硫线磷、蝇毒磷、治螟磷、特丁硫磷、氯磺隆、胺苯磺隆、甲磺隆、福美胂、福美甲胂、三氯杀螨醇、林丹、硫丹、溴甲烷、氟虫胺、杀扑磷、百草枯、2，4-D- 丁酯。

注：氟虫胺自 2020 年 1 月 1 日起禁止使用。百草枯可溶胶剂自 2020 年 9 月 26 日起禁止使用。2，4-D- 丁酯自 2023 年 1 月 29 日起禁止使用。溴甲烷可用于"检疫熏蒸

处理"。杀扑磷已无制剂登记。

2）在部分范围禁止使用的农药（20种）：见表2-1。

表2-1　部分范围禁止使用的农药

通用名	禁止使用范围
甲拌磷、甲基异柳磷、克百威、水胺硫磷、氧乐果、灭多威、涕灭威、灭线磷	禁止在蔬菜、瓜果、茶叶、菌类、中草药材上使用 禁止用于防治卫生害虫 禁止用于水生植物的病虫害防治
甲拌磷、甲基异柳磷、克百威	禁止在甘蔗作物上使用
内吸磷、硫环磷、氯唑磷	禁止在蔬菜、瓜果、茶叶、中草药材上使用
乙酰甲胺磷、丁硫克百威、乐果	禁止在蔬菜、瓜果、茶叶、菌类和中草药材上使用
毒死蜱、三唑磷	禁止在蔬菜上使用
丁酰肼（比久）	禁止在花生上使用
氰戊菊酯	禁止在茶叶上使用
氟虫腈	禁止在所有农作物上使用（玉米等部分旱田种子包衣除外）
氟苯虫酰胺	禁止在水稻上使用

拓展课堂 1

通过学生小组讨论"有机氯杀虫剂DDT的神奇发现以及抑制人类传染病媒介所起的巨大作用"，我们深刻认识到了"有机氯杀虫剂对当时社会所起的价值不可估量"。然而，它也告诉我们，即使曾经发挥过重要作用的事物，也可能会因为新的挑战而被淘汰。这正体现了"事物总是在矛盾中不断发展"的规律。因此，我们应该更加努力地学习化学知识，致力于农药化学研究，用科学的方法去认识农药，并运用辩证唯物主义和科学发展观去指导我们的研究。同时，我们也要增强我们对农业的关注和责任感，为强农、兴农、爱农贡献自己的力量。

学习任务2　农药的分类

知识目标

1）掌握农药的基本分类。

2）掌握杀菌剂的识别与选用。

3）掌握杀虫剂的识别与选用。

4）掌握除草剂的识别与选用。

5）掌握植物生长调节剂的识别与选用。

素养目标

1）树立药品质量第一的观念和药品安全意识，具有从事药学工作所应有的良好职业道德、科学工作态度、严谨的专业作风。

2）培养学生的爱国主义情怀、职业理想与信念。

3）培养学生的自主创新意识。

? 引导问题 2

农药的选用需要对症下药，要能够快速准确地识别出农药种类。杀菌剂、杀虫剂、除草剂、植物生长调节剂的标识分别是什么？

知识点 1 杀菌剂

农药杀菌剂是一类用来防治植物病害的药剂。凡是对病原物（引起植物病害的生物的统称）有杀死作用或者抑制生长作用但又不妨碍植物正常生长的药剂统称为农药杀菌剂，也就是说防治真菌、细菌、病毒的药剂都属于杀菌剂的概念。根据杀菌剂的作用方式，可分为保护性杀菌剂和治疗性杀菌剂。

1. 保护性杀菌剂

在病害发生之前施用于植物体可能受害的部位，以保护植物不受病毒或细菌侵染的药剂称为保护性杀菌剂。保护性杀菌剂多具有杀菌谱广、无内吸效果的特点，例如代森锰锌类杀菌剂、石硫合剂。保护性杀菌剂作用方式如图 2-2 所示。

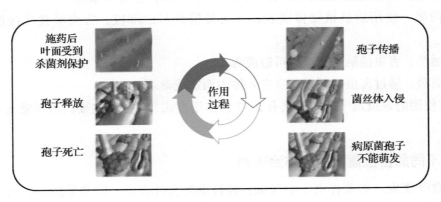

图 2-2 保护性杀菌剂作用方式

2. 治疗性杀菌剂

在植物已经发病后，能够治疗作物病害的药剂称为治疗性杀菌剂。治疗性杀菌剂必须具有两种重要的生物学特性：

1）必须具备能够被植物吸收和输导的内吸性。

2）必须具备高度的选择性，以免对植物产生药害。

典型药物如三唑酮（粉锈宁）、多菌灵。治疗性杀菌剂作用方式如图 2-3 所示。

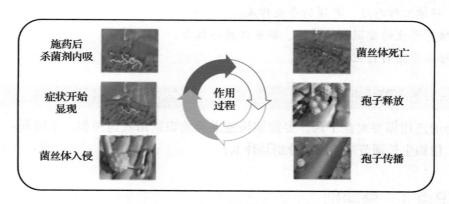

图 2-3　治疗性杀菌剂作用方式

知识点 2　杀虫剂

用于防治农、林、牧及卫生害虫的药剂称为杀虫剂，从定义而言其只针对昆虫，实际将杀虫剂、杀螨剂、杀线虫剂都归类为杀虫剂。

1. 作用方式

杀虫剂作用方式主要包括：

1）胃毒：药剂被害虫摄食进入体内并吸收，从而产生毒杀效果。

2）内吸：使用后被植物体吸收，并可传输到其他部位，害虫吸食或接触后中毒死亡。

3）触杀：害虫接触到药液即可造成毒杀。

4）熏蒸：通过害虫的呼吸器官进入体内而造成毒杀。

目前使用的杀虫剂一般同时具有 2~3 种作用方式，可根据主要防治对象选用最合适的药剂。

2. 不同危害位置害虫的防治原则

1）食叶害虫。如菜青虫、小菜蛾、棉铃虫等食叶害虫，应及早防治，大龄幼虫对药剂的抵抗能力大大增强，一般应在幼虫 3 龄以前进行施药。

2）钻蛀害虫。如桃小食心虫、梨小食心虫等钻蛀害虫，应在幼虫孵化之后、钻蛀之前进行施药。但是，对于一些害虫来说，这一段时间非常短，只有几个小时，必须依靠预报。

3）吸汁害虫和潜叶害虫。吸汁害虫靠吸取植物的汁液为生，比如蚜虫和蓟马，世代重叠严重，卵和不同龄期的幼虫同时存在。如果向害虫体表喷洒农药，一次用药很难彻底防治。而潜叶害虫潜伏在叶片或茎秆表皮下取食，一般的叶面喷施的药剂很难达到这个部位。对于这两类害虫，应该选用内吸性能好、渗透能力强、持效期长的噻虫嗪、吡虫啉等药剂，才能收到良好的效果。

知识点 3 除草剂

除草剂是指可使杂草彻底地或选择性地发生枯死的药剂，又称除莠剂，是用以消灭或抑制植物生长的一类物质。其作用受除草剂特性、植物和环境条件三种因素的影响。同杀虫剂、杀菌剂相比，除草剂对使用技术的要求更高。杀虫剂、杀菌剂使用一时失当，可能只是影响防治效果，除草剂使用不当，有可能造成减产甚至绝产！

1．按作用方式进行分类

（1）输导型除草剂 输导型除草剂施用后通过内吸作用传至杂草敏感部位或整株，使之中毒死亡，例如草甘膦。其特点如下：

1）药效发挥速度慢。药剂必须由吸收部位传导到作用部位才能发挥药效，所以需要时间较长。

2）杀草彻底，对多年生杂草及大龄杂草效果好。由于药剂能够传导到整个植物体，所以整株植物都会被杀死。

3）作物药害较轻时表观症状不明显，但会影响产量。一般把药害症状不明显的药害称为隐性药害。

4）喷药质量要求相对较低。如果药量足够，只要杂草的部分部位接触到药剂，整株杂草就会死亡。

5）茎叶处理剂施药浓度过高会降低除草效果，特别是激素类除草剂表现最为明显。

（2）触杀型除草剂 触杀型除草剂不能在植株体内传导移动，只能杀死所接触到的部位，比如灭草松。其特点如下：

1）药效发挥速度快。药剂不经过传导直接发挥作用，吸收部位与作用部位相同，所以需要时间短。

2）杀草不彻底，对多年生杂草及大龄杂草效果不好。多年生杂草及大龄杂草具有再生能力，处于休眠状态的芽由于顶芽被杀死而开始萌发，形成新的植株，也就是杀草不杀根。

3）作物药害较轻时表观症状也很明显，但一般不影响产量。

4）喷药质量要求相对较高。必须保证杂草植株所有部位都接触到药剂才能将整株杂草杀死，杂草未接触到药剂的部位不受害。

5）茎叶处理剂施药浓度应尽可能低，以提高药剂在叶片内的扩散面积，提高除草效果，降低药害。

2. 按对作物的作用性质分类

（1）灭生性除草剂　在常用剂量下，灭生性除草剂可以杀死绝大部分接触到药剂的植物，如草甘膦、百草枯。但是要注意的是，飞防植保飘移性较强，喷洒灭生性除草剂很有可能产生飘移药害，须特别谨慎。其特点如下：

1）杀草谱宽。正常情况下能够杀死绝大多数植物。

2）灭生性除草剂也可根据其除草特性、杂草及作物发生特点，利用人工选择性（时差选择性、位差选择性）将其应用于农田中。

3）抗灭生性除草剂的作物品种，已经通过作物育种手段培育出来且已经在生产上推广应用，所以灭生性除草剂对某些作物品种来说可能具有选择性。

（2）选择性除草剂　在一定剂量和浓度下，选择性除草剂选择性地消灭指定的植物，如丁草胺、乙草胺。其特点如下：

1）杀草谱窄。一般情况下杀草谱越宽对作物的安全性越差，由于农田中杂草种类较多，所以一般需要两种或几种杀草谱不同的除草剂混合或搭配应用。

2）除草剂的选择性是相对的，用药量、环境条件、用药方法、用药时期、杂草及作物的发育状况等对其有很大的影响。

3）除草剂的选择性是对某一种或几种作物而言，不可能对所有的作物都具有选择性。一般适用作物种类越多的除草剂，杀草谱越窄。

3. 按使用方式进行分类

（1）土壤处理剂　土壤处理剂又称土壤封闭剂，如苄嘧磺隆、乙草胺、双草醚。将除草剂施到土壤或土表水层中，杂草在土壤或土表水层中通过根系或幼芽吸收除草剂，这种除草剂应用方法称为土壤处理。将除草剂用喷雾、喷洒、泼浇、浇水、喷粉或毒土等方法施到土壤表层或土壤中，形成一定厚度的药土层，杂草种子、幼芽、幼苗及其他部分（如芽鞘）接触后吸收而被杀死。一般多用常规喷雾处理土壤，播种前施药称为播前土壤处理，播后苗前施药称为播后苗前土壤处理。土壤处理剂的特点如下：

1）持效期较长，能够长期控制杂草。但残效期太长会造成后茬敏感作物产生药害。

2）在杂草出现之前用药，能够在早期控制杂草。

3）除草效果受土壤特性影响较大，药效不稳定。除草效果受土壤墒情、整地质量、土壤温度、有机质含量、土壤质地、土壤酸碱度等因素影响。

4）毒土处理时，水层深度对药效及药害的影响很大。水层深易发生药害，水层浅则药效会降低。

5）土壤处理剂对大粒种子的杂草和多年生杂草效果不好。

6）土壤处理剂用药后发生较大降雨，或在沙土地、低洼地上应用易发生药害。

7）单从除草效果考虑，土壤处理剂的用药时期为杂草出苗前，且越晚越好。

（2）茎叶处理剂　将除草剂溶液兑水，以细小的雾滴均匀地喷洒在植株上，使用这种喷洒法的除草剂称为茎叶处理剂，如盖草能、草甘膦、百草枯等。其特点如下：

1）可以根据杂草种类选择相应的除草剂品种。

2）在土壤中无持效期，只能杀死已经出苗的杂草，控草时间短。

3）除草效果受土壤特性影响小，药效相对比较稳定。但天气干旱时，由于杂草为了避免体内水分过于蒸腾，叶片气孔会关闭、角质层和蜡质层会增厚，进而影响除草剂的吸收，导致除草效果变差。

4）茎叶处理剂对大粒种子的杂草和多年生杂草的防除效果好于土壤处理剂。

5）茎叶处理剂施药后，若短时间内发生降雨会因药剂被雨水冲刷而无效，需要重喷。

6）除草效果受杂草的大小影响很大，最佳施药时期为离乳前。一般禾本科杂草3叶期离乳，阔叶杂草"离乳期"为株高5cm左右。可以认为是杂草出苗后，且越早越好。

（3）综合剂型　综合剂型可进行茎叶处理，也可进行土壤处理，如阿特拉津等。其特点如下：

1）具有封、杀双重作用。

2）可根据当地气候、土壤特点、作物种类选择相应的处理方法，处理方法灵活。气候、土壤条件不利于土壤处理剂药效发挥时进行茎叶处理；小粒种子的作物田选择茎叶处理；利用垂直位差选择性时进行土壤封闭处理；利用水平位差选择性时进行茎叶处理。

3）单从除草效果上考虑，最佳的用药时期为杂草出苗后早期。

3）兼有土壤处理剂和茎叶处理剂的优点。

4. 除草剂的使用

除草剂的使用时间分为3个时期：

（1）作物播种之前　在播种作物前用除草剂对杂草进行茎叶处理或土壤处理，以消灭杂草，称为播前土壤处理。必要时创造条件，诱发杂草萌芽，将杂草杀死，在药效过后播种，这样对作物更加安全，如播种水稻前施用五氯酚钠，播种玉米前施用百草枯等。

（2）作物播种之后出苗之前　作物播种后出苗前使用除草剂处理土壤，称播后苗前土壤处理，又称苗前处理。这个时期比较短，仅几天时间，要科学严格掌握，气温高时，作物种子萌发出土快，气温低时出土慢。例如，白菜、萝卜等在正常情况下3天出土，玉米、大豆等5~6天出土，芫荽、菠菜等播种后需7~15天出土，根据情况在苗前使用除草剂。播后苗前土壤处理防除杂草的效果较好，但若施药不及时，会影响出苗和产生药害，将要出苗或已出苗的作物不能再使用土壤处理，以免形成药害。

（3）作物生长期　在作物生长时期用药剂防除杂草，属于茎叶处理。在这个时期使用的除草剂需要有很好的选择性，即对杂草敏感，在作物抗药性比较强的时期效果更为明显。

▶ 知识点4　植物生长调节剂

植物生长调节剂是用于调节植物生长发育的一类农药。人们通过特定的植物生长调节剂，对植物进行促进、抑制、延缓等多种调节活动，让植物按照人类需要的方向去生长发育。

例如，人们通过延缓剂让小麦的茎秆更矮更健壮，以增强其抗倒伏能力；通过促进剂促使营养物质更多向果实运输，培养个大味甜的西瓜；通过抑制剂来抑制土豆发芽，延长储存期等。

植物生长调节剂的特性有别于传统农药。区别于传统农药的高毒、高残留、易产生抗药性等缺点，植物生长调节剂具有见效快、用量少、低毒、高效、不易残留、不易产生抗药性等优点。这使得植物生长调节剂的市场前景和未来作用十分被看好。在国内外农药领域，对植物生长调节剂的科研和应用，也占据了越来越重要的份额。

植物生长调节剂的作用种类繁多，例如用于调节棉花长势的缩节胺，方便棉花、辣椒收获的脱叶剂（图2-4）。生长调节剂对喷洒质量要求较高，必须喷洒均匀，否则将引起作物高低不一或者脱叶效果不均匀等。

图2-4　棉花脱叶剂

拓展课堂2

瑞士化学家保罗·赫尔曼·穆勒（Paul Hermann Müller）博士在1939年发现二氯二苯基三氯乙烷（dichlorodiphenyltrichloroethane，DDT）的杀虫活性以及在控制昆虫传播疾病等方面的重要作用，因此获1948年度诺贝尔生理学或医学奖。穆勒在他的颁奖辞中详细地描述了1943年意大利斑疹伤寒大暴发，传统方法不能阻止其蔓延，因DDT的应用而得到控制的事实，并指出，对于全世界广为流行的疟疾以及其他许多由昆虫传播的疾病，也因DDT的应用而得到控制。他最后指出，DDT强烈的杀虫活性的发现是药物领域的重大事件。一时间DDT成为人们心目中的天使（农药化学）带给人间的仙药。在DDT被用于对付疟疾之前，全球有40%的人口深受其害，患者达3亿人，每年死者超过100万人。

学习任务 3　农药的施用

知识目标

1）掌握农药的科学使用。

2）掌握农药的安全使用。

3）掌握药害的产生及防治。

素养目标

1）培养学生的批判性思维能力。

2）培养学生对比分析问题并阐述观点的能力。

3）培养学生爱国主义情怀、自主创新意识。

？ 引导问题 3

农药的施用方法直接影响药物的效果和作业人员的安全。如何做到农药的科学使用？如果产生了药害，如何预防和治理？

1. 喷粉法

喷粉法是指用喷粉机或其他工具把粉剂喷施到农作物或防治对象上的施药方法。该法不用兑水，直接使用，工作效率高，是防治暴发性病虫害的有效手段。影响喷粉防治效果的因素及改善措施如下。

1）粉剂的理化性质对喷粉质量的影响。呈疏松状态的粉剂，喷出后，会出现一定程度的絮结，有利于粉剂的沉积，但降低了粉剂在受药表面的分散度。超细粉粒，容易引起粉尘飘移。

2）力学性能与操作方法对粉剂均匀分布的影响。喷粉要将粉剂均匀地喷施到每一地段的作物上。

3）环境因素对喷粉质量的影响。露水天或雨后，有助于粉粒在植物表面的黏附。因此，喷粉时间，一般以早晚有露水时效果较好，因为药粉可以更好地附在植物或有害物上；喷粉应在无风、无上升气流或在 1~2 级风速下进行，不应顶风喷撒，喷后一天内下雨则需补喷。随着粉剂不断改进、无粉尘飘移剂型的出现，粉剂的不利因素将得到改善。

2. 喷雾法

喷雾法是指利用喷雾机械将悬浮液、乳状液或水剂、油剂等均匀地喷洒在作物上或防治对象表面上，来防治有害生物。适合喷雾法的农药剂型有可湿性粉剂、可溶性粉剂、乳油、微乳剂、水乳剂、悬浮剂和其他水基化剂型等。影响喷雾效果的因素主要有如下四个方面。

1）剂型的质量（主要指悬浮性、稳定性、湿润性和展着性）越好，防治效果越好。

2）雾滴越细，分布植物表面越均匀。但是细小的雾滴受外界条件的影响容易飘移，影响防治效果。雾滴太大易于沉降，但分布不均匀，所以雾滴大小要适中。

3）害虫体表的结构及喷雾技术。

4）受到气象条件的影响。

3. 土壤处理法

土壤处理法是指将药剂用喷粉、喷雾或毒土等方法施放在土面后再耕耙入土壤中，使药剂分散在耕作层内，或用药液淋于根部附近，或用注射方法注入土壤中。这种方法主要用于防治地下害虫、线虫，土壤传播的病害及杂草的萌动种子或幼芽。土壤处理效果的好坏首先与土壤的酸碱度有关，中性土壤最好；其次，与处理时的土壤温度有关；再次，与药剂的理化性质有关，即与药剂在土壤中的渗透性和扩散性有关，一般说来，蒸气压较高的药剂，在土壤中易于扩散。该法有利于保护害虫的天敌，但是药剂容易流失，目前主要用于处理苗床、植穴、根部周围的土壤。

4. 拌种和浸种（苗）法

拌种法是指将药剂与干种子混合拌匀的方法。这种方法可防地下害虫、土壤传播或种子传播的病害。常用的拌种药剂为高浓度粉剂、可湿性粉剂、乳油等。浸种（苗）法是指把种子（种苗）浸泡在药液中，过一定时间后捞出来，直接杀死种子（种苗）上携带的病原菌。药液浓度和药液温度不宜过高，浸种时间应按农药说明书的要求严格掌握，时间过长影响种子的萌发，也容易产生药害。

5. 毒谷、毒饵和毒土

毒谷、毒饵和毒土是防治蝼蛄、地老虎、蟋蟀等地下害虫和鼠类的有效方法。毒谷或毒饵由害虫喜食的饵料如豆饼、麦麸、花生饼等煮熟或炒熟，然后和具有强胃毒作用的药剂混拌而成。毒土是由药剂与湿润细土均匀混合而成，用时撒于地面、水面或与种子混播。毒土配制方法简单，不需要药械，使用方便，工作效率高，用途广。

6. 熏蒸法

熏蒸法是指利用具有挥发性的农药产生的毒气防治病虫害，主要用于土壤、温室、大棚、仓库等场所的病虫害防治。

7. 烟雾法

烟雾法是指利用专用的机具把油状农药分散成烟雾状态达到杀虫灭菌的方法。由于烟雾的粒子很小，在空气中悬浮时间较长，沉积分布均匀，这种方法经常应用于大棚作物病虫害的防治。

8．涂抹法

涂抹法是指将具有内吸性的农药配制成高浓度的药液，涂抹在植物的茎、叶、生长点等部位，主要用于防治具有刺吸式口器的害虫和钻蛀性害虫，也可施用具有一定渗透力的杀菌剂来防治果树病害。

知识点1　农药的科学使用

农药在有效控制病、虫、草、鼠害，确保农作物安全生产方面发挥了重要作用，也获得了良好的经济效益和社会效果。但是，许多农户对农药的使用方法掌握不够，导致在农业生产中出现比较突出的问题，具体如下。

1）防治对象不明确。作物生长期往往是几种病虫害同时发生，不了解各种病虫的生物学及生活习性而滥用农药，如用康宽防治非鳞翅目害虫、用杀虫剂防治病害等。

2）喷药时间欠佳。一是施药不及时，不见病虫不施药，看见病虫大量发生后再施药，以至延误了施药的最佳时间；二是不按指标用药，见虫就治，见病就防，有虫无虫均打保险药、放心药，浪费人力、财力。

3）农药混配不当。不清楚农药的特性与功能，盲目混配，导致农药的药效降低或发生药害。

4）喷药技术欠妥。施药时怕费力，图省事，药液喷布不均匀，植株内膛、叶背往往不着药，这样难以获得较好的防治效果。

5）喷药时机不当。不顾高温、高湿、刮风等天气，随意施药造成防治效果差，甚至发生药害或人员中毒。

6）抗药性频繁发生。用药单一，发现某种农药效果好就长期使用，或随意加大用药浓度和药量，使有害生物很快产生抗药性。

7）忽视保护害虫的天敌。对害虫的天敌认识不足，喷药不注意保护天敌，习惯用广谱性高毒农药，造成大量害虫天敌死亡，使害虫更加猖獗。

为了科学合理使用农药，避免发生这些问题，农药使用者除了遵守国家有关农药安全使用规定外，还需要了解如下知识。

1．掌握病、虫、草害的生物学特性是科学用药的基础

不明确防治对象，很难做到对症下药，因此，认识有害生物的生存状态、生存条件、行为和习性是非常重要的。

（1）害虫的生物学特性　害虫从卵到成虫需要经历几个发育阶段，各阶段对农药的敏感度不同。卵期、蛹期不活动，又有外壳保护，许多杀虫剂对其杀伤力较小。而若虫或幼虫、成虫阶段，生理活动强烈，取食、迁移活动频繁，很容易接触杀虫剂而受到杀灭。其中，幼龄幼虫对农药敏感，易于防治；老龄幼虫抗药力增强，选择初孵时期用药

就会事半功倍，因此，各级病虫预测预报站常常把幼龄幼虫时期定为最佳防治期。成虫大多具有趋光性，有的成虫对糖醋混合液趋性强，因而常用灯光及糖醋诱杀成虫。一般而言，防治咀嚼式口器害虫可用胃毒剂；防治刺吸式害虫可用触杀或内吸性杀虫剂，胃毒剂不能发挥作用；熏蒸杀虫剂具有强大的挥发与渗透力，常用来防治仓储害虫或地下害虫。防治夜出害虫或卷叶害虫以傍晚施药效果较好。

（2）病害的生物学特性　各种病害入侵部位和病害扩展方式不同，防治方法不一样。土壤传播的病害（如枯萎病），只有对土壤进行处理才能奏效；种子带菌传播的病害，常用种子处理方法防治；植株上侵染的病害，大多采用喷雾、喷粉法防治。同是杀菌剂，有的对真菌性病害有效，有的对细菌性病害有效。病害方面，病原菌休眠孢子抗药性强，孢子萌发时抗药性减弱。充分了解这些特性，有助于开展防治工作。

（3）杂草的生物学特性　除草剂灭草的原理是利用植物不同的形态特征、生理特性、空间分布、生长时差进行除草。单子叶杂草（如禾本科）叶片竖立、叶面积小，表面角质层、蜡质层厚，生长点被多层叶鞘所保护，除草剂不易被黏附或黏附量极少；双子叶杂草叶片平伸，叶面积大，表面角质层和蜡质层薄，生长点裸露，除草剂易被黏附或黏附量大，形成了受药量的较大差别。这时，除草剂利用杂草不同形态来开展防除工作。

防除杂草，可以利用植物根系在土壤中分布深浅不同，或植株高度不同，通过使除草剂在土表形成 1~2cm 的药层，杀死土表的杂草，而根系较深的植株得到保护；或利用杂草和瓜菜高低位差进行除草，如使用灭生性除草剂将低矮的杂草防除，尽量避免药剂接触作物；或利用除草剂残效期短的特性，采取播前施用，迅速杀死杂草，药效过后再行播种或移栽；或者在播种后立即施药，药效过后作物才出芽。

2. 选择剂型和施药方法

我国农药剂型有 20 余种，常见剂型有 10 余种。不同剂型的施药方法存在差别，同一剂型有不同的施药方法。要想充分发挥药剂本身的作用，需要考虑到防治对象和作物的特点，这样才能充分发挥药剂的作用效果。

粉剂使用简单，工作效率高，可直接使用，但缺点是粉尘随大气飘移，容易对环境造成污染，一般风速达到 1m/s 就不适于喷粉。可湿性粉剂在水中有较好的悬浮率，喷在叶面能湿润作物表面，扩大展布面积，该剂型不需要用有机溶剂和乳化剂，包装、运输费用低，耐储存，是一种常见剂型。乳油、浓乳剂、微乳剂的特点是农药分散度高，作为喷雾剂型应用广泛。胶悬剂比可湿性粉剂分散度更高，粒径更细，在水中的悬浮性明显高于可湿性粉剂，防治效果也比一般可湿性粉剂要好。水剂可直接兑水使用，成本低，缺点是不耐贮藏，易水解失效，湿润性差，残效期短。油剂常用于超低容量喷雾，不需要稀释而直接喷洒。一般油剂挥发性低、黏度低、闪点高、对人畜安全。烟雾剂通过点燃药物后农药有效成分因受热而气化，在空中受冷后凝结成固体微粒沉积到植物上而防治病虫，用于空间密封的场所如森林、仓库、温室、大棚，使用时工作效率高，劳动强度低。

一般来说，可湿性粉剂、乳油、悬浮剂等，以喷雾、浇灌法为主；颗粒剂以撒施或深层施药为主；粉剂采用喷粉、撒毒土法等；触杀性农药以喷雾为主；危害叶片的害虫以喷雾和喷粉为主；钻蛀性害虫或危害作物基部的害虫以浇灌或撒毒土为主。

3. 选择时期，适时用药

在自然界，光照、气温、空气湿度、风向、风速和降水等气象条件与用药是密切相关的。气象条件影响农药的药效和对植物的药害，也导致农药对周围环境的污染。只有合理利用气象条件，掌握科学的施药技术，才能省工、省药、提升效果，并可防止农药对植物产生药害。

（1）温度与农药施用　农作物在炎热的天气中生命力旺盛，叶子的气孔开放多而大，药剂喷上去容易侵入到作物体内，产生药害。同时，高温容易促进药剂的分解和农药有效成分的挥发，使施药人员更容易中毒。所以在炎热高温的天气条件下，尽可能不施药，尤其是中午不要施药，以防发生药害和施药人员中毒事故。农药施用的时间应选在晴天，早上 10：00 前和下午 4：00 以后进行。

另外，高温季节，病虫活动有一定规律特点。许多害虫有喜阴避阳的习性，往往集中于植株下部丛间或叶背，病害则多从叶背气孔和下部叶片侵入。同时，在高温季节，病虫害繁殖扩散速度较快，病虫害的抗药性也会增强。所以，在高温季节施药时，要根据病虫害的危害特征，合理确定喷药部位，掌握最佳的喷药时机，并注重检查药效，适当更换农药，降低病虫害的抗药性，提高防治效果。

大多数农药适宜的施药温度是 20~30℃，温度过低不利于药效的发挥；温度过高会促使药剂分解，残效期缩短。挥发性强的农药或负温度系数的杀虫剂，则不宜在高温下使用，如拟除虫菊酯类杀虫剂。

（2）湿度与农药施用　湿度高容易导致部分农药分解，使药剂失效或产生药害。对作物而言，叶面湿度高易黏附粉剂，使农药施用不均匀而导致药害，或叶面上的露水冲淡药剂，降低药效。所以在雾天、露水多或刚下过雨时，不宜马上施用农药。湿度对波尔多液影响较大，在湿度高的地方使用波尔多液时，需要减少硫酸铜用量或增加石灰用量。

（3）降雨与农药施用　我国部分地区雨水丰富，特别是雨季，几乎每天一场大雨。如果施药不久，遇到降雨，会使已施的药剂受冲刷而流失，不仅降低药效，而且还污染环境，待雨过天晴后还应及时补施。所以，即将下雨时，不能施用农药。为了提高雨季施药的防治效果，可采取如下措施。

1）选择合适的农药品种。

①选用内吸性农药。内吸性农药可以通过植物根、茎、叶等进入植株体内，并输送到其他部位，包括具有迅速传导作用的硫菌灵（托布津）、多菌灵、粉锈宁、杀虫双等和除草剂如乙草胺、精禾草克、草甘膦等。这些内吸性农药在施用后数小时内，会被大部分被植物吸收到组织内部，药效受降雨的影响较小。无传导作用的功夫菊酯、灭幼脲、代森铵等在作物表面上具有较强的渗透力和抗冲刷能力，也适合雨季施用。

②选用速效农药。选用速效农药能够在短时间内杀死大量害虫,达到防治目的,从而避免雨水的影响。如抗蚜威,施用后数分钟即可杀死作物上的蚜虫。辛硫磷、菊酯类农药,具有很强的触杀作用,在施用后 1~2h 就可杀死大量害虫,且杀虫率高。

③选用微生物农药。化学农药在雨季施用或多或少会降低药效,但微生物农药相反,连绵阴雨天反而会提高其药效。如在干燥条件下施用微生物农药效果不理想,在高湿情况下,尤其是在雨水或露水存在时,其孢子或菌体萌发,繁殖速度加快,杀虫作用才会提高。常用的微生物农药有白僵菌、青虫菌、Bt(苏云金芽孢杆菌)乳剂等。

2)在药液中加黏着剂和辅助增效剂。配制药液时,适量加些洗衣粉或皂角液等黏着剂,能增强农药在作物及害虫体表的附着力,施药后遇中雨或小雨也不易把药剂冲刷掉。在粉剂中加入适量黏度较大的矿物油或植物油、豆粉、淀粉等,可明显提高黏着性。在可湿性粉剂或悬浮液中加入水溶性黏着剂,如各种动物骨胶、树胶、纸浆废液、废糖蜜以及聚乙烯醇等合成黏着剂,可使耐雨水冲刷能力增强。

4. 掌握好用药量,防止药害

使用农药要做到用药合理,掌握用药量的原则:一是施药的浓度,二是单位面积的用药量,三是施药次数。不可盲目地滥用农药,不要喷"保险药"或"定期喷药",这样不仅增加防治成本,造成浪费,还会加速一些病虫害对农药产生抗性,也容易使某些蔬菜产生药害,造成对蔬菜和环境的污染。农药的用量和浓度一般要严格按照说明书的要求选择,力争使农药的副作用降低到最小限度。

5. 合理混用,提高药效

农药混用的目的是增效、兼治和扩大防治对象。科学混用可以同时防治多种病虫草害,扩大防治范围、节省时间、降低劳动力成本。农药混合后不应发生物理、化学性质的变化;作物不应出现药害现象,不应降低药效,不应增加急性毒性。

1)发生酸碱反应的农药避免混用。常见的有机磷酸酯、氨基甲酸酯、拟除虫菊酯类杀虫剂,有效成分都是"酯",在碱性介质中容易水解;福美、代森等二硫代氨基甲酸酯类杀菌剂在碱性介质中会发生复杂的化学变化而被破坏。有些农药既不能与碱性物质混用,也不能与酸性物质混用,如马拉硫磷、喹硫磷;有些农药在酸性条件下会分解,或者降低药效,如 2,4-滴钠盐或铵盐、2 甲 4 氯钠盐等。

2)避免与含金属离子的农药混用。二硫代氨基甲酸酯类杀菌剂、2,4-滴类除草剂与含铜制剂混用可生成铜盐降低药效;甲基硫菌灵、硫菌灵可与铜离子络合而失去活性。除铜制剂外,与其他含重金属离子的制剂如铁、锌、锰、镍等制剂混用时也要特别慎重。

3)避免出现药害。石硫合剂与波尔多液混用,可产生有害的硫化铜,增加可造成药害的可溶性铜离子。二硫代氨基甲酸酯类杀菌剂,无论在碱性中或与铜制剂混用都会产生有药害的物质。

4)增效作用。多功能氧化酶是昆虫产生抗药性的主要酶之一,辛硫磷能抑制该酶,因此辛硫磷与菊酯类或其他有机磷类杀虫剂混用，有一定增效作用，同时延缓抗药性发生。

6. 合理交替，轮换使用农药

有害生物抗药性形成是进化的必然结果，长期连续使用单一农药导致有害生物抗药性不断增加。为克服或延缓病虫抗药性的发生，除农药混用之外，采用交替、轮换使用不同品种或不同类型的农药，是行之有效的措施之一。

7. 安全间隔期

农药使用的安全间隔期是指最后一次施用农药的时间到农产品收获时相隔的天数。掌握农药使用的安全间隔期可保证收获农产品的农药残留量不超过国家规定的允许标准。

不同农药或同一种农药施用在不同作物上的安全间隔期不一样，因此，在使用农药时一定要看清农药标签标明的农药使用安全间隔期和每季最多用药次数，确保农产品在农药使用安全间隔期过后才采收，不得随意增加施药次数和施药量，以防止农产品中农药残留量超标。

知识点 2   农药的安全使用

随着人民生活质量及消费水平的不断提高，对无公害农产品的需求不断增加，生产出安全、可靠的农产品成为人们关注的焦点。但是，部分使用者违禁、违规使用农药，致使农药造成的安全性问题日益突出，主要表现为三个方面：一是由于农药使用者缺乏安全意识，缺少必要的保护措施，致使农药中毒事故时有发生；二是不法经营和违规使用农药，引发农作物药害，造成减产甚至绝收；三是少数人员使用高毒农药品种，特别是违禁农药在蔬菜、瓜果上使用，造成农产品农药残留污染，直接危害人民群众的身体健康。因此，认识农药药害，了解农药对人畜和环境的影响，有助于使用安全、合理使用农药。

1. 农药对作物的药害

合理使用农药不仅可以防治病、虫、草的危害，还可促进农作物的生长发育，提高产量。如果使用不当就会对作物的生长、发育、开花、结果产生不利影响，降低产品质量。

农作物药害是指因使用农药不当而引起作物反应，产生各种病态，包括作物体内生理变化异常、生长停滞、植株变态甚至死亡等一系列症状。作物的药害可分为急性药害和慢性药害两种。

急性药害指施药后几小时或几天内表现的症状，一般发展快，症状明显，如叶片被"烧焦"灼伤，变色、变形等；果实出现药斑；根系停止生长或变黑，严重时造成落叶、落花、落果等，甚至整株死亡。

慢性药害指在喷药后并不很快出现药害现象，经过较长时间才表现出生长缓慢、发育不良，开花结果延迟，落花落果增加，产量低，品质差等现象。农作物药害根据不同症状分为以下几类。

1）药斑，表现在作物叶片上，有时也发生在茎秆或果实表皮上。药斑有褐斑、黄斑、枯斑、网斑等几种。药斑与生理性病害斑点的区别在于，前者在植株上的分布没有规律性，整个地块发生有轻有重；后者通常发生普遍，植株出现症状的部位比较一致。药斑与真菌性病害的区别是药害斑点大小、形状变化多而病害具有发病中心，斑点形状较一致。如农户频频使用杀虫剂防治白粉虱时，会发生叶缘卷曲、叶面有斑点等药害情况。

2）黄化，表现在茎叶部位，以叶片发生较多。药害引起的黄化与营养缺乏引起的黄化相比，前者往往由黄叶发展成枯叶，后者常与土壤肥力和施肥水平有关，全田黄化表现一致。药害引起的黄化与病毒引起的黄化相比，后者黄叶有碎绿状表现且病株表现系统性症状，大田间病株与健株混生。

3）畸形，表现在作物茎叶和根部，常见的畸形有卷叶、丛生、根肿、畸形穗、畸形果等。如番茄受 2,4-D 丁酯药害，出现典型的空心果和畸形果。

4）枯萎，表现为整株植物出现症状，此类药害大多由除草剂使用不当造成。药害枯萎与侵染性病害引起的枯萎症状比较，前者没有发病中心，而且发生过程较慢，先黄化，后死株，根茎中心无褐变；后者多是根茎部输导组织堵塞，先萎蔫，后失绿死株，根基部变褐色。

5）生长停滞，表现为植株生长缓慢。如在黄瓜生长季节，过量或不严格使用矮壮素或促壮素等激素，可能在育苗阶段控制了徒长，但由于剂量过大，限制了秧苗的正常生长，使其老化、生长缓慢。药害引起的生长缓慢与生理性病害的发僵比较，前者往往伴有药斑或其他药害症状，而后者则表现为根系生长差，叶色发黄。

6）不孕，作物生殖期用药不当而引起的一种药害。药害不孕与气候因素引起的不孕二者不同，前者为全株不孕，有时虽部分结实，但混有其他药害症状；而气候引起的不孕无其他症状，也极少出现全株性不孕现象。

7）脱落，有落叶、落花、落果等症状。药害引起的脱落常有其他药害症状，如产生黄化、枯焦后再落叶；而天气或栽培因素造成的脱落常与灾害性天气如大风、暴雨、高温和缺肥、生长过旺等有直接关系。

8）劣果，主要表现在植物的果实上，使果实体积变小，形态异常，品质变劣，影响食用和经济价值。药害劣果与病害劣果的主要区别是前者只有病状，无病症，后者有病状，且多有病症。如生产中一些农户认为调吡脲任何时期都可以使用，只要黄瓜秧雌花少，就可喷施一些调吡脲增加雌花数量。其实不然，黄瓜的花器分化在幼苗期，在育苗阶段使用调吡脲可以有效促进花器分化。过了分化期再用调吡脲，其促进分化作用的效果低微而抑制生长的作用明显，使结瓜期的幼瓜生长受到抑制，长成畸形瓜。

2. 农药药害急救方法

使用农药不慎发生药害，如不及时采取措施，会给农户造成很大损失，有时甚至是毁灭性的。一旦发生药害，要及时采取必要措施，把损失降到最低。一般的急救措施如下。

1）清水冲洗。由叶面和植株喷洒某种农药后产生的药害，在发现早期，迅速用大量清水喷洒受药害的作物叶面，反复喷洒清水 2~3 次，尽量把植株表面上的药物洗刷掉，并增施磷钾肥，中耕松土，促进根系发育，以增强作物恢复能力。

2）喷药中和。如药害为酸性农药造成的，可撒施一些生石灰或草木灰，药害较强的还可用 1% 的漂白粉液叶面喷施。对碱性农药引起的药害，可增施硫酸铵等酸性肥料。如药害造成叶片白化时，可用粒状 50% 腐殖酸钠 3000 倍液进行叶面喷雾，或将 50% 腐殖酸钠配成 5000 倍液进行浇灌，药后 3~5 天叶片会逐渐转绿。因波尔多液中的铜离子产生的药害，可喷 0.5%~1% 石灰水解除。受石硫合剂的药害，在水洗的基础上喷 400~500 倍的米醋液，可减轻药害。因多效唑抑制过重，可适当喷施 0.005% 赤霉素溶液缓解。一般采用下列农药可消除和缓解其他农药药害：抗病威或病毒 K、天然芸苔素和植物多效生长素等。

3）及时增肥。作物发生药害后生长受阻，长势弱，及时补氮、磷、钾或有机肥，可促使受害植株恢复。无论何种药害，叶面喷施 0.1%~0.3% 磷酸二氢钾溶液，或用 0.3% 尿素液加 0.2% 磷酸二氢钾液混喷，每隔 5~7 天喷 1 次，连喷 2~3 次，均可显著降低药害造成的损失。

4）加强栽培与管理。一是适量除去受害已枯死的枝叶，防止枯死部分蔓延或受到感染；二是中耕松土，深度 10~15cm，改善土壤的通透性，促进根系发育，增强根系吸收水肥的能力；三是搞好病虫害防治。

5）耕翻补种。若是药害严重，植株大都枯死，待药性降解后，犁翻土地重新再种。若是局部发生药害，先放水冲洗，局部耕耘补苗，并施速效氮肥。中毒严重田块，先曝晒，再洗药，后耕翻，待土壤残留农药无影响时，再种其他作物。

知识点 3 　药害的产生及预防

欲知药害预防措施，就必先知晓药害产生的原因。药害的产生主要与农药性质、使用技术、作物种类及其生育状况、环境条件等方面的因素有关。现将其产生原因及预防措施总结如下。

1. 药害产生的原因

（1）药剂方面的原因

1）误用和错用农药。如将除草剂误当杀虫剂或杀菌剂使用，或在杀虫剂、杀菌剂中意外混入除草剂。

2）过量施用农药。有些农户不讲究科学用药，遇到药效不高时也不认真查找原因，盲目增加施药量或施药次数，致使用药过量引起药害；施药不均匀，重喷重施，使局部施药过量引起药害；长残效除草剂施药过量还易引起后茬敏感作物药害。除草剂的使用剂量因土壤类型、除草时间、气温高低及杂草叶龄的不同而有所不同，农民在用药时往往过于追求除草效果，擅自加大使用剂量造成药害的发生。

3）选用的农药质量差、不合格，或是过期产品。如乳油的乳化性能及乳液稳定性差，分层，上有浮油或油珠，下有固体沉淀；所配的悬浮液分散悬浮性能差，上、下层浓度不均匀，甚至有沉淀等。

（2）使用方面的原因

1）施药方法不当。如某些农药只能采用药土法施药，而不能采用喷雾法；使用手动喷雾器喷药时，药液雾化不良、雾滴粗、喷头距作物太近等也易产生药害；有的农民在给自家大豆田进行封闭化学除草时，将相邻地块作物田也喷洒了农药，造成药害；还有的农民将用于大豆田封闭的豆磺隆用于玉米田，从而产生药害。

2）农药飘移和挥发。施药时粉尘或雾滴随风飘散降落在其他敏感作物上而引起药害，例如麦田喷洒 2,4–D 丁酯，使邻近大豆、棉花等阔叶敏感植物产生药害；在施用除草剂时，风力过大产生一侧垄台有药、一侧无药的情况，还容易使药液直接喷洒到相邻其他作物而产生药害。

3）施药没有超过安全间隔期。在农药安全间隔期内施药易产生药害，如在稻田施用敌稗前后施用有机磷或氨基甲酸酯杀虫剂，会抑制水稻体内产生酰胺水解酶，导致稻苗受药害，通常这两种药安全间隔期在 10 天以上；玉米施过有机磷后对烟嘧磺隆敏感，两药施用间隔期为 7 天左右。

（3）气象方面的原因　高温、低温、高湿、大风等不良气象条件下施药易造成药害。如封闭除草时，气温过低则秧苗出土缓慢，药在土层滞留时间过长，容易产生药害；在移栽稻田施用乙氧氟草醚（果尔），若气温低于 20℃，或土温低于 15℃，易产生药害；波尔多液、碱式硫酸铜、氧氯化铜等铜制剂，在清晨露水未干、雨后不久、持续阴天或浓雾情况下喷施，叶面水分溶解的铜量超过作物所能耐受的铜量，易引起药害。

2. 预防对策

（1）正确选择药剂

1）看农药的悬浮性。把配液瓶口堵好，来回振摇后，再静置 10min，如果药液仍然浑浊、瓶底沉下的药粉不多，说明该可湿性粉剂的悬浮性比较好；如果超过 1/2 都已沉下或者药液已近澄清，就说明悬浮性能就不太好；若全部药粉都已沉到瓶底，就说明悬浮性很差；如果药剂凝成一团，也说明该可湿性粉剂悬浮性不好。

2）看农药的乳化性。把 1 份体积的乳油倒进 19 份体积的水里，混合以后反复摇晃，然后静置 30min，看是否有油状物或膏状物浮在水面，再检查底部是否有沉淀物，如果都没有，就表明该药剂的乳化性很好；如果放入水中的乳油能够自己很快地扩散开，变成白色，说明该药剂乳化性十分优秀；如果出现明显的沉淀物，或者水面有浮油、乳膏，就说明该药剂乳化性很差。

（2）正确施药

1）使用农药前要仔细阅读标签的内容，了解农药的适用作物、最佳施药时期、施药剂量范围及注意事项等，严格按照标签上推荐的施药方法使用，就可以避免错施或误施农药及过量使用农药；同时要保证药械性能良好；避免重喷、漏喷农药。

2）在安全间隔期内施药。农药的安全间隔期是指最后一次施药至放牧、收获（采收）、使用、消耗作物前的时期，自喷药后到残留量降到最大允许残留量所需间隔时间。每种农药的施用都有安全间隔期，如选择使用高效低残留的新型除草剂替代长残效除草剂，要严格按照除草剂使用后种植作物安全间隔期来调整种植结构，避免硬调或乱调茬口而发生药害。

3）防止农药飘移。用2,4-D丁酯要与蔬菜作物有一定的安全间隔距离，最好使用不易飘移的2,4-D异辛酯替代2,4-D丁酯，以保障邻近作物的生产安全。

（3）选择有利的气象条件施药

1）选择有利的温度条件。高温容易促进药剂的分解和药物有效成分的挥发，如石硫合剂、乳油和多种除草剂在高温情况下使用，都会发生上述现象。因此，炎热高温的天气条件下，尽量不施药，尤其是中午不要施药，如施药，使用的浓度要小些，以防发生药害。农药施用应选在晴天上午8点至10点和下午4点以后进行，从而提高药效，降低药害。

2）选择有利的湿度条件。湿度高可以加速某些药剂的化学分解作用，使药剂失效或产生药害。如叶面湿度高，易黏附粉剂农药，使农药施用不均匀而导致药害。因此，露水多或刚下过雨时，不宜使用受湿度影响较大的波尔多液、氟硅酸钠等药剂；如必须用，就要采取一些相应的措施，例如喷波尔多液时，减少硫酸铜用量或增加石灰用量。一般应选择晴朗无风或微风、没有露水的天气施药。

3）注意风、雨条件。粉剂、烟剂受风力、风向影响很大。在大风时，不宜施用农药治虫防病，如急需防治，可用受风影响较小的乳油及可湿性粉剂；一般药剂对雨水的抗冲刷能力不强，尤其是粉剂和非内吸剂。因此，即将下雨时，不能施用农药；如果施药后，遇到降雨，待雨停后天晴时及时补施。

实训任务　农药的配置

技能目标

掌握农药的配置方法（二次稀释法）。

素养目标

1）培养学生的批判性思维能力。

2）培养学生对比分析问题并阐述观点的能力。

3）培养学生爱国主义情怀、自主创新意识。

引导问题 4

为保障农药混合配比的均匀合理，多种药剂混配时，要注意试配药剂。农药配置的常见方法二次稀释法，具体操作步骤是什么？

技能点　农药的配置方法

绝大多数农药在使用之前，需要兑水稀释到一定浓度后才能使用。了解不同浓度表示方法和不同的稀释倍数，既省药，又方便配制。

1. 药剂浓度常用表示法

1）百分比浓度。100 份药液或药粉中含纯药的份数，用"%"表示。如 5% 康宽悬浮剂，即 100 份悬浮剂中含有康宽有效成分是 5 份。

2）倍数法。稀释倍数可用内比法和外比法来计算。内比法适用于稀释倍数小于 100 的情况，计算时要扣除原药所占的一份，如用一些乳油喷雾需要稀释 50 倍，应取 49 份水加入 1 份药剂中；外比法适用于稀释倍数大于 100 的情况，计算时一般不扣除原药所占的一份，如稀释 500 倍时，则将 1 份药剂加入 500 份水中即可，不必扣除原药那一份。

2. 农药用量的表示方法

1）制剂用量表示法。使用克 / 公顷（g/hm^2）、毫升 / 公顷（mL/hm^2）或克 / 亩（g/ 亩）、毫升 / 亩（mL/ 亩）表示。如 5% 康宽悬浮剂用量为 $450g/hm^2$ 或 30g/ 亩。

2）有效成分含量表示法。单位面积农药有效成分含量表示法，国际用克 / 公顷（g/hm^2），我国用克 / 亩（g/ 亩）表示。

3）百分比浓度表示法。如 5% 康宽悬浮剂。

4）百万分比浓度表示法。如 $500×10^{-6}$ 乙烯利药液。

5）稀释倍数表示法。如 2.5% 高效氯氟氰菊酯稀释 2000 倍防治菜青虫。

3. 浓度的稀释和计算

稀释倍数表示法（兑水稀释）的计算公式如下。

内比法计算公式：

$$稀释剂（水）的质量 = 原药质量 × （稀释倍数 -1）$$

外比法计算公式：

$$稀释剂（水）的质量 = 原药质量 × 稀释倍数$$

1）求稀释剂的质量。

例 1：把 1kg 敌百虫稀释 80 倍，需加水多少 kg？

$$稀释剂（水）的质量 =1kg×（80-1）=79kg$$

例 2：稀释 100g 5% 氟铃脲乳油 1500 倍，需加水多少 kg？

$$稀释剂（水）的质量 =100g×1500=150kg$$

2）求农药原液（粉）的质量。

例：配制 15kg（喷雾器容量）5% 氟铃脲乳油 1500 倍，需要量取 5% 氟铃脲乳油多少 g？

$$原药液质量 = \frac{15kg}{1500} = 10g$$

即配制每桶药液，需要量取 10g 5% 氟铃脲乳油。

4．农药混配要求

1）配药后不得久放。遵循现配现用的原则，配药后立即喷用，很多时候，如地块面积大时可能放置数个小时。药液虽然在刚配时没有反应，但不代表可以随意久置，否则容易产生缓慢反应，使药效逐步降低。

2）药剂浓度对药效影响。施药时常常遇到这样的情况，即为了急于治好植物的病虫害或者担心药效不好，在配药时随意提高药液浓度，这样植物不但容易产生抗药性，还极易产生药害，是十分错误的做法。与之相反，随意减少药量同样达不到防治效果。

3）产生沉淀和絮状物对药效的影响。药剂的酸碱度影响药效的发挥，混配不当容易出现酸碱中和的情况。如防治细菌性病害占有比例较大的铜制剂，与其他药剂混配后药液极易出现变色、沉淀等现象，轻者药效会减弱，重者会出现药害。

4）混配药剂一定要采用二次稀释的方法混合。具体的操作步骤是，配药桶分为母液桶和汇总桶，向汇总桶内加入 1/10 的清水，向母液桶加入 1/5 的清水，再将药剂倒入母液桶中，搅拌均匀后，再倒入汇总桶中；每种剂型须单独在母液桶稀释后再倒入汇总桶，边倒入边搅拌。随后清洗母液桶和药品包装袋 2~3 遍，将清洗母液桶和药品包装袋的水一并倒入汇总桶中。稀释完成后，将汇总桶加满水，搅拌均匀，配药完成。混配药剂的添加顺序为：叶面肥→水分散粒剂（WG）→悬浮剂（SC）→微乳剂（ME）→水乳剂（EW）→水剂（AS）→乳剂（EC）。具体混配步骤如图 2-5 所示。

图 2-5　二次稀释混配

拓展课堂 3

1874 年德国化学家蔡德勒首次合成出滴滴涕（DDT）时却错失其科学发现与利用的机会，而这种化合物具有优良杀虫效果的特性却是在 1939 年才被穆勒发现而名扬四海。穆勒是幸运的，但他的成功也有必然性。当时穆勒所在的公司在全力研究高效广谱的杀虫剂，他历经无数次的失败，但始终没有放弃，坚持带着问题探索。机会偏爱有准备的头脑，最终他成功发现 DDT 具有的优良杀虫效果。DDT 这种化学物质，其实很早就被合成了，但是在很长时间后才被人们发现并利用，这就是我们常说的"老药新用"。这个过程给我们带来了一个关于农药开发的新思路。有时候，一些已知的物质可能隐藏着未被发掘的潜力，只需要用新的眼光和方法去探索和应用。所以，在学习科学知识时，不仅要了解它们的现状，也要思考如何创新和挖掘它们的可能性。

技能考核工作单

考核工作单名称		农药的配置方法			
编号	2-1	场所／载体	实验室（实训场）/实装（模拟）	工时	2
项目	内容	考核知识技能点			评价
1. 配药前的准备	1. 配药工具的准备	量杯、水桶、母液桶、汇总桶、搅拌棒、橡胶手套等个体防护用具			
	2. 配药前应检查的药品标签信息	农药登记证号、农药标准证号、农药生产证号、保质期、生产日期			
	3. 配药人员站位	配药时，所有人员应站在上风口处			
2. 农药配置的方法	1. 配药计算的基本公式	总原药量＝亩原药量×亩数 总喷洒量＝亩喷洒量×亩数			
	2. 药剂试配	正式配药前，应先进行 10 亩以内用量的配药实验，观察是否发生分层、结絮、沉淀等有可能造成减效、失效或者药害的现象			
	3. 配药顺序	叶面肥→可湿性粉剂→水分散粒剂→悬浮剂→微乳剂→水乳剂→水剂→乳油，同时主动告知农户：因可湿性粉剂沉淀严重，难以稀释均匀，不建议植保无人机使用			
	4. 禁止混配的药剂	酸性与碱性农药不得混配，生物制剂与化学制剂不得混配			
	5. 二次稀释法配置	每种药品先单独稀释成母液，遵循"向溶剂中添加溶质"的顺序，汇总后再进行二次稀释至所需药液总量			
3. 农药配置后的存放与处理	1. 农药包装的处理	清洗药品包装内的残余农药，清洗用水倒入母液桶中。回收药品包装，并集中妥善处理，不能随意丢弃			
	2. 专用配药工具和药箱	植物生长调节剂和除草剂需要使用专用配药工具和药箱			
	3. 存放原则	遵循"现配现用"的原则			

03

模块三
旋翼式植保无人机结构与特性

学习任务 1　旋翼式植保无人机的结构与组成

学习任务 2　旋翼式植保无人机的流场特性

学习任务 3　旋翼式植保无人机的应用

　　农用植保无人机的升力和动力绝大部分是由旋翼提供的。根据不同的植保无人机结构，掌握单旋翼和多旋翼植保无人机的机身结构和在工作时的流场状态十分重要。本模块介绍了单旋翼和多旋翼植保无人机的机身结构和流场特性，以及不同的旋翼式植保无人机的应用领域和场景。

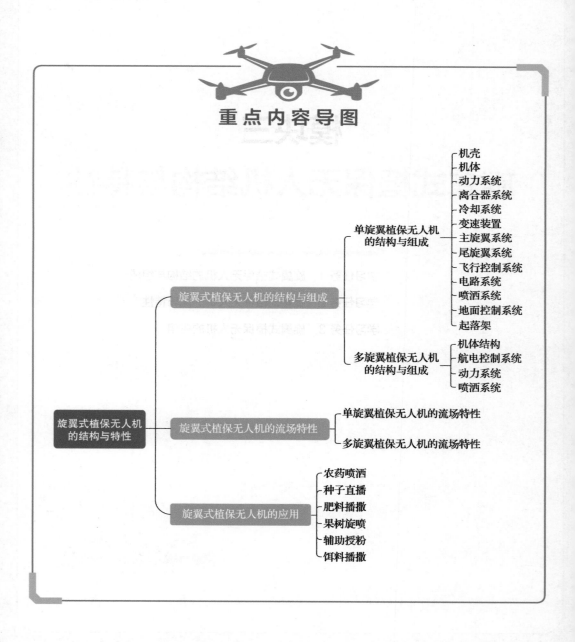

重点内容导图

学习任务 1　旋翼式植保无人机的结构与组成

知识目标

1）掌握单旋翼植保无人机的结构与组成。

2）掌握多旋翼植保无人机的结构与组成。

素养目标

1）培养学生的专业认同与自信。

2）培养学生的责任感，以及严谨、认真、细致的工作作风。

3）培养学生的团队精神和合作意识，以及协调工作的能力和组织管理能力。

❓ 引导问题 1

不同的植保无人机有着不同的结构与组成，掌握其硬件组成特点是熟练操控植保无人机作业的基础，那么常见单旋翼和多旋翼无人机结构与组成是怎样的呢？

知识点 1　单旋翼植保无人机的结构与组成

油动单旋翼植保无人机与电动单旋翼植保无人机相比，除动力源不同之外，其他的工作原理基本相同。此处以全丰 3WQF120–12 型油动单旋翼植保无人机（图 3–1）为例，其结构分为机壳、机体、动力系统、离合器系统、冷却系统、变速装置、主旋翼系统、尾旋翼系统、飞行控制系统、电路系统、喷雾系统、地面控制系统和起落架。

图 3–1　单旋翼植保无人机

下面对油动单旋翼植保无人机组成进行简要介绍（部分内容涉及电动单旋翼植保无人机知识）。

1. 机壳

机壳有全包机壳、半包机壳两类，一般使用材料为纤维增强塑料（FRP）、ABS 树脂（图 3–2）。除作装饰之外，还有防止在植保无人机作业过程中农药雾滴对无人机腐蚀的作用，尾部的垂尾在植保作业之外的高速飞行中还起到保持尾部平衡，减少尾部动力做功的作用。

2. 机体

机体（图3-3）是用于安装动力系统、冷却系统、离合器系统、变速装置、主旋翼系统、尾旋翼系统、飞行控制系统、电路系统以及起落架等装置的构架，一般分为侧板式结构与机架式结构。侧板式结构指动力系统、离合器系统、冷却系统、变速装置、主旋翼系统、尾旋翼系统、飞行控制系统、电路系统和起落架等装置安装在左、右两片侧板之间的设计方式。而机架式结构就像楼房的梁框，可将无人机的动力系统、冷却系统、变速装置、主旋翼系统、尾旋翼系统、飞行控制系统、电路系统和起落架等装置安装在梁框里面。

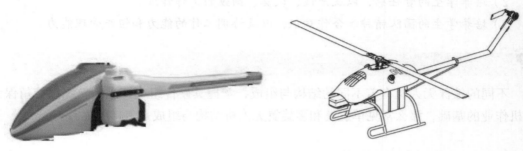

图3-2　机壳　　　　　　　　　　　　　　图3-3　机体

3. 动力系统

油动单旋翼植保无人机的动力系统如图3-4所示。汽油发动机一般使用双缸水平对置水冷发动机，原因在于植保无人机在高温、高湿、低速下飞行，无法通过高速飞行来解决发动机散热问题。而使用双缸水平对置主要是为了解决无人机振动的问题，水平对置利用活塞的相向运动可以抵消因发动机做功而带来的偏向振动，从而降低对控制系统中陀螺的影响，提高了飞行的可靠性。

图3-4　动力系统（发动机）

4. 离合器系统

无人机离合器系统（图3-5），一般使用的是离心式离合器，位于发动机与变速装置之间，它负责动力和传动系统的切断和接合，能够保证换挡时的平顺，也能防止传动系统过载。

5. 冷却系统

冷却系统（图3-6）是用于给动力系统散热的系统。油动单旋翼植保无人机多采用水冷散热，利用水泵把发动机缸体的水冷通道和散热器连接起来。散热器上安装有电子风扇，当发动机超过预定温度时，电子风扇开始工作来确保发动机工作安全。市面上也有用风扇直接冷却发动机的结构，但是很难解决植保无人机在高温作业下形成的热衰减问题，现大多已被淘汰。

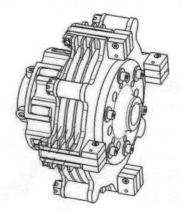

图 3-5　离合器系统

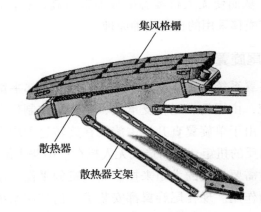

图 3-6　冷却系统

6. 变速装置

由于发动机或者电机的转速很高，无法直接用于主旋翼和尾旋翼系统，需要减速。变速装置（图 3-7）一般分为变速器减速、传动带减速和传动带与变速器混合减速三种方式。变速器减速的优点在于减速振动小；缺点在于质量大，与发动机刚性连接，从而维护保养成本高、维修速度慢。传动带减速的优点是结构简单、质量小、维护方便；缺点是振动大、对传动带的品质要求高、可靠性相对较低。传动带与变速器混合减速方式性能在两者之间，具有维修速度快、性能相对可靠的优点，安阳全丰采用的就是这种变速装置。

图 3-7　变速装置

7. 主旋翼系统

主旋翼系统（图 3-8）是为单旋翼植保无人机提供升力的系统，由旋翼头、旋翼片（桨叶）、螺距臂（用以改变旋翼片的螺距角度，通常位于旋翼片前缘或后缘上）、十字盘系统（又称倾斜盘，装有万向接头，可在 360°内向任何位置倾斜。舵机首先使倾斜盘倾斜，然后再将此倾斜角度传达至稳定翼或旋翼角，起到前、后、左、右的变化）所组成。通过螺距（螺距是指螺旋桨与水平位置的角度）的改变完成飞机的上升、下降、前进、后退、左右横移的动作。在动力充沛的情况下，螺距越

图 3-8　主旋翼系统

大，上升速度越快，拉力也越大。十字盘系统是用于主旋翼控制无人机做上升、下降、前进、后退动作的系统，用于改变各个方向的螺距，从而形成无人机的各种动作。通过调整十字盘系统使螺距均匀变大，从而使无人机爬升。通过调整十字盘系统使螺距均匀变小，从而使无人机下降。通过调整十字盘系统使得无人机前部方向螺距小，后部方向螺距大，从而使无人机姿态变成前低后高，在作用力下，无人机向前飞行；后退则反之。左右横移采用的也是这种原理。

8. 尾旋翼系统

尾旋翼系统（图 3-9）是控制无人机尾部平衡及转向动作的系统，由尾管、尾管支承架、尾旋翼控制件和尾传动部件组成。由于单旋翼直升机主旋翼在旋转过程中会产生与旋转方向相反的扭矩，从而造成无人机在空中绕主旋翼轴自旋，因此，就需要相反的力矩来控制无人机的平衡，尾旋翼就起到这样的作用。现在尾旋翼都安装了平衡控制系统，自身能够保持无人机的尾部平衡，克服主旋翼旋转时产生的扭矩。尾传动部件分为轴传动和带传动两种结构。轴传动的优点在于功率损耗小，振动小；缺点在于一旦无人机坠毁会造成尾

图 3-9　尾旋翼系统

部变速器和主变速器的损坏，损失大，因而大多用于高空作业的无人机设计。带传动的优点在于易维护保养，坠机损失小，维修成本低；缺点在于尾传动效率低，振动大。一般植保无人机多采取带传动的方式，典型代表为日本雅马哈植保无人机，国内安阳全丰植保无人机也采用这种传动方式。尾管是支承尾部传动的部分；尾管支承架用于防止尾管发生共振现象，是用来增加机体和尾管强度的部件。

9. 飞行控制系统

飞行控制系统是植保无人机的大脑，控制无人机空中平衡，并能够根据地面控制系统指令来完成航空植保作业。该系统一般包括全球定位系统（GPS）天线、磁罗盘、控制器，并与机载接收机以及传感器（如喷洒传感器）相连接。现在无人机飞行控制系统已可以与定高传感器和避障传感器相连来实现仿地飞行和避障飞行的功能，从而使得植保作业更安全，它还可以在飞行过程中给后台或地面控制系统实时发送位置坐标、流量、电压等无人机信息。

10. 电路系统

电路系统用于连接单旋翼植保无人机各个电子元器件。电路系统的可靠性也是影响植保无人机飞行安全的重要因素，因而在无人机生产过程中采取"能焊接不插接"的方式，在插接部分一般使用航空专用插头，或者杜邦插头与热收缩膜来保证插头不松动、不氧化，从而保证飞行的安全。

11. 喷洒系统

喷洒系统（图3-10）是利用植保无人机下压风场来进行植保作业的喷洒部件体系，包括药箱、水泵、喷洒安装件、喷头、流量计和液位感应器，与飞行控制系统相连接，是植保无人机能够进行有效作业的关键部件。其特征是最大限度地利用植保无人机的下压风场，指标是穿透力和沉降密度，这也是实现低容量喷雾的关键技术。理想的喷洒系统可以提高雾滴的沉降密度与沉降率，减少雾滴飘移，提高农药的利用率，减少环境污染。

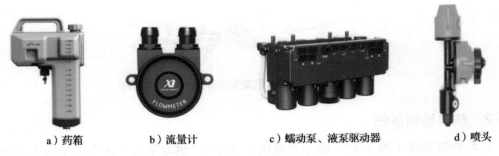

a）药箱　　　　　b）流量计　　　　c）蠕动泵、液泵驱动器　　　　d）喷头

图3-10　喷洒系统

12. 地面控制系统

地面控制系统是用于控制植保无人机工作的系统，一般包含手持遥控器与地面站，也有手持遥控器与地面站二合一的产品。现在具备OTG功能的手机也可以作为地面站使用，从而使得地面站变得简单。其功能在于控制植保无人机的起降、设定作业航线、设定飞行速度、设定作业喷洒的流量及失控保护等，并能实时显示无人机的飞行轨迹、流量与作业面积等，还可实时对植保无人机的飞行高度、飞行半径以及限飞区做出限定，使其满足国家相关要求，使得植保无人机的作业合法化。

13. 起落架

起落架（图3-11）是用于保证无人机在地面上稳定停靠的结构，对于植保无人机，一般要求其强度高、不易变形、抗坠毁性强、振动小、结构轻，往往与机体直接相连。

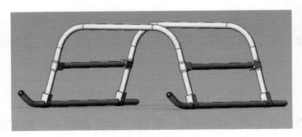

图3-11　起落架

知识点 2　多旋翼植保无人机的结构与组成

多旋翼植保无人机一般由机体结构、航电控制系统、动力系统和喷洒系统组成。下面以极飞 P20 四旋翼植保无人机为例，详细说明多旋翼植保无人机的结构与组成。

1. 机体结构

机体结构（图 3-12）一般分为机身、悬臂（机身和悬臂可合为一体）、起落架和螺旋桨保护设施等。

图 3-12　极飞 P20 四旋翼植保无人机机体结构

2. 航电控制系统

航电控制系统（图 3-13）由主控模块（飞控）、供电系统（含降压模块）、GPS 导航模块（含磁罗盘）、WiFi 数传模块和 LED 飞行指示灯组成。航电控制系统负责对无人机的姿态、位置、航线进行控制。

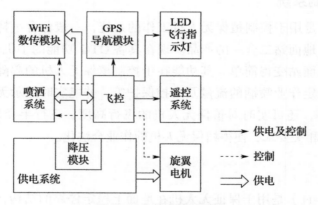

图 3-13　航电控制系统

3. 动力系统

动力系统由电池、电子调速器、电机和螺旋桨组成。动力系统原理及连线方式如图 3-14 所示。

4. 喷洒系统

植保无人机喷洒系统主要包括药箱、液泵、导管和喷头。配好的农药装入药箱，液泵提供动力引流，再通过导管到达喷头，最终将农药均匀喷洒到作物表面。压力式喷洒系统的结构如图 3-15 所示。

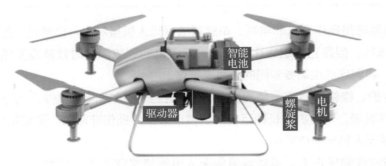

图 3-14 动力系统原理及连线方式

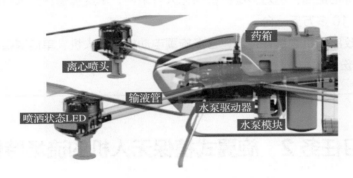

图 3-15 压力式喷洒系统的结构

拓展课堂 1

单旋翼植保无人机的优势和劣势

单旋翼植保无人机的优势明显：

1）药箱容量大。单旋翼植保无人机比较像我们常见的直升机，即只有一对螺旋桨，而且螺旋桨非常大，动力比较足，使搭载的药箱容量可以非常大。

2）飞行稳定。单旋翼植保无人机飞行的平稳性非常好，而且旋翼的动力大，不会轻易受风力影响。

3）作业效率高。大型的单旋翼植保无人机的载药量比较大，续航时间比较长，中途换药的时间会比较少，所以相对多旋翼植保无人机来说工作效率较高。

4）下压风力气场大，适合向茂密的果树喷洒农药。

但是单旋翼植保无人机的劣势也非常明显：

　　1）对驾驶员操作要求非常高。单旋翼植保无人机虽然也可以通过飞控单元实现自动控制飞行，但是它的组建比较复杂，无人机遇到故障的时候就需要熟练的驾驶员来操作；遇到炸机也需要专门的人员来维修。

　　2）维护、维修成本高。单旋翼无人机包含多个机械连接部件，飞行过程中会产生零部件磨损，无人机的长期运转对机械连接部件损伤非常大，要经常更换配件，导致单旋翼无人机维护成本高。

　　3）对农作物损伤大。单旋翼植保无人机螺旋桨非常大，导致无人机下压风力大，会吹伤植物，特别对根浅的植物损伤最大。

　　4）销售价格更高。相对多旋翼植保无人机来说，单旋翼植保无人机的销售价格更高，通常要 10 多万元一台。

　　5）多地政府农机购置补贴仅包含多旋翼电动植保无人机，单旋翼植保无人机能享受补贴的省份有限。

学习任务 2　旋翼式植保无人机的流场特性

知识目标

1）掌握单旋翼植保无人机的流场特性。
2）掌握多旋翼植保无人机的流场特性。

素养目标

1）培养学生的专业认同与自信。
2）培养学生的责任感，以及严谨、认真、细致的工作作风。
3）培养学生的团队精神和合作意识，以及协调工作的能力和组织管理能力。

? 引导问题 2

　　植保无人机螺旋桨叶片旋转产生的下压流场特性，有利于药液的扩散和分布。那么单旋翼和多旋翼植保无人机的流场特性分别是怎么样的？

知识点 1　单旋翼植保无人机的流场特性

1. 单旋翼飞行原理

直升机的发动机或电机驱动旋翼提供升力，把直升机举托在空中，单旋翼直升机的主发动机或电机同时也输出动力至尾部的小螺旋桨，机载陀螺仪能侦测直升机回转角度并将其反馈至尾桨，通过调整小螺旋桨的螺距可以抵消大螺旋桨产生的不同转速下的反作用力。首先直升机要先起飞才能向前、后、左、右移动，所以要使倾斜盘整体向上移动，两个螺旋桨之间就要有一定角度。旋翼顺时针旋转产生升力，无人机起飞，但这时旋翼在左右两侧产生的升力相同，所以无人机只能向上运动。若把倾斜盘看作表盘，如果它前倾，倾斜盘上半部分是转动的，那么两个连杆在 12 点和 6 点方向（一个在上，一个在下）差别最大。6 点方向的连杆把桨夹向上推，增大了旋翼的角度，所以产生的升力变大，12 点方向的连杆向下拉，减小了旋翼角度，升力减小，这时旋翼两侧受力不再平衡，右侧力大、左侧力小，那么无人机应该向左飞，但是旋转的旋翼遵循陀螺效应，要顺时针转过 90°才产生效果，所以旋翼变成 6 点方向的力大于 12 点方向，无人机向前飞，其他方向同理。

2. 单旋翼植保无人机的气流场

单旋翼植保无人机起动和飞行时，桨叶始终顺时针旋转，产生向下的纯净风场，如图 3-16 所示，这与多旋翼不同。多旋翼无人机是相邻的机臂上的桨叶正、反向旋转，产生相互抵消的扰流风场。同时，单旋翼翼展比较长，以 3WD-TY-17L 机型为例，翼展长达 2.3m，是普通多旋翼翼展的 3~4 倍。因此，同等载荷情况下，单旋翼无人机作业效率与效果通常远高于多旋翼无人机作业效率与效果。

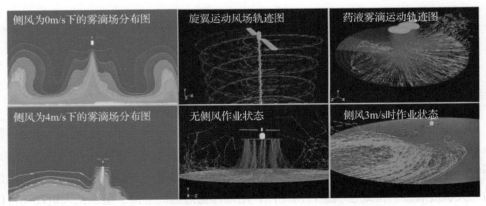

图 3-16　单旋翼植保无人机飞行时产生向下的纯净风场

知识点 2　多旋翼植保无人机的流场特性

旋翼在高速旋转时，旋翼下方一定范围内会形成一种有一定流速、压力和方向性的风场。不同的飞行平台，风场差异很大；风场内外的空气流速、风压等差异也很大，如图 3-17 所示。

多旋翼的风场极为复杂，目前尚无有效的理论计算和仿真方法，实践中大都采用实际测量的方法研究雾滴分布的均匀性和穿透力。

相对单旋翼而言，多旋翼的风场更为复杂，由于多旋翼的相邻桨叶需要反向旋转，不同螺旋桨产生的风场相互干扰，导致多旋翼的风场比单旋翼的风场紊乱。同时，随着旋翼数量的增多，风场会越来越紊乱，风压会越来越小，雾滴分布均匀性、雾滴穿透力、雾滴的沉降率等都会逐渐变差。

通过合理设置多旋翼的旋翼数量、各种飞行参数，可以将多旋翼风场对雾滴分布的影响降低到最小，同样可以达到防治病虫害的目的。目前市面常见的多旋翼机型在实际防治过程中也都取得了非常优秀的成绩。同时，由于多旋翼植保无人机具有操控方便、简单，易学易用，维修费用低等特有的优势，在近几年的实际工作中，是用户使用最多的机型。

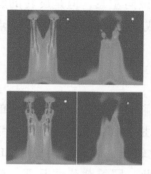 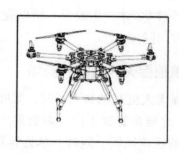

图 3-17 多旋翼植保无人机风场分布

拓展课堂 2

旋翼风场对雾滴沉积和喷洒效果的影响

微小型农用无人机区别于其他农用机械的显著标志即是旋翼。旋翼的存在使得微小型无人机能够脱离地面在空中完成各种作业，获得其他农用机械不可比拟的优势。旋翼的存在也令无人机在空中作业时附带有一种特殊参数——旋翼风场。旋翼风场是由无人机旋翼旋转推动空气进行流动作，用在作物冠层而形成。植保无人机在飞行作业时，距离农作物冠层有一定的距离，根据无人机类型和作物种类的不同，通常在1.5~10m 的范围内（大型农用固定翼飞机或直升机作业高度一般为 3~10m，小型旋翼式植保无人机为 1.5~3m），旋翼风场将不可避免地直接作用在田间作物冠层上。风场的覆盖宽度、风场内各方向风速的大小以及风场的分布规律，将会直接影响到农用无人机田间作业效果。旋翼风场也是反映小型无人机飞行参数与地面作业效果关系的重要参数，对无人机田间作业具有重要意义。

学习任务 3　旋翼式植保无人机的应用

知识目标

1）掌握单旋翼植保无人机的应用。

2）掌握多旋翼植保无人机的应用。

素养目标

1）培养学生的专业认同与自信。

2）培养学生的责任感，以及严谨、认真、细致的工作作风。

3）培养学生的团队精神和合作意识，以及协调工作的能力和组织管理能力。

？ 引导问题 3

植保无人机在农业中有着不同的应用，比如农药喷洒、种子直播、肥料撒播等，那么单旋翼和多旋翼植保无人机的农业应用特点分别是怎么样的？

知识点 1　单旋翼植保无人机的应用

作为航空飞行器的一种，单旋翼植保无人机首先应该保障飞行的稳定性和安全性，这也是对植保飞行器最基本的技术要求。而农药喷洒效果则是评定农业植保设备性能优劣的重要标准。作业前要视察作业地，观测田间是否有障碍物，准备好作业地图，了解病虫害情况，使用的药剂是否满足低容量作业要求、是否会形成药害，确定飞行方案以及起降点。同时要对植保无人机进行检查，确定是否能满足作业要求，不允许无人机带故障飞行。

1．安全防护

作业过程中，应该使用经过认证并印有认证标志的个人防护用品；在配置农药、清洗盛装农药的容器时应穿戴个人防护用品，防护用品应舒适、穿戴方便，并能防止药液渗漏。作业过程中，全程佩戴安全帽，戴防护口罩。当使用未经稀释的农药制剂进行超低容量喷雾时，应使用在农药标签上标明的特殊个人防护用品。作业过程中，不得进食和吸烟。喝水时应使用密封的容器；进食时应远离配药点和加药点，脱去工作服，并在清洗手和脸等外露皮肤后，方可进食。为保障无人机作业区域周围群众的安全，在作业区域 15m 外拉起颜色醒目的安全线。

2．准备

1）作业规划。接到作业任务后，按照作业地点、作业面积、作物类型等，进行路线规划、作业时间规划、人员和物品规划等。

2）路线规划。在保证安全和不违反相关法律、法规的情况下，遵循从出发地到目的地路线最短的原则进行路线规划。在规划过程中，需要通过多种途径了解所规划路线是否可以安全通过。路线包括出发地（公司或者其他作业地）到目的地的往返路线、驻地到作业区域的往返路线。

3）作业时间规划。根据作物种类、喷施药剂种类、客户的特殊要求、施药无人机的作业效率等，对作业时间进行合理的规划。

4）人员和物品规划。根据作物种类、所需药剂等，对作业人员和作业物品等进行合理规划。药剂、施药无人机等必需物品必须有相应备用方案，避免发生短缺，影响作业效率。

3．实际作业

气象条件相关要求如下：

1）无风或风速低于5m/s，温度不高于35℃，避免中午和高温天气。

2）植保无人机喷杆高度应为作物上方1.5~3m之间。

3）施药作业时应考虑侧风的影响，来回两个方向的飞行速度和施药剂量应保持一致。

4）当有上升气流运动，或有逆温现象时，不可进行喷雾作业。

5）当相对湿度较低时，应该在药液中加入抗蒸发助剂以减少农药损失。

6）在选择喷雾时间时，应考虑温度、相对湿度、风向、风速和降雨等气象条件的影响。

作业区图纸绘制时应注意：

1）根据客户所提供的作业图（或提前查看地形绘制作业图），安排好无人机作业区域以及标注无人机起降区。

2）施药人员在考察作业区域和绘制作业图的过程中，应记录影响无人机低空飞行的树木、高架电线和水渠的位置以及邻近的作物、公路和铁路等。

3）根据作业地块分布和大小确定喷洒作业方式。

4）喷雾作业应遵守隔离带边界的强制宽度设定的有关法律规定。

4．防治效果

漏液率在5%以内；防治效果应达到当地植保部门对作物病虫草害防治的要求。

5．作业流程

抵达作业现场后，按照以下流程开始工作：

1）每组卸载设备。

2）地勤人员放置作业标志物，同时在作业区域外围拉起警戒线。

3）驾驶员展开设备（装配大桨、喷杆、电池盒等）。

4）驾驶员做航前检查。

5）加油、加药并做起飞前最后确认。

6）作业无关人员退到安全区域，并通知驾驶员进入可作业状态。

7）在作业过程中随时与客户沟通，避免重喷和漏喷现象。

8）作业开始后，助手注意燃油余量并做好农药的补给工作，保证无人机降落后3min之内完成补给。

9）作业结束后，清洗无人机。

10）准备好次日作业所需的燃油和农药。

每天作业结束后应准备好第二天所用燃油和配比好药剂（如药剂允许），同时规划好第二天的作业田块。每天作业结束后，驾驶员需要对无人机进行检查，以确保第二天顺利开展作业。若无人机出现故障，作业结束当天应处理好问题，不影响第二天作业。

6. 施药作业收尾工作

废弃包装袋处理方式如下：

1）按照相关规定，处理废弃包装袋，含药剂包装袋、饮用水塑料瓶等，不得随意扔在田间地头。

2）使用后的农药包装容器，应在彻底清洗干净后收集起来并安全存放，或集中进行无害化处理，不得随意丢弃。

剩余药液处理方式如下：

1）应将剩余农药带回或按照国家相关规定处理。

2）应把泄漏的药液和清洗药箱的废液等收集到收集箱，并设置一个专用的排污设备来处理剩余的药液和清洗后的废液。

植保无人机在农田上空作业时，会经常性地进行调姿转弯，在这种飞行模式下飞行速度一般会降低。如果农药喷洒设备采用常速喷洒，即喷洒速率与飞行器飞行状态完全独立，那么就会造成农药喷洒的重复与过量，造成不必要的浪费。为此，当前的植保无人机多采用农药喷洒可控速率技术，即农药喷洒速率与飞行器飞行状态，特别是速度状态相关联。当飞行速度升高时，农药喷洒速率相应变大；当调姿转弯飞行速度降低时，农药喷洒速率相应变小，以此来避免重复、过量施药，提高农药利用率。

此外，当前单旋翼植保无人机还可进行固态播撒、杂交授粉等。固态播撒是指抛洒固态药剂、肥料或种子，以实现固态农药撒施、施肥播种等功能；杂交授粉主要指利用直升机下压风场进行花粉吹送扩散，辅助授粉。

▶ 知识点 2　多旋翼植保无人机的应用

1. 多旋翼植保无人机的性能特点

多旋翼植保无人机已经广泛应用于农作物植保，也可利用无人机进行低空农田信息采集，清晰、准确地获得农田信息，实现精准农业。利用多旋翼植保无人机进行植保作业具有下述特点。

（1）培训周期短　多旋翼植保无人机（图 3-18）操控简单、起降方便、不需要专门的起降场地是其能够迅速扩大应用领域的内在原因。目前兴起的智能多旋翼植保无人机甚至已经具备自动作业的能力，这使得多旋翼植保无人机驾驶员培训具有培训周期短、培训成本低、对人员素质要求不高的特点。

图 3-18　作业中的多旋翼植保无人机

（2）高效作业　多旋翼植保无人机作业速度是人工作业速度的 50 倍以上，并且由于引入了航线规划系统，可以避免重喷、漏喷带来的作业效果下降，多旋翼植保无人机可以进行规模化作业（图 3-19）。目前在农村土地流转逐渐加速的前提下，耕地将越来越集中，传统施药方式将成为高效农业的阻碍。如果几千亩的耕地同时发生虫害，使用人力喷洒根本无法快速全部覆盖，使用农业植保无人机则可以快速解决大面积农作物病虫草害。

（3）良好的作业效果　多旋翼植保无人机在作业时具有强烈的下行气流，可将药雾快速送达作物；下行气流可使作物发生摇动，促进药雾更好地到达作物叶子的背面及根茎部（图 3-20）。

（4）操作安全　中国每年因为人工喷药而导致农药中毒的人数为 10 万左右，其中有一定比例的死亡率。传统的人力农药喷洒（图 3-21a），人员处于药雾环境当中，一旦保护不当或者喷雾器出现"跑冒漏滴"的情况，作业人员极易出现农药中毒。而使用多旋翼植保无人机进行作业（图 3-21b），人员远离了作业区域，保证了人员安全。

图 3-19　多旋翼植保无人机规模化作业

图 3-20　多旋翼植保无人机喷雾效果

a）传统的人力农药喷洒　　　　　　　　　b）多旋翼植保无人机喷洒

图 3-21　无人机植保与传统农业植保方式对比

（5）环保　无人机植保作业属于高浓度低容量作业，这样的作业方式使其具有节水、省药的特点，有效减少了农药残留及土壤农药污染问题，此外，规模化的喷洒方式有利于对农作物质量的控制。

（6）维修费用低、时间短　多旋翼无人机结构简单，万一发生事故，相对单旋翼无人机而言，损失较小，维修难度较小，维修时间较短，甚至可以做到在现场几分钟内维修好，不耽误农时。

2. 多旋翼植保无人机的应用范围

（1）粮食类作物　多旋翼植保无人机可用于小麦、水稻、土豆等大田作物，如图 3-22 所示，亦可用于高粱、玉米等高秆作物。

图 3-22　多旋翼植保无人机对小麦喷洒作业

（2）经济作物　多旋翼植保无人机在大豆、棉花、番薯、油菜花等经济作物上也有良好的作业效果，如图 3-23 所示。

图 3-23　多旋翼植保无人机对油菜花喷洒作业

（3）部分果树　多旋翼植保无人机因拥有多个旋翼，所以其下压风场效果较弱。在对果树作业时应降低速度与高度，以提高穿透性。在作业对象的选择上，尽量选择冠层相对较薄的果树，如蜜桃等。

拓展课堂 3

植保无人机在农业上的应用

采用传统方式喷施农药时，农民必须亲自下田，把自己捂得严严实实，再将桶里的农药喷洒在庄稼上。这种方式施农药，不仅效率低，而且还存在人员中毒的风险。现在植保无人机的出现解决了这些问题，下面简要介绍植保无人机的用途及好处。

植保无人机可负载农药，在低空喷洒农药，每分钟可完成一亩地的作业，其喷洒效率是传统人工方式的数十倍。无人机采用智能操控，驾驶员通过地面遥控器及GPS 定位对其实施控制，其旋翼产生的向下气流有助于增加雾流对作物的穿透性，防治效果好，同时远距离操控施药大大提高了农药喷洒的安全性。还能通过搭载视频设备，对农业病虫害等进行实时监控。无人机在农业方面的用途很广泛，主要集中运用在植保、施肥、播种、灾害预警、产量评估、农田信息遥感等领域。

04

模块四
植保无人机的操作与维护保养

实训任务 1　飞行准备与手动作业

实训任务 2　自主规划作业

实训任务 3　植保无人机维护与保养

为保障植保作业的安全性、便捷性和效率，需要针对不同的地块环境，采用不同的植保无人机操作方式。熟练的植保无人机驾驶员应该能熟练掌握无人机的手动操作模式、半自动（AB点）操作模式以及全自主作业模式，熟练掌握地块的打点和规划模式，合理规避田间的障碍物，生成和上传航线。同时为了保证植保无人机的正常作业，延长无人机的使用寿命，确保作业过程的喷洒精度和人员安全，还需要进行日常保养和常见故障的排查与检修。

地块规划和植保无人机的操作是农林飞防植保的最重要技能，关系到作业的安全性和成效性。本模块介绍了植保无人机的手动作业、AB点作业以及全自主作业模式，讲述了包括遥控器规划、实时动态（real-time kinematic，RTK）规划以及植保无人机规划在内的不同地块规划模式，指导驾驶员能够熟练执行航线作业，包括航线的调用、修改与纠偏，同时掌握植保无人机的日常保养规范和措施。

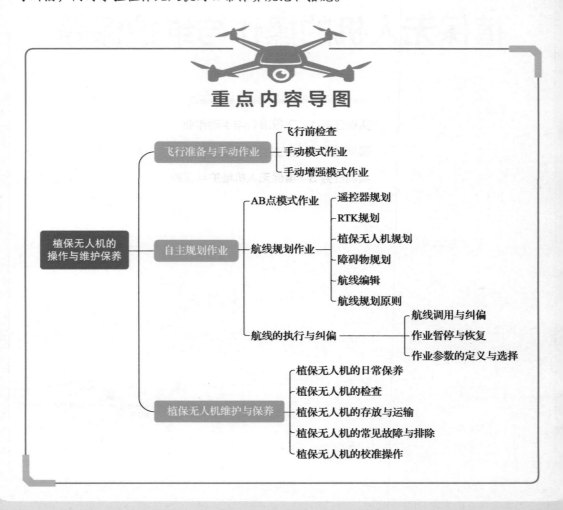

重点内容导图

飞行准备与手动作业
- 飞行前检查
- 手动模式作业
- 手动增强模式作业

植保无人机的操作与维护保养

自主规划作业
- AB点模式作业
- 航线规划作业
  - 遥控器规划
  - RTK规划
  - 植保无人机规划
  - 障碍物规划
  - 航线编辑
  - 航线规划原则
- 航线的执行与纠偏
  - 航线调用与纠偏
  - 作业暂停与恢复
  - 作业参数的定义与选择

植保无人机维护与保养
- 植保无人机的日常保养
- 植保无人机的检查
- 植保无人机的存放与运输
- 植保无人机的常见故障与排除
- 植保无人机的校准操作

实训任务 1 飞行准备与手动作业

技能目标

1）掌握飞行前检查。

2）掌握手动飞行作业。

3）掌握手动增强模式（半自动）作业。

素养目标

1）培养认真细致、严谨治学的态度。

2）培养职业道德观念、增强责任感。

3）加强沟通协调、团队协作的能力。

? 引导问题 1

俗话说："工欲善其事，必先利其器。""磨刀不误砍柴工。"为保证植保无人机的作业，按照操作规范，我们需要做一系列的准备工作，这其中包括植保无人机作业前设备的准备以及植保无人机作业前人员的准备。具体的作业前准备工作有哪些呢？

技能点 1 飞行前检查

1. 飞机展开与准备

1）起飞前一定要拧紧所有机臂的套筒，建议由单人完成，避免遗漏。

2）检查电池现有电量，安装时电池应完整插入，听到明显的"哒"一声。同时，在电池完整插入后，才能开机，如图 4-1 所示。

3）开机后，等待植保无人机搜索卫星信号并进入 RTK 模式，状态栏为绿色，而不是黄色或者红色。

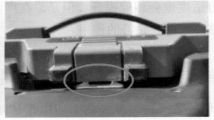

a）错误示范，电池锁扣未扣紧 　　　　b）正确示范，电池锁扣已扣紧

图 4-1 电池插入

2. 遥控器电量检查

1）遥控器电量应充足，避免在低电量，特别是仅有一颗灯闪烁的情况下作业。

2）天线应展开，并且正确朝向无人机，如图 4-2 所示。

图 4-2　天线展开并正确朝向无人机

3）飞行前检查遥控器摇杆模式，摇杆模式是自己平常所使用的模式，例如美国手或者日本手。

技能点 2　手动模式作业

手动作业模式是完全依靠植保无人机驾驶员手动进行操控的作业方式，植保无人机的前进、后退、航线的横移、液泵开关都需要驾驶员来操作完成。手动作业灵活方便、无需测绘，适合于一些小型地块。但是人工操作无法实现速度稳定、横移距离统一，从而无法避免重喷与漏喷，影响作业效果。另外，连续整天的打杆操作，工作强度大、易疲劳。

手动作业模式是早期最为常见的方式，所有的操作都由植保驾驶员来完成，智能化程度较低。手动作业模式具有以下优点：

1）迅速作业。在作业之前无需其他额外操作，准备时间短。

2）地形适应能力强。在植保驾驶员拥有良好操作技能前提下，能够应对各种复杂地形。

但是，我们也应该看到手动作业模式存在以下问题：

1）驾驶员作业强度高。一天飞行 6h 以上，植保驾驶员将筋疲力尽。

2）难以避免产生重喷与漏喷。对于药物较为敏感的作物，重喷有可能会产生药害。

相信随着植保机智能化程度提高，使用手动作业的次数也会逐步降低，植保驾驶员的工作舒适度也会相应提升。但是，在广阔的丘陵地区以及小块耕地范围内，手动作业模式依然会发挥它独特的作用。

技能点 3　手动增强模式作业

手动增强（M+）模式在手动作业基础之上增加了航向锁定、自动喷洒、设置作业参数等功能，驾驶员操作会更智能。在 M+ 模式下，植保无人机喷洒系统的流量和飞行的速度成正比例关系。起飞前可设置飞行的最大速度和喷洒的最大流量，方便控制。

拓展课堂 1

植保无人机手动作业和自动作业怎么选？

手动飞行的优点：

1）适应特殊地块，包括小面积地块或者不规则地块等，更能适应补喷与复喷作业。

2）起飞与降落不受地形限制。

3）飞行过程中如果遇到突发状况，能第一时间做出应急反应。

4）相对于自动飞行，手动可以剔除价格高昂的植保辅助设备例如 RTK 设备等。

手动飞行的缺点：

1）手动飞行需要一定的基本功，没有 1 万亩以上的作业量很难说自己是个合格的驾驶员。

2）手动飞行毕竟是半人工干预，不可否认还是会出现航线偏差或者重喷、漏喷。

自动飞行的优点：

1）适合新手，操作简单，人工干预少。

2）只要参数设置准确，一般不会出现作业偏差。

3）不用聘用专业驾驶员。

自动飞行的缺点：

1）剔除人工那么就得付出相应的硬件成本。

2）新人操作无人机一旦出问题损伤一般不轻。

3）不是所有的地块都适合自动飞行。

总结如下：

1）在大地块作业时采用自动飞行毋庸置疑，高效、方便且出错率小，小地块作业时采用手动飞行效率高。

2）在配备人员时最好安排一个老手与一两个新手搭配，不仅能保证效率而且还能有质量。

3）在配备植保机时，最好在 3~5 台无人机中安排 1~2 台带有自动飞行功能的高配机型。

4）从设备事故率来看，有飞行经验的驾驶员可以当场完成设备的维修并让其重新上天。自动化最大限度减少了人员的配置和人为安全隐患，同时也最大限度提高了执行过程中的准确性。自动化对于繁重的植保工作来说，有着重大的意义。

实训任务 2　自主规划作业

技能目标

1）掌握 AB 点作业。

2）掌握地块规划自主作业。

3）掌握航线的调整与纠偏。

素养目标

1）培养认真细致、严谨治学的态度。

2）培养职业道德观念、增强责任感。

3）加强沟通协调、团队协作的能力。

? 引导问题 2

随着土地流转的进行，越来越多的地块实行了统防统治。植保无人机的自主作业成为其主要的作业方式。常见的自主作业方式有哪些？其特点和适用的情况是什么？

▶ 技能点 1　AB 点模式作业

AB 点作业模式下，无人机可按照特定的路线飞行并喷洒农药，同时具备作业恢复和数据保护的功能，并且可以使用雷达模块进行定高和避障。用户可在 App 界面实时调节作业效率（包含飞行速度与喷洒流量）。该模式适合在形状接近矩形的大面积区域进行作业。

将田块起点定义为 A 点，田块终点设置为 B 点，AB 点形成一条直线，确定好横移距离后，后续航线都是这条航线的平行线。目前的机型，AB 点都需要手动设置，也就是第一条航线需要以手动作业方式飞行。正式进入 AB 点作业模式后，后续作业将自动进行。AB 点作业模式不需要提前进行地块测绘，节省了作业的准备时间，灵活方便、自动作业，适合于规整地块，对于不规则地块则难以一次性完成作业。

记录 A、B 点后，无人机将沿图 4-3 所示蛇形路线 L 或 R 飞行并进行作业。若满足雷达模块使用环境，无人机飞行时将在保持与作物相对高度不变的同时，并自动避开障碍物。图 4-3 中虚线的长度为作业行距，可在 App 中设置。

AB 点模式作业如图 4-4 所示，航线默认向右延伸，如果需要向左延伸，需要点击切换朝向。在正式作业前，一定要确认好作业方向和边上的障碍物，避免撞机。

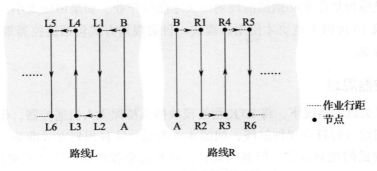

图4-3　AB点规划行进路线

图4-4　AB点模式作业

技能点2　航线规划作业

航线规划作业是目前使用最广泛的作业模式，需要提前对地块进行规划。在规划的过程中，通过打点将作业区域覆盖在作业范围内；通过障碍物规划，使航线避开障碍物；通过调整航线，使航线更高效、覆盖范围更广。自动作业能够大大降低工作强度，驾驶员能够从事更多其他工作。并且，自主作业只要行距设置合理，就能够避免药液重喷与漏喷的发生。所以，航线规划作业模式是智能程度最强、最精准的作业方式，如图4-5所示。

图4-5　航线规划作业模式

但是，航线规划作业必须提前规划田块才能够作业。如果田块太小，则作业效率太低，一般建议 10 亩以上地块才使用该模式。目前规划方式包括遥控器规划、RTK 模块规划、飞行规划。

1. 遥控器规划

在无人机关机的情况下，将 RTK 测绘模块插入植保无人机遥控器，作业人员手持遥控器，围绕田块进行打点规划航线，如图 4-6 所示。这种规划方式准备工作少，测量精度高，是最常见的规划方式。但是因为打点过程需要操作人员围绕测量田块步行完成，所以规划的速度较慢，劳动强度较高。

图 4-6　手持遥控器规划航线

2. RTK 规划

RTK 规划又称打点器规划，操作方式与遥控器规划完全一致，需要插入 RTK 高精度定位模块（图 4-7），能够实现厘米级的高精度测量，规划精准度在几种规划方式中最高。

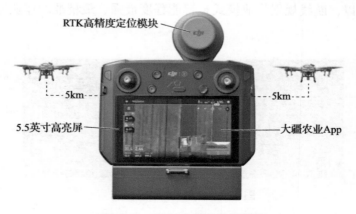

图 4-7　RTK 高精度定位模块

3. 植保无人机规划

植保无人机规划又称飞行打点，是指作业人员依靠 FPV（第一人称视角飞行）方式操作植保无人机飞到田块各个点进行航线规划的方式，如图 4-8 所示。这种规划方式规划速度快，不需要作业人员围绕田块步行，降低了作业人员的劳动强度。但是，因为作业人员全程需要依靠植保无人机传输回来的影像进行操作，所以对作业人员操作技能要求较高。而且因为是依靠图像进行飞行，所以相对遥控器规划的精度更低。该方式比较适合地块较大，且地形规整的作业，在复杂地形下难以精准规划。

图 4-8 植保无人机规划

4. 障碍物规划

如果作业区域内存在障碍物，就需要进行障碍物规划，如图 4-9 所示，以避免作业航线进入障碍物范围内，造成摔机事故。如果在边界上存在一个连片的障碍物区域，也可以通过打点的方式直接将障碍物规划在航线之外。

图 4-9 中，黄色线是航线，红色点是障碍物区域，蓝色线是避障航线。另外，还可以通过长按屏幕的方式，为航线增加固定形状的障碍物。

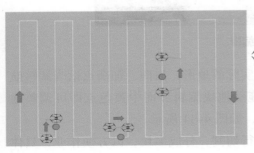

图 4-9 障碍物规划

以全球导航卫星系统（GNSS）坐标点形成的航线有可能随着时间的推移产生精度误差或者坐标飘移，作业航线有可能发生整体偏移，这有可能造成植保无人机摔机。但是一个具体的点，相对于作业区域位置在短时间内是不会变化的。提前在作业区域周边寻找一块地面特征明显的位置设定为标定点，植保无人机作业前将植保无人机放置在标定点执行纠正偏移，即可解决航线的偏移问题。如果采用RTK模块规划以及开启了RTK定位的飞行规划，则规划精度可达厘米级，无须操作纠正偏移。

5. 航线编辑

（1）统一内缩与单边内缩 内缩距离是指作业航线与边界保持的安全距离，当作业区域四周没有任何障碍物时，可将内缩距离调整为0m。当内缩距离为0m时，航线两端与边界重复，起始航线与边界保持半个行距的距离。例如，当航线为5m时，航线与边界的距离为2.5m。统一内缩是对所有航线进行统一内缩，调节统一内缩数据即可进行编辑。若为了保证植保无人机作业时的安全，则建议加大统一内缩的余量。但如果统一内缩设置过多，则在地块边界处容易产生漏喷。

设置内缩距离时，应充分考虑障碍物的位置、植保机的大小、飞行精度带来的误差等各种情况。其中，采用GNSS定位技术的植保机飞行精度为0.6~1m，采用RTK定位技术的植保机飞行精度在0.1m以内。另外，可通过单边内缩距离设置，去实现更复杂地形的航线规划。

单边内缩是对选定的某一条边进行内缩设置，可通过单击一条航线来进行选定，如图4-10所示。

图4-10 航线编辑

（2）航线调整 航线为自动生成，可以根据实际的地形、风向、加药点适当调整航线走向，尽量减少空飞航线，提高作业效率。拖动地块编辑界面中黄色点即可调整地块，双击某一条边即可让航线快速对齐选定的边，如图4-11所示。

（3）航线切割 航线切割功能能够对地块进行切割，分成多块，以方便作业，具体如图4-12所示。

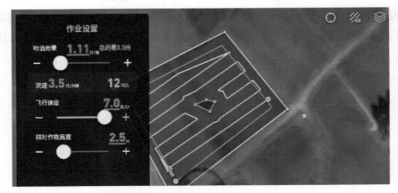

图 4-11 航线编辑的基本操作方法

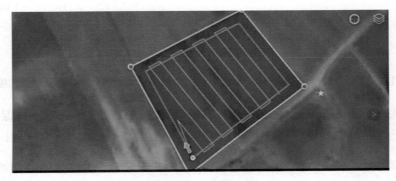

图 4-12 航线切割

1）将一个地块分成多块，再使用一控多机功能，实现一名驾驶员操作多部无人机同时作业同一地块，提高作业效率。

2）对地块进行切割，只进行部分地块的飞防作业。

（4）保存 最后将编辑好的航线进行保存或者更新覆盖，并上传云端。可将地点、户主、田块、作物、药剂等情况进行记录。

6. 航线规划原则

（1）内缩原则

1）有障碍边界内缩距离。边界内缩距离是指植保无人机中心距离测绘出的田块边界的距离。边界内缩情况分为有障碍与无障碍。边界有障碍时，为避免植保无人机自动飞行过程中意外撞击障碍物，需要留出一定安全距离。假设植保机喷幅为 5m，那么现在安全距离不论是预留 1m 还是 5m，都需要多作业一条航线，那这时边界内缩距离我们应该选择更安全的 5m。所以在边界有障碍物时，保守方案可以选择内缩 1 个喷幅的距离，如图 4-13 所示。

2）无障碍边界内缩距离。边界无障碍物时，不少人以为边界内缩 0.5 个喷幅，刚好喷到边界最合适。其实不然，田间作业环境多变，假如喷洒时来一阵风，0.5 个喷幅的内缩很容易因为风吹造成漏喷。所以，在边界无障碍物时，可以把喷幅覆盖范围设置为超出田块边界 1m 左右（不影响周边作物情况下），这样可减少环境引起的漏喷情况，如图 4-14 所示。而障碍内缩距离，顾名思义就是植保机中心距离障碍物边界的距离，建议设置成 1 个喷幅的距离。

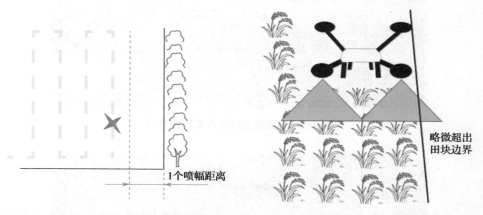

1个喷幅距离

略微超出田块边界

图 4-13　有障碍物时合理的内缩设置　　　　图 4-14　无障碍物时合理的内缩设置

（2）长航线原则　在规划航线时，航线长度越长越好。众所周知，植保机作业换行的过程相比正常航线飞行要慢很多，频繁换行会导致浪费时间与电量，如图 4-15 所示。

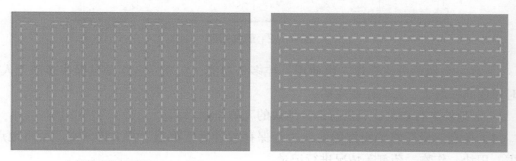

a）短航线换行频繁　　　　　　　　　　　　b）长航线效率高

图 4-15　合理的航线方向

所以，为了提高作业效率，降低作业成本，规划航线时应尽量以长航线为主。不过，经过测试发现，当航线长度超出 200m 后，效率的提升就不太明显了。比如说，一块地长 200m、宽 400m，飞 200m 的航线与 400m 的航线效率是差不了太多的，这时可以根据具体环境因素来决定飞 200m 航线还是 400m 航线。

（3）坡地原则　在规划坡地作业航线时，应该沿坡地等高线设置航线。当设置成常规爬坡航线时，植保无人机在作业全程都需要比平地作业消耗更多动力，以完成爬坡与下坡，这样不仅会更耗费电力，还会缩短植保无人机部件寿命，如图 4-16 所示。

但如果是执行等高线航线，航线与在平地飞行作业是相似的，只需在短暂的换行时拔高或降低，如图 4-17 所示。与前一种航线作业方式比较，大大提升了作业效率并且降低了作业过程中的坠机风险。

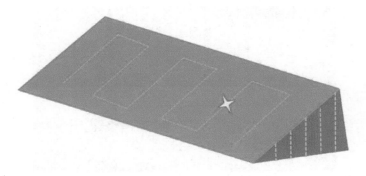

图 4-16　常规坡地作业航线

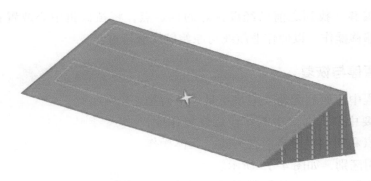

图 4-17　等高线坡地作业航线

在坡地作业时，高度该如何设置呢？以等高线作业航线为例分析，假如植保机的换行横移距离是 5m，那么我们就需要知道，在当前作业的坡地上，横移 5m，坡地高度变化了多少。假如植保机横移 5m，坡地高度升高 1m，正常最低作业高度为 1.5m，为保证植保机横移时足够安全，那么高度应该设置为 1m+1.5m=2.5m。这样每次植保机横移时便有 1.5m 以上的安全高度作为缓冲，大幅降低发生意外的概率。

技能点 3　航线的执行与纠偏

1. 航线调用与纠偏

调用云端或本地保存的地块进行作业可分为调用进行中的地块以及调用新的地块两种方式。

（1）调用进行中的地块　进行中的地块是指已经调用并已经有部分作业的地块，例如某一地块上午作业了 50%，在结束时就会自动产生已经部分完成的作业任务，下午作业时调用此任务就可以继续作业。

（2）调用新地块　新地块是指航线规划完毕的地块，如果一块地刚开始作业，则一般需要使用调用新地块的方式。起飞点与返航点的设置如图 4-18 所示。

图 4-18　起飞点与返航点的设置

（3）纠正偏移　找到之前已经设置好的标定点，将植保机中心放置在标定点正上方，进行纠正偏移操作，以使作业航线与原始航线保持重合。

2. 作业暂停与恢复

在作业过程中，遇到无药、电量不足、障碍物等情况时，需要中断作业。中断作业后恢复作业，会有回到中断点和回到投影点两种方式，具体操作时须注意其使用区别，如图 4-19 所示。

（1）回到中断点　如果植保无人机无药或者电量不足，回来加药以及更换电池，可使用"回到中断点"功能，使植保机回到之前的作业中断点继续作业，如图 4-20 所示。

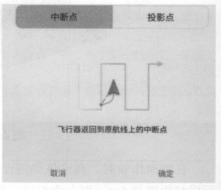

图 4-19　作业暂停与恢复

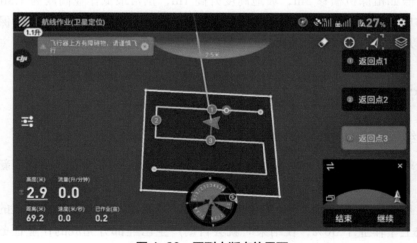

图 4-20　回到中断点的界面

（2）回到投影点　回到投影点即回到实际位置与航线垂直投影产生的点，适合中间存在障碍物的情况，以避开障碍物，如图 4-21 所示。

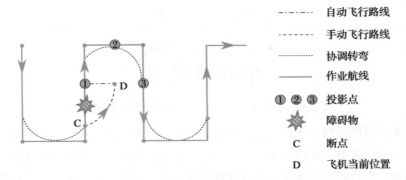

图 4-21　回到投影点

投影点 1、2、3 分别代表适用的障碍物情况，投影点 1 适用于前进航线上存在点状障碍物的情况，投影点 2 适用于当前点到下一个端点都无法作业的情况，投影点 3 适用于从当前点到整个航线端部都无法作业的情况。作业结束，植保机系统会提示作业信息，包括规划面积、作业面积、障碍物面积、作业耗时等。

3. 作业参数的定义与选择

以市场上主流的大疆 MG 系列和 T 系列植保无人机为例，其经验作业参数见表 4-1，作业参数包括喷洒亩用量、速度、行距、高度、喷嘴型号，如图 4-22 所示。

表 4-1　植保无人机作业建议

机型	MG-1S/MG-1P	T20
飞行速度	4~5m/s	5m/s
作业高度	1.8m	2m
作业行距	4~4.5m	6m
亩施药量	1~1.5L/亩	1~1.5L/亩
喷头型号	XR11001VS	XR11001VS
作业模式	航线规划/AB 点	航线规划/AB 点

喷洒亩用量
每亩地喷洒药液量

作物越浓密，应增加
作物越高，应增加
病虫害严重，应增加

速度
无人机飞行速度

作物越浓密，应降低
作物越高，应降低
病虫害严重，应降低

行距
无人机换行距离

行距应尽量与无人
机实际喷幅相等
避免重喷与漏喷

高度
作物到无人机的距离

MG系列：1.8~2.5m
T系列：2~3m

喷嘴型号
决定了流量和粒径

喷嘴越大，流量越
大，但粒径越大
杀虫、沙菌应尽量
选择小喷嘴

图 4-22　作业参数定义

拓展课堂 2

植保无人机全自主飞行让植保作业更高效

植保无人机的全自主飞行技术已经发展得非常成熟，近年来，全自主飞行作业大大地提高了生产效率。全自主飞行作业的优点也显而易见：一是可以有效降低驾驶员的劳动强度，而且较好的操控性可以降低培训成本；另外，使用全自主飞行作业可以提高作业效率，喷洒药物更加均匀。实现全自主飞行作业需要植保无人机将 RTK 定点定向、避障雷达、防地雷达等多项技术综合应用，它的应用场景也非常多，大部分地块都可以使用全自主飞行模式。在进行全自主飞行作业前，驾驶员需要对所需作业地块进行整体测绘，使植保无人机在规划区域内进行自主作业，其在中大型地块中的效率最高。规划航线时需注意这些：提前确定障碍物，明确参考物情况，确定好作业路径与边缘距离。

实训任务 3　植保无人机维护与保养

技能目标

1）掌握植保无人机的日常保养。

2）掌握植保无人机的检查。

3）掌握植保无人机的存储与运输。

4）掌握植保无人机的常见故障与排除。

5）掌握植保无人机的校准操作。

素养目标

1）培养认真细致、严谨治学的态度。

2）培养职业道德观念、增强责任感。

3）加强沟通协调、团队协作的能力。

? 引导问题 3

植保无人机作为一种精密的高科技产品，任何部件的微小变动都会影响其飞行状态和使用寿命。植保无人机进行农药喷洒作业多数在夏季高温、潮湿的环境下，且一次性作业时间一般较长，除了要按照正确的方式操作和使用以外，日常的维护保养和检查也是至关重要的。

为了保障植保无人机的使用寿命和作业效率，每次作业完成后，需要对植保无人机进行日常维护清洗，作业季结束后，也要对植保无人机进行定期保养。具体的日常维护和定期保养的操作与注意事项有哪些？

技能点 1　植保无人机的日常保养

1. 喷洒系统清理

（1）药箱液泵管路清洗

1）内部清洗。在药箱中加入清水并开启喷洒，多次清洗喷洒系统内部。

2）外部清洗。使用湿布擦拭药箱、液泵、喷杆等喷洒系统部件，然后用干布擦干水渍。

（2）喷嘴和滤网清洗　喷嘴和滤网可用细毛牙刷清洗，清洗完毕后应将喷嘴、滤网放入清水浸泡 12h，如图 4-23 所示。

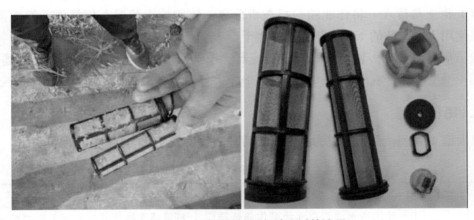

图 4-23　未清理的滤网与清理过的滤网

2. 整机清理

（1）电机与螺旋桨清理　用湿布认真清理桨叶（图 4-24）、桨夹、电机表面的农药残留，并用干布抹干水渍。须检查桨叶有无裂纹，若有，应及时更换桨叶，注意桨叶须成对更换。

（2）电池与充电器清理　用拧干的湿布清理电池、充电器外观，再用干布擦干水渍，须定期用棉签蘸酒精清理电池金属簧片，须定期清理四通道充电器散热口灰尘。

（3）遥控器清理　作业完成后将遥控器天线折

图 4-24　表面附着乳油的桨叶

叠，使用干净的湿布（拧干水分）擦拭遥控器表面及显示屏。

（4）机身清理　将湿布拧干后，擦拭植保无人机表面，除去机身（包括机臂）上面的药渍与脚架的泥土，如图 4-25 所示。切勿使用超过 0.7MPa 的高压水枪冲洗机身。

图 4-25　未清理与清理过的植保无人机对比

3. 播撒系统清理

（1）作业箱清理　将作业箱与播撒机分离，使用拧干的湿布擦拭作业箱内部与外部，并使用干净柔软的干抹布将作业箱擦干。

（2）播撒机清理　使用软刷清理减速器、搅拌棒、霍尔元件、甩盘主体、播撒盘，并使用干燥空气进行吹气清理，然后使用干净柔软的干布擦拭。切勿直接用水清洗。

4. 每日清理

以大疆 T 系列植保无人机为例，每日清理项目见表 4-2。

表 4-2　大疆 T 系列植保无人机每日清理项目

类型	项目	日常维护	备注
喷洒系统	药箱	使用清水或肥皂水注满作业药箱，并完全喷出，如此反复清洗 3 次	打敏感作物或其他药剂前需要彻底清洗药箱
	滤网	将药箱滤网及喷嘴拆出后进行清洁，确保无堵塞，然后再清水浸泡 12h	安装喷头时注意正确安装橡胶垫片与喷嘴定位环
	喷嘴		使用软刷清理，切勿使用金属物体清理
动力系统	桨叶	用湿布擦拭桨叶，检查桨叶有无裂纹，再用干布抹干水渍	更换桨叶时需要成对更换
	桨夹	使用软刷或湿布清洁，再用干布抹干水渍	桨夹破损应及时更换
	电机		若电机桨叶表面有沙尘、药液附着，建议用湿布清洁表面，再用干布抹干水渍
	电池	用棉签沾酒精清理电池与电池座的金属簧片，将表面附着物清理干净	电池不防水，切勿用水直接冲洗或泡水清洗
	充电器	用湿布拧干清理充电器，再用干布抹干水渍	切勿将水渍溅入充电器内，造成内部模块异常

（续）

类型	项目	日常维护	备注
机身	机身	使用软毛刷或湿布清洁机身，再用干布抹干水渍	切勿使用超过 0.7MPa 的高压水枪冲洗机身；T16 与 MG 系列建议使用湿抹布擦拭机身，切勿用水直接冲洗机身
遥控器	遥控器	用拧干湿布清除表面灰尘与农药残留	清理遥控器散热口时，切勿将水渍溅入
播撒系统	作业箱	使用干燥的压缩空气吹气进行清理，并使用干净柔软的干布擦拭	切勿使用水直接冲洗
	播撒机		
	播撒盘		播撒盘为易损耗部件，如存在明显磨损，请及时更换播撒盘

　　防护等级说明：**T20 植保无人机在正常使用状态下，整机防护等级为 IPX6（参照国际电工委员会 IEC 60529 标准），整机可水洗。航电系统（气压计除外）、喷洒控制系统、动力电调系统、雷达模块防护等级可达 IP67。防护能力并非永久有效，可能会因长期使用导致老化磨损而下降。由于浸入液体而导致的损坏不在保修范围之内。**

　　防护能力可能失效的情况：

　　1）发生碰撞，密封处变形。

　　2）外壳密封处开裂破损。

　　3）接口保护盖或防水胶塞未安装到位或出现松脱。

技能点 2　植保无人机的检查

　　在经历长时间、高强度作业后，植保无人机的一些零件可能出现老化、损伤等现象，从而影响作业效率和效果，甚至带来安全隐患。建议高强度作业 1 个月左右对植保无人机进行全面检查，保障植保无人机的稳定性、可靠性。

1．喷洒系统的检查

　　1）取下水箱，观察密封圈是否有较大变形，密封面是否破损，若有，请立即更换，否则会造成进空气等故障。

　　2）拆下水箱下部旋盖，取下滤网和对应密封圈（图 4-26），检查滤网是否堵塞，对滤网进行清洗。

　　3）检查水箱内部的两个液位计，使用清水进行清洁并检查是否有腐蚀现象。

　　4）检查喷洒系统（水箱、液泵、流量

图 4-26　药箱滤网及橡胶垫片

计等）几处管道接头处是否松动，管道是否有破裂，若有破损，请立即更换，否则会造成进空气等故障。

5）观察泄压阀是否渗水，若存在问题，及时更换两处的密封圈。

6）检查喷嘴雾化情况，如图4-27所示。如出现雾化不佳应彻底清洁或更换新喷嘴。

图 4-27　喷头正常喷雾

2. 动力系统的保养检查

（1）桨叶

1）使用拧干的湿抹布清洁桨叶，抓住桨叶末端，向下或向上抬桨叶，检查桨叶边缘是否有裂纹，如图4-28所示。

2）检查桨叶垫片是否存在磨损情况，若磨损严重，请及时更换新的桨叶垫片。

3）转动桨叶，检查桨夹是否存在松动的情况，若松动，使用 M4 螺丝刀拧紧桨叶固定螺钉。

 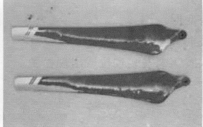 

a）桨叶破损　　　　　　　　b）桨叶附着物多　　　　　　　　c）桨叶断裂

图 4-28　植保无人机桨叶磨损情况检查

（2）电机

1）转动电机转子，检查电机是否存在卡转、堵转情况。

2）轻微垂直向上拉动电机转子，检查电机转子是否存在松动。

3）水平左右晃动电机，检查电机和电机底座与机臂的连接是否牢固，建议取下黑色电机保护罩，检查固定电机底座的两颗螺钉是否松动，电机底座与机臂的限位模块是否磨损。

3. 机身的保养检查

1）检查机臂是否有裂痕、变形，展开机臂，检查套筒及锁附位置的螺纹是否有磨损。

2）检查 RTK 天线、软件定义的无线电（SDR）天线是否紧固，机头上方的 RTK 模块是否松动。

3）检查无人机上盖前方的空气过滤罩，并及时清理。

4）检查脚架与机身框体是否存在松动现象。

5）检查雷达外壳是否破损，雷达支架安装是否牢固。

4．遥控器保养检查

1）遥控器悬挂。遥控器可悬挂于无人机下方，须确保无人机无液体渗透，避免液体渗入遥控器造成损坏。

2）遥控器清洁。须定期擦拭遥控器，避免灰尘等积累，保证遥控器外观洁净，如图 4-29 所示。

3）遥控器天线。遥控器不使用时，须将遥控器天线折叠收纳，避免折断天线。

4）遥控器外置电池。检查遥控器外置电池与遥控器的接口处是否存在药液、灰尘，若有，请及时清理。遥控器外置电池存放时须两格电存放，禁止满电或低电量存放。

图 4-29　遥控器重点检查与清理的部位

5．电池检查

1）检查电池外观是否正常，若外壳破损、变形、漏液，切勿再使用。

2）检查电池与电池座（图 4-30）的金属簧片，若出现少许发黑情况，及时用酒精擦拭，若大面积发黑，请及时更换。电池不防水，切勿用水直接冲洗或泡水清洗。

图 4-30　电池与电池座

3）T20 使用 T16 电池，建议载重不超过 15kg（L）。

4）作业时，若电池剩余不足 30% 电量则应及时返航充电，若继续使用，多次过放，将严重影响电池寿命。

6. 播撒系统的检查

1）检查作业箱与播撒机连接是否松动，若松动，更换作业箱锁紧装置。

2）作业箱与播撒机分离，检查播撒机各部件（霍尔元件、搅拌棒、减速箱、甩盘主体、播撒盘），使用软毛刷清理表面附着物，切勿使用清水直接冲洗。

3）分离播撒机与播撒盘，检查播撒盘。如存在明显磨损，请及时更换播撒盘，如图 4-31 所示。

播撒系统出厂时已完成校准，可直接使用。若使用时出现以下情况，则用户需要自行校准：

①舱门无法完全打开或关闭。

②落料速率与预期值有偏差。

③App 误报无料警告。

校准步骤：进入 App 作业界面→设置选项→播撒系统设置，在播撒系统设置中点击"校准"，然后等待校准完成。若校准失败，请重试。

图 4-31 新、旧播撒盘对比

技能点 3 植保无人机的存放与运输

1. 植保无人机存放

1）植保无人机应存放在室内通风、干燥与不受阳光直射的地方。存放室内温度最好在 18~25℃范围内，不得高于 30℃。

2）由于植保无人机许多部件是用橡胶、碳纤维、尼龙等材质制造，这些制品受到空气中的氧气和阳光中的紫外线作用，易老化变质，使管路橡胶件腐蚀后膨胀、裂纹，因此不要将植保无人机放在阴暗潮湿的角落里，也不能露天存放。

3）要确保存放环境无虫害、鼠害，也不能与化肥、农药等腐蚀性强的物品堆放在一起，以免植保无人机被锈蚀损坏。

2. 电池存储与运输

高温对无人机动力系统影响较大，其中尤以电池最为明显。目前的植保无人机电池都属于动力锂电池，应注意避免高温或者不当使用而造成电池性能下降甚至报废。

（1）电池充电注意事项

1）充电时应尽量放置在通风、不受阳光直射、干燥的环境当中。

2）切勿将电池浸泡在水中进行散热。

3）尽量在电量不低于30%时降落，长期严重低电量降落的不良使用方式，将降低电池使用寿命。

4）充电时，应确保有人员在场，以避免发生火灾。

5）应使用配套的充电器对电池进行充电，以避免不合格充电器对电池的损伤。

（2）电池运输注意事项

1）严禁将电池放在暴晒下的封闭车厢内，车内高温有可能导致电池自燃！

2）外形严重变形的电池不能使用，更不能放在车厢内运输。

3）运输时，禁止直接将电池叠放，应在电池箱内有序存放。

（3）电池存储注意事项

1）无论何时，应将电池保持在40%～60%电量之间进行存放。低电量长期存储将造成电池性能不可逆的下降，应当严格禁止！

2）损坏的电池应单独存放，避免混放！

3）电池应存储在干燥的环境当中，避免放置在漏水、潮湿的区域。

（4）电池相关维护与保养

1）每3个月应对电池进行一次充放电以保持电池活性，这非常重要。

2）如果电池口有脏污，请及时清理干净，否则将引起能量损耗，提高电池工作温度。

3）定时用棉签蘸汽油或者无水酒精擦拭无人机分电板金属端子，针对绿色铜锈、黑色氧化物应特别注意。如金属插头脏污，将加速造成电池插头脏污，所以应特别注意。对于严重腐蚀的分电板应及时更换。

技能点4　植保无人机的常见故障与排除

1. 农业植保无人机出现GPS长时间无法定位的情况

首先，冷静下来等待，因为GPS冷启动需要时间。如果等待几分钟后情况依旧没有好转，可能是因为GPS天线被屏蔽或GPS被附近的电磁场干扰，这时需要把屏蔽物移除，远离干扰源，把无人机放置到空旷的地域，看是否好转。另外，造成这种情况的原因也可能是GPS长时间不通电，当地与上次GPS定位的点距离太远，或者是在无人机定位前打开了微波电源开关。可以尝试关闭微波电源开关，关闭系统电源，间隔5s以上重新启动系统电源等待定位。如果此时还不能定位，可能是GPS自身性能出现问题，需要拿去给专业的农业植保无人机维修人员处理。

2. 无人机在自动飞行时偏离航线太远问题

检查无人机是否调平，调整无人机到无人干预下能直飞和保持高度飞行。其次，检查风向及风力，因为大风也会造成此类故障，应选择在风小的时候起飞无人机。再次，检查平衡仪是否放置在合适的位置。此时，可将无人机切换到手动飞行状态，或把平衡仪打到合适的位置。

3．农业植保无人机控制电源打开后，地面站收不到来自无人机的数据

检查连线接头是否松动或者没有连接、是否点击了地面站的连接按钮、串口是否设置正确、串口波特率是否设置正确、地面站与无人机的数传频道是否设置一致、无人机上的 GPS 数据是否送入飞控，只要有一个环节出问题就无法通信，检查无误后重新连接。如果检查无误后还是连接不上，重新启动地面站计算机和无人机系统电源，一般都可以连接成功。

4．舵机频繁发出来回定位调整响声

这是因为有的舵机缺乏滞环调节功能时，如果控制死区设置得太小，当输入和反馈信号的差值超过控制死区时，舵机会启动电机进行校正。任何微小的输入信号变动或反馈信号波动都可能导致舵机反复调整。对于这类没有滞环调节功能的舵机，如果舵机齿轮组机械精度差，存在较大的齿隙或松动，会使得反馈电位器的旋转角度超出应有的控制范围，进而导致舵机持续不断地进行定位调整。为了解决这个问题，可以尝试优化控制死区设置，或者提升舵机齿轮组的机械精度，减少不必要的振动和噪声。

农业植保无人机属于精密器械，任何部件的微小变动都会影响其飞行状态和使用寿命。因此，在处理农业植保无人机故障时应十分小心谨慎，以科学严谨的态度处理无人机故障，不要随意改动农业植保无人机，以免适得其反。

技能点 5　植保无人机的校准操作

植保无人机飞行前需要进行指南针校准，目的是让植保无人机能在空中保持平衡，不受到其他磁场的干扰，如图 4-32 所示。以多旋翼无人机为例，基本操作如下：

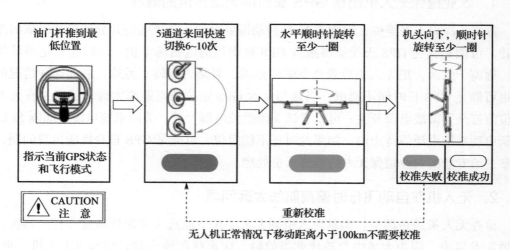

图 4-32　植保无人机指南针校准

步骤1：将油门杆推到最低位置。

步骤2：将5通道开关在最低位置和最高位置之间快速来回切换6~10次，直到状态指示灯蓝灯长亮。

步骤3：将无人机机头向前，水平放置，然后沿顺时针缓慢地旋转至少一圈，直到状态指示灯绿灯长亮。

步骤4：将无人机机头朝下，机身垂直，然后沿顺时针缓慢地旋转至少一圈，直到状态指示灯白灯长亮4s。若出现状态指示灯红灯长亮4s，说明校准失败，重复步骤2~步骤4的操作，直到校准成功。

飞行过程中，若无人机侧偏严重，建议进行水平校准，操作步骤如图4-33所示。

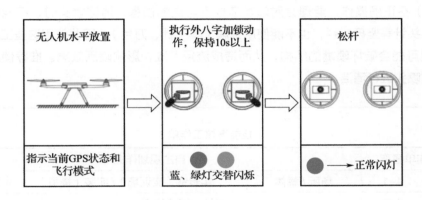

图4-33　植保无人机水平校准

拓展课堂3

保养对植保无人机有多重要，你知道吗？

俗话说："汽车三分修，七分养"，这句话对植保无人机也很适用。忙碌的作业季接近尾声，桨叶摸起来油腻的，药箱从白色变成了五颜六色，闻起来还有一股农药味，上、下壳体更是布满了灰尘和泥垢，电机、电子调速器、电机通风口沾满了灰……这时候，我们该给植保无人机做保养了。植保无人机的保养除了对整机进行清洁，还应该对它的动力系统、插接连接系统进行专业检查，必要时，还需要对水箱、桨叶等零部件进行更换。这些保养做到位，可有效降低无人机在作业中故障的发生率，提高飞行的稳定性，保证无人机处于最佳状态迎接下一次作业。

植保无人机现阶段主要用于农药和叶面肥的喷施，作业后，水箱、机臂、管路、螺旋桨等零部件上难免会附着农药、灰尘、泥土。然而，简单擦洗无法保证无人机零部件不被农药残留腐蚀，用户需要对植保机进行拆装清洁，用拧干的湿抹布擦干净后晾干才能进行存放。需要拆开清洁的部件有：水箱出水口过滤网、流量计（叶轮）、副水箱、液位计、液泵（液泵橡胶底座）、空气过滤网挡片、喷头固定杆、喷头（滤网、泄压阀、橡胶垫片、喷嘴）、三通、脚架减振器、水箱出水盖、水箱、桨夹、雷达等。

温馨提示：

1）由于机身内部含电路和高精度模块，不防水，建议清洁时，将湿抹布拧干后进行擦拭，切忌用水冲洗。

2）不正确操作、清理会对喷嘴造成不可逆的损害，清理喷头时，不能使用铁丝、大头针等坚硬材料，也不能使用金属工具（针、刀片）。因此使用这些工具进行清理很可能会破坏喷嘴的结构，从而造成流量不准，影响喷洒效果。推荐使用细毛牙刷对喷头进行清洁。

技能考核工作单

考核工作单名称			自主规划作业		
编号	4-1	场所 / 载体	实验室（实训场）/实装（模拟）	工时	6
项目	内容	考核知识技能点		评价	
1.飞行作业前的准备	1. 植保无人机飞行前准备	1. 能按照安全操作规范，检查无人机状态完好 2. 检查无人机电池、地面站电池的电量是否符合要求 3. 检查飞行信号灯状态是否正常 4. 调试遥控器工作频率，保证频率一致 5. 检查飞行控制链路通信是否正常 6. 校准辅助定位系统 7. 能按照作业要求，观察作业区地理情况，设置植保无人机的行高度、速度、喷幅宽度、喷雾流量等参数			
	2. 作业区块准备	1. 根据农作物的生长周期，判定是否适合作业 2. 观察气候条件，判定是否适合作业 3. 检查作业区块，确定障碍物位置，选定起降场地 4. 根据作业区块，做好作业航线规划 5. 根据现场作业环境，选择紧急迫降点（必须远离人群） 6. 能按照农药安全使用要求，对作业区块的温度、湿度、风向、风速等进行判断，选择适当喷洒方式			
	3. 农药准备	1. 能按照农药安全使用要求，评估环境，做好个人作业防护 2. 能按照农药安全使用要求，针对作业区作物病虫草害情况，选择合适农药 3. 能按照农药安全使用要求，对植保用药进行正确调配、灌装，测试农药喷洒状况			

（续）

考核工作单名称		自主规划作业		
编号	4-1	场所/载体	实验室（实训场）/实装（模拟）	工时	6
项目	内容	考核知识技能点		评价
2. AB点模式作业	1. 添加A、B点	1. 在管路排气后，操作无人机到田地一端合适位置，点击按钮添加A点即可标记成功。若此时需要重新标记A点，可以点击撤销键删除A点，再重新标记A点。标记A点后，无人机将按照设定开始喷洒，在标记好B点前的喷洒面积数据将被计为手动作业面积数据 2. 点击按钮添加B点即可标记成功。此时若需要重新标记B点，则可以点击撤销键删除已打好的B点，再重新标记B点。此时若需要重新添加A点，则可以连续点击按钮两次先删除B点再删除A点，删除后需要重新添加A、B点	
	2. 航线方向	1. 在执行作业前可以选择航线向左或向右平移。航线左右方向是以A点指向B点的连线为左右，而非用户朝向。若用户站在B点面向A点，则航线左右方向与用户朝向相反 2. 开始作业后不可更改航线方向，请注意观察实际田地情况，选择正确的航线方向再开始作业	
	3. 作业高度	1. 以设置B点时无人机所在高度为AB点作业高度 2. AB点作业时可以通过操作遥控器调整高度，自动作业不会暂停，调整后无人机将按照新的高度作业。如作业中发现无人机将撞击障碍物或者人员，可以手动推油门推杆将无人机升高，从上空绕开障碍物	
3. 航线规划作业	1. 地块测绘	1. 遥控器规划。在无人机关机的情况下，将RTK测绘模块插入植保无人机遥控器，作业人员手持遥控器，围绕田块进行打点规划航线 2. RTK规划。操作方式与遥控器规划完全一致，插入RTK高精度定位模块。进入RTK模式后，作业人员手持RTK的遥控器，围绕田块四周进行打点规划航线 3. 植保无人机规划。依靠FPV（第一人称视角飞行）方式操控植保无人机飞到田块各个点进行航线规划 4. 填写正确的地块信息，采集地块边界坐标点，以地块实际边界顺序打点 5. 采集障碍物边界坐标点，障碍物边界须距离障碍物至少1m，无漏测障碍物，地块边界点与障碍物边界点没有混淆，地块内不得有树枝等悬空遮挡物	
	2. 植保作业	1. 航前测试。喷洒测试正常，怠速测试正常，电机转向正常（"逆平正、顺坑反"），禁止在种植区域内进行药品喷洒测试 2. 实际灌药量至少超出预计药量300mL 3. 设置喷洒参数和飞行参数，RTK定高飞行 4. 选择定点航线，正确设置飞行高度，合理规划航线 5. 断点续飞	

考核工作单名称		植保无人机维护与保养			
编号	4-2	场所/载体	实验室（实训场）/实装（模拟）	工时	4
项目	内容	考核知识技能点		评价	
1. 植保无人机检查与保养	1. 植保无人机检查	1. 检查紧固件是否固定牢靠 2. 检查旋翼是否工作正常 3. 检查图传、飞控系统、电子调速器是否工作正常 4. 正确记录检查结果			
	2. 植保无人机维护保养	1. 按照安全操作规范，正确拆、装电池 2. 检查机体，保持状态良好 3. 完成机体清洁、机件除尘操作，每次作业任务完成后，立即用肥皂水或皂粉水清洗无人机喷洒系统、药箱和灌药机管路中残留的农药 4. 用清水清洗置换无人机喷洒系统、药箱和灌药机管路中的肥皂水或皂粉水，直至清水流出 5. 手动开启无人机喷洒系统，将所有管路排空			
	3. 电池的检查与维护	1. 检查电池电量是否在正常范围 2. 对电池进行充、放电，保持正常电量 3. 能按照操作手册要求，正确存放电池			
2. 植保无人机故障检查与排除	1. 故障检查	1. 检查地形模块，是否安装牢固，连接线是否牢固，镜头是否干净 2. 检查超声波表面是否清洁干燥，底部减振球是否完好 3. 检查流量计是否正常 4. 检查喷洒系统误差			
	2. 故障排除	1. 拆开蠕动泵上壳，取出转子，检查内部是否有药液残留、管壁是否有刮痕。对有刮痕或开口的管道进行更换，拆卸时注意保存垫片、轴承等细小零部件，避免丢失 2. 对蠕动泵内部进行清洁，确保没有异物在内 3. 安装转子完成后再拧紧上壳 4. 进行蠕动泵零件更换，重新进行一次喷洒校准 5. 确保超声波表面清洁干燥，无异物遮挡。减振球无缺失、破损。确保仿地飞行功能良好			
3. 植保无人机校准运输	1. 运输清点	1. 物资装配。把所有设备放回交通工具上，妥善摆放，避免碰撞，有电和没电的智能电池分开摆放 2. 物资清点。清点物资数量，确认无误后方可离开 3. 每天确认日报信息，无异议的点击"同意"按钮，有异议的填写原因并与上级沟通			
	2. 喷洒校准	1. 药液腐蚀、药液较黏稠、更换蠕动泵零件等导致喷洒系统误差过大（正负误差超过5%）时需要校准，使用清水或药液进行校准（作业时用药液） 2. 校准时不能漏气，开始校准前需要使无人机管路充满液体以减小误差			

05

模块五
植保无人机
施药参数与控制评价

学习任务 1　施药技术参数与控制

学习任务 2　飞行参数与控制

学习任务 3　影响植保效果的因素及评价指标

病虫草害化学防治是一个系统工程。完整的病虫草害化学防治过程包含病虫草害预测预报、需使用的农药确定、农药剂型的选择、农药施用器械的选择、用药时间和方法确定、配药、用药区域划定、施药技术参数确定、施药、防治效果检查、环境生态评价等多个方面，对施药技术人员的要求非常高。好的施药质量是指使用合适的施药器械、正确的农药制剂、合理的施药技术参数进行农药喷施以后，不仅农药在靶标作物上的沉积分布均匀性、对靶精准性、农药有效利用率等指标符合要求，而且能取得令人满意的病虫草害防治效果，还能最大限度地降低农药对农业生态环境的影响。

施药质量的好坏不仅影响防治效果，还影响农作物质量安全、农产品农药残留指标及生态环境等。因此，需要对植保无人机施药技术进行系统的研究，制定系统的植保无人机技术标准、规范，指导生产及作业。本模块介绍了植保无人机的施药参数和飞行参数的合理设定，以及植保施药效果的评价指标。

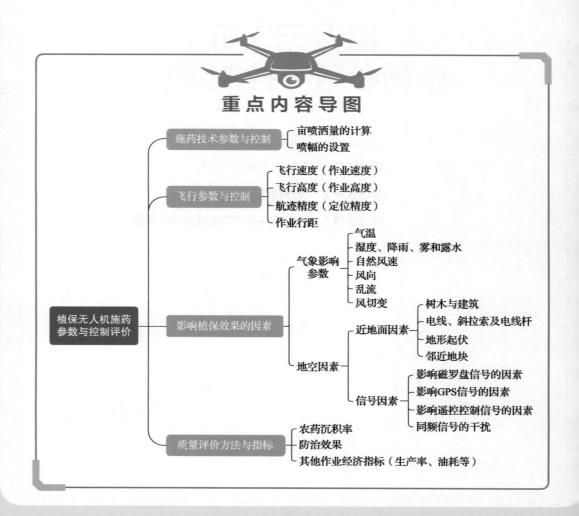

学习任务 1　施药技术参数与控制

技能目标

1）掌握亩喷洒量的计算。

2）掌握植保作业喷幅的设置。

素养目标

1）培养认真细致、严谨治学的态度。

2）培养职业道德观念、增强责任感。

3）加强沟通协调、团队协作的能力。

？ 引导问题 1

用二次稀释法完成农药配比后，需要根据药剂的说明书以及地块的实际大小，设置合适的植保喷洒参数。那么实际的亩喷洒量如何计算？喷洒系统如何设置？飞行中的喷幅如何设置？

技能点 1　亩喷洒量的计算

植保无人机作为一种全自主的、精准的施药器械，其任务就是将农药精准地喷洒在作物上，确保农药发挥良好的防治效果。

用药量是农药合理使用过程中需要格外注意的事项之一，通常药品包装上印有制剂的用药量，如图 5-1 所示。

而且包装内的农药制剂一般不能被直接使用，需要加水稀释后（配制农药的过程）才可被无人机用于喷洒。

制剂用量指包装内农药制剂的用量：

制剂用量 = 制剂亩用药量 × 防治面积

喷洒用量（施药量）指配制完成后可以用于喷洒的药量：

喷洒用量 = 器械亩喷洒量 × 喷洒面积

其中，喷洒面积如图 5-2 所示。

图 5-1　药品包装上印有制剂的用药量

图 5-2　喷洒面积

此外，以极飞 P 系列植保无人机 2018 款为例，喷洒系统的单泵流速的最大值为 700mL/min，飞行速度、喷幅不同则会导致能够设置的最大亩喷洒量（单位为 L/min，1 亩≈667m² ）存在差异，其计算方法如下：

$$最大亩喷洒量 = \frac{单泵最大流速（mL/min）×2×1min×667}{飞行速度（m/s）×喷幅（m）×60s}$$

技能点 2　喷幅的设置

以极飞公司 P 系列植保无人机为例，喷幅的设置见表 5-1。

表 5-1　植保无人机喷幅设置　　　　　　　　　　　　（单位：m）

作业高度	P10 喷幅	P20 喷幅	P30 喷幅
1.0	1.5	2.0	2.5
1.5	2.0	2.5	3.0
2.0	2.5	3.0	3.5
2.5	3.0	3.5	4.0
3.0	3.5	4.0	4.5
3.5	4.0	4.5	5.0

注：考虑到实际作业需求、环境和用药等多种因素，绿色区域为推荐喷幅。

其实，精准喷洒的理念就是要求农药能够均匀地覆盖在每一片作物上，因此应理解确保亩喷洒量均衡的重要性，而非死板限制流速等。

经过广泛实践验证，发现往返航线模式中亩用量设置在 600~800mL/ 亩范围内时普遍都能取得不错的防治效果。定点航线喷洒量的计量单位是 mL/m²，作业目标以果树居多，投影面积很小，用户难以确定每棵果树的喷洒量。因此喷洒量的计量单位改为 mL/s，例如喷洒量为 8mL/s 时，在一棵果树上停留喷洒 5s，那么这个目标的预计喷洒量为 40mL。

在国内，目前植保无人机有效喷幅一般是通过测试雾滴密度来求得的。根据国际标准规定，可以采用两种方法确定有效喷幅，一种方法是沉积变异系数最小值判定法，即取通过计算得到最小沉积量变异系数时的喷幅为有效喷幅，计算方法为：以不同间距叠加 3 个单喷幅，计算中心喷幅的沉积变异系数，系数最小值所对应的间距为有效喷幅；另一种方法是 50% 有效沉积判定法，即取单喷幅中沉积量为有效沉积量 1/2 的两点间距为有效喷幅。由于植保无人机大都采用低容量喷雾法，一般要求雾滴密度超过 15 个 /cm^2。喷幅与飞行高度关系最为密切，一般来讲，飞行高度越高，喷幅越大。测量时，以制造商明示的最佳作业参数进行喷雾作业，沿喷幅方向布置接收器，接收器可以是水敏纸，也可以是纸卡，再用图像分析软件测出雾滴密度。以两端首个雾滴数不小于 15 个 /cm^2 的测试位置作为作业喷幅两个边界，两个边界之间的距离即为喷幅。

拓展课堂 1

植保无人机作业前必须明确的喷洒参数

　　要实现精准施药、保证喷洒效果，对喷洒参数的准确设置必不可少。有些无人机厂商为了宣传效果而夸大，自己产品的性能，但是到实际喷洒作业过程中，却容易造成误导，进而伤害作业效果。没有效果的作业，哪怕效率再高，也没有任何意义。

　　1）有效喷幅。有效喷幅是指在喷出的水雾均匀、无飘移、有足够穿透力的前提下达到的喷雾宽度。有效喷幅随喷雾角度、喷雾压力、喷雾高度和喷嘴间距的变化而变化。喷雾压力越大，喷雾角度越大，有效喷幅越大，但也是有极限值的。在标准高度下，无人机几个喷头之间的间距、喷头的喷雾角度、无人机下压气流的作用等因素都是确定的，才有可能确保喷雾沿无人机展向是均匀的，才有可能保证喷雾的飘移程度。

　　2）亩喷洒量。根据不同作物的需求，每亩的亩喷洒量是不一样的。这个参数也必须在喷洒前根据实际情况确定。例如，对于防治类的喷洒，亩喷洒量 600～800mL 就可以满足要求，但是对于除草剂、落叶剂等，需要全覆盖，亩喷洒量恐怕就需要达到 1L、甚至 1.2L。下水量应稍微设计大一点，可确保打药效果，但也不要简单追求高浓度、简单追求打得快与打得多。

　　3）每亩用药量。这是一个独立的参数，根据不同作物、生长阶段、病虫害程度而定。无论每亩用药量多少，都可以将其与每亩下水量匹配、兑好药水。这个时候要注意，有些药比如粉剂，如果每亩下水量太小，每亩用药量又比较大，可能会导致药剂溶解不充分，进一步导致施药效果不佳。此时，应当进一步增大每亩下水量。

　　4）有效药箱容积。植保无人机厂家给出的实际药箱容积是最大药箱容积，但是在实际操作过程中，可能加满药箱就会导致无人机飞行能力不够或者电量不够等情况。因此，有效容积应该是在当前环境气温、当前无人机状况下，无人机实际的载药量对应的药箱容积。

学习任务 2　飞行参数与控制

知识目标

1）掌握飞行速度（作业速度）设置。

2）掌握飞行高度（作业高度）设置。

3）掌握航迹精度（定位精度）设置。

4）掌握作业行距设置。

素养目标

1）培养认真细致、严谨治学的态度。

2）培养职业道德观念、增强责任感。

3）加强沟通协调、团队协作的能力。

? 引导问题 2

根据不同的地块形状和大小，需要设定合理的飞行作业参数，从而保证作业效率和作业质量。具体的飞行参数包括哪些？应该如何设定？

知识点 1　飞行速度（作业速度）

飞行速度是决定作业效率的最重要的参数，但为了追求效率，一味提高作业速度的方式是不可取的。为了提高作业效率，需要找到能满足防治效果要求的最佳飞行速度。所需施药液量的大小、农作物叶片的浓密程度、作物生长期及特性等均会影响飞行速度的设定。如生长中期的水稻或小麦，作业时飞行速度可设为 4~5m/s；生长中后期的玉米或高粱，飞行速度则需要降为 3~4m/s；果树作业，飞行速度需要更低，一般只能设定为 2~3m/s，甚至更低。因此飞行速度的确定与无人机配备的喷雾系统的特性（喷头安装位置、雾滴粒径大小）、无人机本身的性能（机具质量、桨叶大小）、农作物的特性（病虫害的严重程度、作物疏密程度、抗风性能等）和自然环境（风、温湿度）有关，需要飞防人员根据具体情况具体分析。

知识点 2　飞行高度（作业高度）

飞行高度指的是植保无人机距离农作物冠层的高度。植保无人机农药喷施作业高度一般保持在 1.5~3.0m，实际作业中应根据飞行航线横向风力分速度、最大起飞质量、雾滴直径大小、喷雾液体的密度、农作物的生长期、农作物的固有特性等具体情况来设定。飞行高度对喷幅的影响较大。由于植保无人机的灵活性，飞行时可紧贴作物进行作业，飞行高度可保持在 0.5m。有研究人员对八旋翼 5L 的植保无人机进行了不同飞行高度喷幅的测定，该机具配备离心雾化喷头，最大起飞质量为 10.4kg。测试结果表明：飞行高度为 0.5m 时，雾滴密度为 40 个 /cm²，防治效果为 70.9%；飞行高度为 2m 时，雾滴密度为 15 个 /cm²，防治效果为 57.2%；飞行高度对雾滴分布均匀性、雾滴密度和防治效果均有很大的影响，但对有效喷幅的影响不明显。由于该植保无人机载药量较小，最大起飞质量也小，旋翼下洗风的风速也小，飞行高度越高，雾滴的运动受旋翼风场的影响越小。中国农业大学的研究人员采用红外热像仪对无人直升机的飞行技术参数进行了试验研究，该机具载药量为 8L，最大起飞质量为 18kg，试验结果表明：飞行速度 1.5m/s、飞行高度 2m 为该机具最佳作业状态。因此，对每一款机具的飞行参数都需要进行试验研究，根据不同配置、不同需求确定最佳飞行作业技术参数。雾滴飘移是施药技术关注的重要因素。飞行高度对雾滴飘移距离的影响较大。雾滴的飘移距离取决于风速、雾滴下降的平均速度及喷头距离农作物冠层的高度，其计算公式（不考虑旋翼下旋气流）如下：

$$S=HU/v_t$$

式中，S 为雾滴的飘移距离，单位为 m；H 为喷头距离农作物冠层的高度，单位为 m；U 为侧向风速（侧向风速是指风向与地面的垂直分量，即风从侧面吹来时的速度），单位为 m/s；v_t 为雾滴下降的平均速度，单位为 m/s。

根据雾滴飘移距离计算公式，飞行高度增加 1 倍，则雾滴的飘移距离也相应增加 1 倍，但这个关系在风速剖面变化不大的情况下才成立。假定当高度增加 1 倍时，风速也增加 1 倍，则雾滴的飘移距离增加 4 倍（实际上雾滴的末速度也会因风速增大而增大，因此 S 值更大）。假如保持 H 与 U 的乘积不变，即以反比例关系调整 H 和 U（如风速大，则降低高度），就可以依据雾滴的末速度来确定喷头与靶标物之间的距离。

实际上，风速是不可能均匀的，除了涡流外，越接近地面，风速越小。如图 5-3 所示，雾滴直径大于 200μm 时，雾滴飘移距离最小；直径为 70~90μm 的雾滴则会发生田内飘移并沉积在作物上。因此，飞行高度必须保持在一定范围内，才能减小农药喷施时的飘移，降低农药喷施的负面影响。

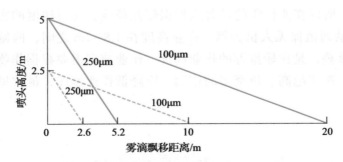

图 5-3　不同雾滴直径下喷头高度与雾滴飘移距离的关系（风速 1m/s）

知识点 3　航迹精度（定位精度）

发达国家的农用航空飞机都配备精密的 GPS 导航设备与系统，便于飞防人员根据 GPS 仪器导出的地图，预先制定施药作业航线图，避免重喷或漏喷。目前，中国有些科研院所及生产企业正在开展农用航空飞机配套 GPS 仪器进行喷药辅助导航技术的探索研究，RTK 载波相位差分技术在植保无人机上的应用大幅提高了植保无人机的航迹精度和定位精度，解决了重喷、漏喷问题。RTK 技术可在每架无人机上单独使用，但成本较高，也可利用田间地头的物联网基础设施，为植保无人机提供厘米级高精度定位服务，降低成本。由于用户对航迹精度的要求越来越高，RTK 的推广、使用成为必然趋势，这也就要求飞控生产企业研究出性价比更高的飞控产品来满足植保无人机行业的需求。航迹精度指的是植保无人机实际飞行的轨迹与预设飞行路线的偏差及实际作业速度与预设作业速度的偏差。大量的试验研究表明，植保无人机作业时水平偏航距离不得大于 0.5m，垂直偏航距离不得大于 0.5m，速度偏差不得大于 0.5m/s，否则会造成重喷、漏喷，影响作业效果。测试时，要求被测设备沿基准航线飞行，在飞行测试场地上自主规划飞行航线，航线与周边障碍物距离应满足飞行安全要求，环境风速不大于 3m/s，在植保无人机上安装测量设备，实时记录植保无人机飞行时的位置，采样间隔时间不大于 0.1s。植保无人机航迹精度测试时，无人机从任意点起飞，进入预设航线，起点为测试前已确定的点，航线长度不小于 120m，航线高度不大于 5m，飞行速度为 3~5m/s，喷幅为预设（一般设置为整数），至少连续飞行 3 次往返，用测量设备记录飞行时植保无人机的飞行轨迹。用记录的飞行轨迹与预设航线进行比对，计算航迹偏差和标准差。

知识点 4　作业行距

行距应与有效喷幅等同，才不会出现重喷与漏喷问题。行距大于喷幅会出现漏喷，反之则会出现重喷。植保无人机喷幅与飞行高度、飞行速度密切相关，当高度在 1.5~2.5m 之间时，高度越高，喷幅越宽；当飞行速度在 3~5m/s 之间时，飞行速度越快，喷幅越宽。所以作业行距的设置应根据作业高度、飞行速度的实际情况进行调整。以大疆 MG 系列植保无人机为例，作业高度在 1.8~2m 之间，两侧喷嘴的喷洒雾场能够得到有效重叠，是比较推荐的作业高度。作业速度需要根据作物、病虫害的综合情况进行选择，对于越高、越密集的作物，应降低作业速度，最常见的作业速度为 3~6m/s。

拓展课堂 2

植保无人机作业参数及其影响因素

植保无人机是将药液最终喷洒到作物的植保器械，为保障植保作业效果，应使雾滴喷洒均匀、分布面积更广、具有一定沉积量。为确保精准作业，作业前应根据飞行植保数据库进行参数设置。飞行植保参数示例及飞行速度对植保效果的影响分别见表 5-2 和表 5-3。

表 5-2　飞行植保参数示例

作业量	亩用量 /（L/ 亩）	高度 /m	速度 /（m/s）	喷幅 /m	备注
小麦病虫统防统治	0.8～1	1.8～2.2	4.5～6	4.5～5	拔节分蘖期可降低亩用量，孕穗期以后应增加亩用量

注：示例数据，不作为作业依据。

表 5-3　飞行速度对植保效果的影响

飞行速度	喷幅范围	中下层雾滴覆盖	穿透性	飘移风险
由 3m/s 增加到 7m/s	增大	减少	降低	增加

学习任务 3　影响植保效果的因素及评价指标

知识目标

1）掌握气象参数对植保效果的影响。

2）掌握地空因素对植保效果的影响。

3）掌握质量评价方法与指标。

素养目标

1）培养认真细致、严谨治学的态度。

2）培养职业道德观念、增强责任感。

3）加强沟通协调、团队协作的能力。

? 引导问题 3

植保无人机作业过程中，需要综合考虑影响作业效果的因素，同时需要有合理的植保作业效果评判指标。具体的影响植保效果的因素及评价指标有哪些？

知识点 1　气象影响参数

雾滴从喷嘴喷出到达靶标物上的比例，很大程度受当地气象条件的影响，其中主要是气温、湿度、风速及风向带来的影响。

1. 气温

气象学上把表示空气冷热程度的物理量称为空气温度，简称气温（air temperature）。气温是受气压影响的，与地面距离越大，气压就越低。如果空气上升，又无热量交换，那么空气就会膨胀而变冷。在干燥的空气中，高度差为 100m 时温差大约为 1℃，这就叫作绝热温度的垂直梯度，如图 5-4 所示。如果温度下降较快，就存在一个超绝热温度的垂直梯度，在这种条件下，大量空气沉积于地面附近，由于太阳辐射变暖而开始上升，并由于比它周围的空气热和轻而继续上升。空气的这种对流，造成了大气的不稳定，形成涡流，再加上风速、风向的突变，往往会形成雷雨。在季风条件下，涡流一般发生在夜间。

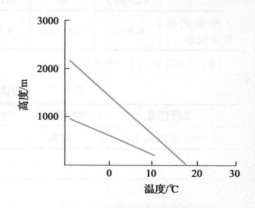

图 5-4　绝热温度的垂直梯度

当温度降至绝热温度（绝热温度指的是在没有外部热量交换的情况下，空气上升到一定程度时，由于膨胀和冷却所达到的温度）以下时，上升的空气被抑制，会使大气呈稳定状态。当地表附近的辐射热散失，并比它上方的空气变冷速度更快时，空气温度就会出现逆增温。当白天天气晴朗有太阳照射时，晚上就会发生典型的逆增温，并可保持到黎明以后，直到太阳再次将地面照热。在逆增温情况下，当风速较慢，空气流动接近平稳或呈层流状态时，早晨会出现雾。地表附近空气的不均衡，引起空气摩擦混合和涡流，会迅速造成空气的波动，即忽而发生狂风，忽而恢复平静，风向也会发生变化，空气的这种混合会破坏热增温，或使其保持在温度高处。因此，由热梯度引起的对流使大量空气运动，从而影响了大气稳定。

判别当时的气象条件是否属于逆增温，可通过测量稳定性比值 SR 来确定，有

$$SR = \frac{T_2 - T_1}{V^2} \times 10^5$$

式中，SR 为稳定性比值；T_1、T_2 为在 10m 和 2.5m 高处的温度，单位为℃；V^2 为 5m 高处的风速，单位为 cm/s。

　　稳定性比值 SR 为正时表示符合逆增温条件，这种条件适用于气雾喷雾，并可在夜间施药。当冷热空气强烈混合时，稳定性比值为负，这时不能实施微量喷雾，会影响喷雾质量。当稳定性比值接近零时，气候条件变得不敏感，温度垂直梯度正常，空气混合比较柔和。其他影响，如一时的狂风等可不予考虑。表 5-4 列出了田间小气候气象数据，即八九月份某一天从上午 8：00 至下午 7：00 之间测得的数据。由表 5-4、图 5-5 和图 5-6 可以看出，中午 11：00 至下午 3：00 田间小气候温度高，作物上下层温度差为负值，紊流的稳定程度为负值，说明紊流十分不稳定，不适合施药。

表 5-4　田间小气候气象数据

序号	1	2	3	4	5	6	7	8	9	10	11	12
测定时间点	8：00	9：00	10：00	11：00	12：00	13：00	14：00	15：00	16：00	17：00	18：00	19：00
T_1/℃	27.9	28.8	30.3	31.7	32.5	32.8	32.8	31.4	30.8	29	27.5	26.8
T_2/℃	28.9	29.8	30.4	31.4	31.8	32.6	32.2	31.3	30.9	30.4	28.6	27.2
ΔT/℃	1.6	1	0.1	−0.3	−0.7	−0.2	−0.6	−0.1	0.1	0.6	1.1	0.4
平均风速 v/（cm·s⁻¹）	190	200	124	214	190	160	180	198	205	250	168	140
SR	4.23	2.5	0.65	−0.68	−1.94	−0.78	−1.85	−0.26	0.24	0.96	3.12	2.05

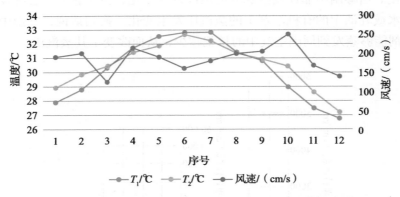

图 5-5　上午 8：00 至下午 7：00 水稻田微气候区气象信息图

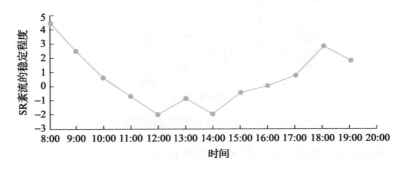

图 5-6　上午 8：00 至下午 7：00 水稻田微气候区紊流度图

植保无人机作业一般采用的是低容量喷雾法，雾滴粒径较小，气温的增加会导致药液的挥发、蒸发速度加快，不仅降低作业防治效果，还会造成农药随气流分散，污染空气。植保无人机作业时间，应根据气温的变化进行调整。在光照强烈、高温天气下，应在上午 10：00 前结束作业，下午 3：00 后开始作业，中午时间段应停止作业。

首先，在高温下喷施农药，蒸发量大，尤其是一些细小的雾滴，由于蒸发而成为超细雾滴而很难到达植物表面，药液大量蒸发散失于空中，从而降低了药效。其次，有些农药在高温下容易分解。另外，有些昼伏夜出的害虫，如甜菜夜蛾和斜纹夜蛾等夜蛾科害虫，白天高温时潜伏在土层中，傍晚后才出来为害，对于这样的害虫在傍晚后施药或在阴天施药的效果会更好一些。

对于电动植保无人机，还需要关注低温时电池的使用要求。锂聚合物电池最佳工作温度是 20～30℃，电池对温度很敏感，温度越低，电池容量损失越快，低温会导致电池停止工作或损坏。

2. 湿度、降雨、雾和露水

湿度、降雨、雾和露水主要影响药液的蒸发。当药液从喷嘴呈小雾滴状态喷出时，它与空气接触的表面积会大大增加，特别是当雾滴直径小于 50μm 时，更是如此。图 5-7 表示单位体积的液体分裂成雾滴时，雾滴直径与表面积之间的关系。当雾滴包含挥发性物质时，这些物质会逐渐从雾滴表面挥发。而当雾滴处于湿度饱和的空气中时，挥发速度会大幅减慢。当雾滴中非挥发性成分的浓度发生变化，由于它们不会挥发减少，这导致溶剂（如水或乳油中的有机溶剂）的蒸汽压发生变化。换句话说，雾滴中非挥发性成分越多，溶剂能够蒸发到周围空气中的量就越少，从而改变了其蒸汽压。

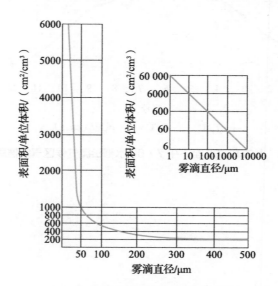

图 5-7 雾滴直径与表面积之间的关系

阿姆斯登（Amsden）利用下式计算水滴的存在时间（s）：

$$t=d^2/\Delta T$$

式中，d 为雾滴直径，单位为 μm；ΔT 为干湿温度计的温度差，单位为℃。

如果一个非挥发性物质或一个粒子的气雾雾滴在 20℃ 和 80% 的相对湿度条件下，即使是水基喷施液的小雾滴也会很快减小，表 5-5 为不同温度、湿度条件下，雾滴在静止的空气中下降存在时间。

表 5-5　不同温度、湿度条件下，雾滴在静止的空气中下降存在时间

雾滴直径 /μm	温度 20℃，ΔT=2.2℃，相对湿度 80%		温度 20℃，ΔT=7.7℃，相对湿度 50%	
	雾滴存在的时间 /s	下降距离 /m	雾滴存在的时间 /s	下降距离 /m
60	12.5~20.4	0.127~1.1	3.5~5.8	0.032~0.315
100	50.0~56.8	6.7~8.5	14.0~16.2	1.8~2.43
200	200.0~227.3	81.7~136	56.0~64.9	21.0~38.9

温湿度对航空喷施影响很大，特别是对于低容量喷雾，相对湿度和温度是主要影响因素。在空气相对湿度 60% 以下，大气温度超过 35℃（以气象台百叶箱或室外背阴处温度为准），由于蒸发流失，不能全部到达防治目标，尤其是以水为载体的药液更容易蒸发流失，在此条件下必须采用大雾滴喷施或停止施药。

降雨是大田喷施农药的重要制约因素。在植物上喷施农药后，一旦下雨，雨量小时可使药液浓度降低，从而降低药效；雨量大时则会将农药从植物上冲刷下来，使农药完全不起作用，或只有很小的作用。因此作业前要熟读各种苗后除草剂说明书，了解各种除草剂施药与降雨间隔时间，并要了解天气预报，以便确定是否作业。

露水或浓雾天气时，亲水性植物的叶片在喷施农药前已被露水湿润，此时喷施农药往往会降低药液浓度而影响药效。此外，在浓雾条件下，能见度差，作业困难，不宜喷施农药。

3. 自然风速

研究发现，一定的自然风速更有利于提高雾滴的沉积效率，因此建议在轻风条件下喷雾作业，1~4m/s 的风速有利于雾滴在靶标物上的沉积。田间喷雾作业时的风速条件，当风速大于 4m/s 时，在地面上的灰尘和纸张都能被风吹起的情况下，绝对不允许喷雾；当风速大于 2m/s 时，在树叶和小树枝被风吹得不停摇动的情况下，应避免喷施除草剂。用地面机械在风速不适合时喷施除草剂，非常容易引起邻近的作物药害，导致邻里纠纷。全国每年因除草剂造成的纠纷案例很多，植保无人机喷施除草剂更要三思。

4. 风向

风向不仅影响植保无人机飞行姿态，也影响施药航线的设计，是施药技术参数设计的重要影响因素。逆风飞行将降低植保无人机的飞行速度，而顺风飞行恰恰相反，而较大的侧风会造成植保无人机的降落困难或者引起侧翻，降落时应注意风的方向。另外，当风速较大时，应尽量避免飞到下风向较远距离降落，这是因为如果风速过快，植保无人机返回起飞点的过程将全程逆风，有可能导致植保无人机返回困难或者电量耗尽仍未

回到起飞点。

施药时，飞行方向应与风向应垂直或不小于45°夹角，操作者应在上风向，避免操作人员吸入有毒药雾，如图5-8所示。

5. 乱流

气流在中高空相对比较稳定，在低空领域，由于建筑、树木、地形起伏的存在，气流在流经这些区域时，方向会迅速发生变化，这时的气流称为乱流。气流方向不定，会对植保无人机的状态造成一定的影响，如图5-9所示，所以应特别注意。乱流的影响因素，主要是风的速度、障碍物的形状及大小，速度过快且混乱的乱流有可能对多旋翼植保无人机的飞行造成难以预料的后果。

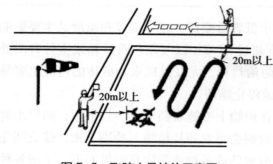

图5-8　飞防人员站位示意图

图5-9　气流经树木地形时风向发生乱流

6. 风切变

植保无人机的飞行高度低于50m，这个高度恰恰是"风切变"的多发区，这会导致植保无人机严重偏航及稳定性降低。

（1）低空风切变介绍　风切变如图5-10所示，是指风速矢量或其分量沿垂直方向或某一水平方向的变化。风切变是向量值，它反映了所研究的两点之间风速和风向的变化。在航空气象学中，低空风切变通常是指近地600m高度以下的风切变。

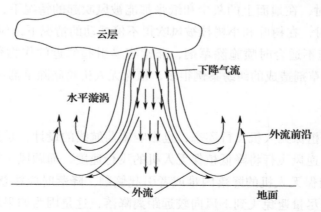

图5-10　低空风切变示意图

低空风切变的形成需要一定的天气背景和环境条件。雷暴、积雨云、龙卷风等天气有较强的对流，能形成强烈的垂直风切变；强下降气流到达地面后向四周扩散的阵风，能形成强烈的水平风切变；锋面两侧气象要素差异大，容易产生较强的风切变。

（2）对植保无人机飞行的影响　低空风切变对植保无人机的飞行有很大的影响，严重时甚至可能引发事故，这种影响的程度取决于风切变的强度和植保无人机的高度。低空风切变对植保无人机造成的主要影响有改变植保无人机航迹、影响其稳定性和操作性等。

1）顺风切变对植保无人机的影响。飞机飞行过程中进入顺风切变区时（例如从强逆风突然转为弱逆风，或从逆风突然转为无风或顺风），顺风切变使植保无人机顺着风向进行飘移，在有 GPS 定位设备的情况下，多旋翼将部分动力用于抵抗风速，这时应根据飞行方向对油门适度调整。

2）逆风切变时对飞行的影响。植保无人机进入逆风切变区时（例如从强的顺风，突然转为弱顺风，或从顺风突然转为无风或逆风），应注意植保无人机飞行距离，飞行距离切勿过远。

3）侧风切变对着陆的影响。侧风切变会使植保无人机产生侧向飘移，使飞行轨迹发生变化。

4）垂直风切变对着陆的影响。当植保无人机在着陆过程中遇到升降气流时，应注意控制油门大小，保持匀速下降，注意上升下降气流对植保无人机降落速度的影响。

知识点2　地空因素

随着海拔高度的增加，空气密度持续下降，植保无人机飞行效率下降，因此，在高海拔地区进行作业时植保无人机续航时间将下降，使用时须密切关注植保无人机在某海拔地区的实际续航时间，并合理安排。

1. 近地面因素

（1）树木与建筑　在实际的植保无人机作业过程中，碰撞树木和建筑是导致机器损坏的一个重要因素。由于人的视野受限，在没有助手的情况下，植保无人机有可能与建筑或树木发生碰撞。常见的处理方法有：尽量站在树木一侧进行起飞；不能在树木一侧起飞的情况下，在飞行终点安排人员进行观察，使植保无人机始终与障碍物保持安全距离，剩余未作业的区域最后再进行横向扫边。靠近建筑物喷施农药时，需要注意的是，如果该建筑物使用大量钢筋，会影响植保无人机指南针的工作状态，造成干扰，定位效果将变差。

（2）电线、斜拉索及电线杆　密集的电线、斜拉索及电线杆是影响植保无人机作业安全的另一重要因素。在作业前一定要对作业环境中存在的电线、斜拉索及电线杆仔细观察，了解其所在位置，作业时及时避让。而对于高压线，一定要保持安全距离，避免由于电磁干扰造成坠机或引起电击事故。

（3）地形起伏　地形的起伏会影响植保无人机的实际高度，所以在飞行前，应观察地形的变化。从作业的难易度以及作业效果角度来看，平坦的地形是最佳的选择，而在实际的农田作业过程中，会遇到各种各样的地形，包括起伏、坑洞、凸起，这些因素会引起植保无人机高度变化，造成碰撞引起坠机，在施药过程中需要注意。

（4）邻近地块　在作业前需了解邻近地块的种植、养殖情况，如喷施药物有可能对临近地块的鱼塘、养殖场、种植作物产生危害时，则一定不要盲目作业或者在风向改变后进行作业。

2. 信号因素

在进行飞行控制时，植保无人机需要外部的地球磁场信号以及全球定位系统来进行导航。另外，植保无人机的遥控控制、图传信号的回传，也都需要通过链路系统来进行传输。下面主要对各种影响飞行安全的信号因素进行逐项分析，明确各种因素对飞行安全的影响，做到安全飞行。

（1）影响磁罗盘信号的因素　多旋翼植保无人机与周围的电磁环境是交互作用的，随着电子设备密集应用，无线通信应用领域不断扩大，地球的电磁环境越来越复杂，多旋翼植保无人机受到的干扰逐渐越来越多。多旋翼植保无人机的磁罗盘（又称指南针）是个磁敏电阻，由特殊半导体制成，其作用是对陀螺仪进行修正。飞控惯性测量装置（IMU）内有三轴陀螺仪，通过陀螺仪的计算可以得到角度，但陀螺仪有一个特性，即随着通电时间的增加，漂移也会增加，于是磁罗盘便通过其对磁场变化和惯性力敏感的特性，对陀螺仪的偏差进行修正。由于磁罗盘所检测的是地球磁场信号，而地球磁场信号强度较微弱，所以磁罗盘是多旋翼植保无人机最容易受到干扰的传感器。如果磁罗盘受到干扰，就会给飞控提供错误的数据，当这个数据与飞控计算出的方向角偏离超过一定比例时，就会造成导航算法补偿过量，造成无人机突然失控。干扰磁罗盘信号最大的因素就是飞行环境地面或建筑含有铁磁性物质，其本身带有磁场信号，并且其强度远大于地球磁场信号，最终导致植保无人机的磁罗盘受到干扰而数据错误。下面，就可能出现的因素进行一一分析。

1）避免在磁性较强的区域进行飞行。尽量避免在如大块金属之上、起飞点有大量铁质栅栏、磁铁矿脉之上、停车场中、桥洞之中、带有地下钢筋的建筑区域飞行，这些区域本身含有大量铁磁性物质，如植保无人机与其距离过近，其自身附带的磁场信号将对植保无人机的磁罗盘产生干扰。

2）校准磁罗盘。多旋翼植保无人机闲置时间过长时，其内部磁罗盘信号有可能产生漂移，所以当在较长时间闲置以后重新飞行时，应重新校准磁罗盘。而各个地区的地球磁场信号并不完全相同，所以当位置变化较大时也应重新校准磁罗盘。例如植保无人机当前进行的飞行作业是在深圳，但是之后要到兰州进行飞行作业，那么在兰州的飞行之前应重新校准磁罗盘。

3）磁罗盘校准的注意事项。

①如图 5-11 所示，手机、钥匙等物体属于铁磁性物质，所以校准磁罗盘时不应携带这类物品。

②校准磁罗盘的地点选择。由于受建筑的影响，室内与室外实际的地磁信号稍有区别，所以如果已在室内对植保无人机磁罗盘进行了校准，在室外进行飞行时还应重新进行校准。

图 5-11　磁罗盘校准时应避免携带手机及钥匙

（2）影响 GPS 信号的因素　GPS 信号是植保无人机进行定位悬停、航线飞行的基础。当多旋翼无人机飞行时，如果 GPS 信号不佳将无法实现很多自动功能乃至不能实现定位悬停。GPS 信号原理是 GPS 接收器接收多颗卫星发射的 GPS 信号并进行计算，在一定范围内，接收到的卫星数量越多，其导航的精度也越高。如果飞行区域建筑众多或者地形凹陷，会影响 GPS 信号的接收，导致能够接收的卫星数量过少。

在高层建筑群中，植保无人机的 GPS 信号大部分被遮挡，其只能接收到植保无人机正上方的少量卫星信号，如图 5-12 所示。而当植保无人机处在峡谷或者类似地形时，卫星信号也同样有部分被遮挡，如图 5-13 所示。只有当植保无人机处在没有高大建筑或平地时其信号才达到最佳，如图 5-14 所示。

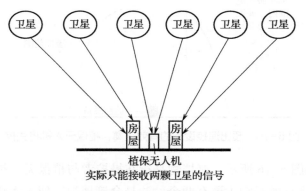

图 5-12　卫星信号被建筑遮挡

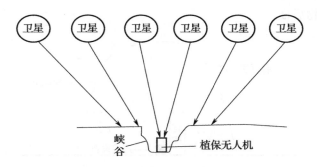

图 5-13　卫星信号被地形所遮挡

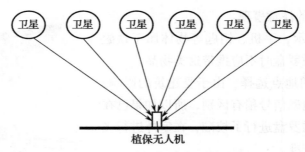

图 5-14　在平坦地面卫星信号接收效果较好

（3）影响遥控控制信号的因素　地面人员对植保无人机的控制来源于控制信号通信链路，一旦通信链路中断或者超出遥控距离，植保无人机将进入失控状态。此处对遥控控制信号进行分析，确定影响控制信号通信链路的因素。

1）遥控距离。如图 5-15 所示，任何遥控控制设备都有其有效控制距离，如果植保无人机已经超出遥控设备的有效距离，就接收不到来自于遥控设备的控制信号，这种情况被称为失控。植保无人机一旦失控，根据之前设定，或者原地悬停，或者返回起飞点，或者原地降落。因此在实际飞行当中，应明确所操控的植保无人机的有效控制距离，并将飞行距离控制在遥控范围内。

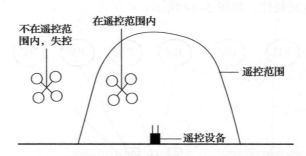

图 5-15　超出遥控设备的有效距离，植保无人机将失控

2）遮挡物。如图 5-16 所示，遮挡物是指在操控者与植保无人机之间存在着的明显遮挡物，遮挡物对飞行的影响主要有两个：一是会遮挡视线使人无法看清植保无人机的状态及姿态，二是会影响无线控制信号的传输。因此在使用中，应避免植保无人机飞到高楼、树木等障碍物后面。

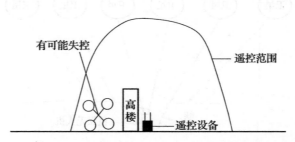

图 5-16　遥控器与植保无人机之间存在遮挡物

（4）同频信号的干扰 植保无人机的图像传输以及遥控控制，主要是通过无线信道进行的。若其正在使用的频段受到其他信号，例如 WiFi、发射塔、电台等信号干扰，其传输效果将变差甚至中断，从而影响操控者的判断，严重影响飞行安全。

对于电磁环境，一定要避免在高压线、通信基站或发射塔等区域飞行，如图 5-17 所示，以免遥控器信号受到干扰。另外，要注意遥控器天线的摆放，操控者要注意盲区的存在。

图 5-17 尽量避免在变电站与信号发射塔等强电磁信号区域飞行

知识点 3 质量评价方法与指标

植保无人机和其他施药机械一样，其施药技术质量也是由施药效果来决定的，主要关注农药沉积率、防治效果及其他作业经济指标（生产率、油耗）等指标。

1. 农药沉积率

农药使用的最佳效益是"将正好足够的农药剂量放到靶标上获得既安全又经济的生物结果"。但目前一次使用的农药剂量足以多次杀死田间所有害虫，农药标签中以公顷作为单位面积来确定药剂的用量，但是在田间条件下药剂的分布极不均匀。有研究人员采用滤纸条法发现，在葡萄园采用隧道式喷雾机喷雾，农药雾滴集中在葡萄叶片上沉积，采用鼓风式喷雾机喷雾，农药雾滴倾向于在葡萄藤蔓上沉积；另有研究人员采用分光光度计测量农药沉积量，发现喷头前倾和后倾 30°，都能同时增加马铃薯上层和下层叶片上的农药沉积量；无人直升机飞行高度与速度对雾滴沉积均匀性影响极其显著。

（1）农药沉积原理 农药药液从喷雾机具喷施出去后就开始了药剂的"剂量传递"过程，如图 5-18 所示。在从药液箱向作物表面沉积的过程中，喷雾机具性能、操作条件、气象条件、株冠层结构、叶片表面特性等都对其传递和沉积有影响，在这个过程中存在药液滴漏、雾滴飘移、雾滴弹跳、雾滴聚并、滚落流失等现象。

1）喷雾过程中农药雾滴在生物靶标上的沉积规律。农药剂量传递的目标是在植物叶片上形成理想的药剂沉积分布，而药液在植物叶片的最终沉积分布是由药液的物化特性、雾滴谱、雾滴运行速度、叶片表面结构和作物株冠层结构等多方面因素决定的。田间喷洒农药后，药剂主要有三个去向，即农作物、土壤、大气（含雾滴飘失损失）。防治作物病虫害，总希望有更多的药剂沉积在生物靶标上，而沉积流失到土壤及大气中的药剂越少越好。

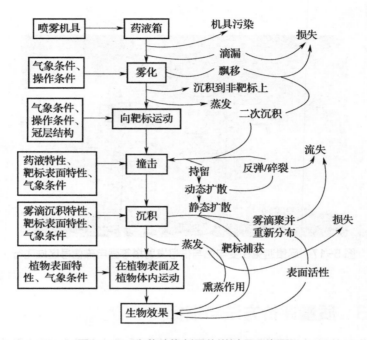

图 5-18 农药喷施剂量传递过程示意图

2）润湿过程。润湿是指在固体表面上一种液体取代另一种与之不相溶的流体的过程，润湿过程可以分为三类：沾湿、浸湿和铺展。农药雾滴在作物叶片上的沉积变液 / 气界面和固 / 气界面为固 / 液界面的过程，属于沾湿过程，液体表面张力 γ_{LG} 越大，沾湿过程越容易进行。为研究雾滴在叶片表面的润湿情况，引入了接触角的概念。接触角是在固、液、气三相交界处，自固 / 液界面经液体内部到气 / 液界面的夹角，以 θ 表示，如图 5-19 所示。平衡接触角与三个界面之间的关系表示为

$$\gamma_{SG} - \gamma_{SL} = \gamma_{LG} \cos \theta$$

式中，γ_{SG} 为固体与气体之间的表面张力；γ_{SL} 为固体与液体之间的表面张力；γ_{LG} 为液体与气体之间的表面张力；θ 为接触角。上述公式称为润湿的基本公式，又称润湿方程。以润湿方程计算药液的黏附张力和黏附功如下：

黏附张力为

$$\beta = \gamma_{LG} \cos \theta$$

黏附功为

$$W_a = \gamma_{LG} (\cos \theta + 1)$$

可以推断，测定了药液的表面张力和接触角即可解决判断各种润湿的数据标准，可以判断农药雾滴在叶片上的沉积持留。

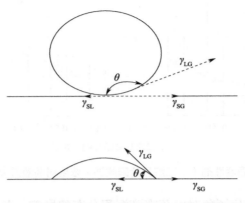

图 5-19　雾滴在作物叶片上接触角示意图

3）植物叶片表面特征对药剂沉积分布的影响。药剂在植物叶片上的沉积持留量决定着其生物效果，药剂在植物叶片上的持留量是由多种因素决定的。首先，药液能润湿植物叶片是药液持留的基本条件，有研究人员早在 1952 年就指出"药液在植物叶片上的润湿性是由叶片表面的物理、化学特征与药液的物理特性决定的"。在农药喷雾中，用肉眼就能发现有些植物叶片容易被药液润湿（例如棉花、甜菜），有些则很难被润湿（例如水稻、大麦），因而，研究不同植物叶片表面的差异是提高农药雾滴沉积持留的基础。植物叶片润湿性的差异主要是由叶片表面的蜡质层造成的，蜡质层为各种脂肪族化合物，其同系物的链长通常为 C20~C35，这些蜡质显示疏水性。通常将这种有蜡质层覆盖的植物叶片称为反射叶片，说明喷雾过程中雾滴在这种叶片上容易发生弹跳、滚落；将其他植物叶片称为非反射叶片。判断植物叶片润湿性差异的方法有接触角法和浸渍法，也可以用黏附张力（β）表示叶片润湿性的差异。不同植物叶片由于表面特征和形态结构的差异，对雾滴细度和润湿性能有不同的要求。因此，在不同的作物上喷施农药，应该采取不同理化特性的农药剂型与不同喷雾方法。

4）药液表面特性对其在生物靶标上沉积分布的影响。农药雾滴与叶片表面撞击时，会发生弹跳现象，特别是难润湿植物叶片，高速显微摄影显示，即使小雾滴在以 0.57m/s 的低速度撞击豌豆叶片时也会发生 2~6 次弹跳。添加表面活性剂，会减少液滴弹跳次数，增加沉积量。

并不是在药液中添加了表面活性剂、降低了表面张力就一定能增加药液在植物叶片上的沉积量。图 5-20 所示为表面活性剂浓度对药液最大持留量的影响，可见表面活性剂有时也会减少药剂在植物叶片上的沉积量；药液表面张力降低，增加了在难润湿叶片水稻和大麦上的沉积量，却减少了黄瓜、油菜上的沉积量；表面张力的改变有时对药剂的沉积没有影响。这些都是由叶片表面特征和表面活性剂特性的相互关系决定的。

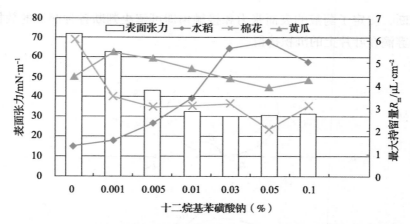

图 5-20 表面活性剂（十二烷基苯磺酸钠）浓度对药液最大持留量的影响

5）株冠层结构和叶片倾角对农药雾滴沉积分布的影响。茂密封闭的作物冠层结构，叶面积系数大，农药雾滴与叶片表面接触机会多，农药有效利用率高，但稀疏开放的冠层结构，叶面积系数小，容易发生药液流失。田间喷雾时，喷洒的农药剂量、施药液量应根据三维的株冠层结构来确定，特别是对果树喷雾时，应根据单位面积土地上作物株冠层体积大小确定施药液量。

高速摄影说明，叶片倾角对单个雾滴的沉积持留没有影响；低容量喷雾时，叶片倾角对雾滴沉积量没有影响。但由于雾滴间的扩散聚并及雾滴在已润湿叶片表面的弹跳现象，当大容量喷雾时，叶片倾角与沉积量负相关，即叶片倾角越大，沉积量越小，叶片倾角越小，叶片越平展，农药沉积量越大。由于一天内植物的根压和叶片膨压一般在日出前后到达高峰，下午到达低谷，故植物叶片在相应时间内分别是呈坚挺和平展状态，叶角分别达到最小和最大。因而采取常规大容量喷雾法的喷药作业最好在下午进行，有利于雾滴沉积；采取低容量喷雾法的喷药作业最好在清晨进行，便于雾滴对株冠层的穿透。

6）生物最佳粒径（BODS）理论。最易被生物体捕获并能取得最佳防治效果的农药雾滴直径或尺度称为生物最佳粒径。不同农药雾化方法可以形成不同细度的雾滴，但对于某种特定的生物体或生物体上某一特定部位，只有一定细度的雾滴才能被捕获并产生有效的致毒作用，生物靶体的最佳粒径范围一般均为 $10 \sim 30 \mu m$。这种现象于 20 世纪 50 年代被发现，经过多年的研究后，于 20 世纪 70 年代中期由研究人员总结为生物最佳粒径理论，这为农药的科学使用提供了重要的理论依据。与生物最佳粒径相对应，发展了控滴喷雾法和相应的喷雾器械。

考虑到农药雾滴蒸发萎缩和控制细小雾滴飘移的问题，有研究人员对不同生物最佳的雾滴粒径做了补充，得到表 5-4。对于杀虫剂喷雾防治害虫，可采用 $10 \sim 50 \mu m$ 的雾滴防治飞行状态的成虫，害虫在飞行时有利于捕获细小雾滴；对于杀菌剂喷雾，多以植物叶片为喷施对象，农药雾滴在 $30 \sim 150 \mu m$ 为佳；除草剂的喷施，因要克服飘移的风险，雾滴最佳粒径为 $100 \sim 300 \mu m$。

表 5-6　不同生物最佳的雾滴粒径

防治对象	农药种类	最佳雾滴粒径 / μm
飞行的成虫	杀虫剂	10~50
爬行的幼虫	杀虫剂	30~150
植物表面的病原菌	杀菌剂	30~150
杂草植株	除草剂	100~300

在我国，进行农药田间喷施时，没有把农药雾滴粒径作为一个标准，很多时候无论是喷施杀虫剂，还是喷施杀菌剂，抑或是除草剂，都采用粗雾滴喷施的方式，不能很好地发挥杀虫剂和杀菌剂的生物活性。因此希望在植保无人机飞防作业时，能建立最佳雾滴粒径的理论，最大程度发挥农药生物活性。

7）雾滴大小、雾滴速度、风速对农药沉积分布的影响。雾滴大小、雾滴速度、风速对药剂在双子叶和单子叶植物叶片上沉积量有不同的影响。增大雾滴粒径就会减少农药的沉积量，减少雾滴粒径能显著提高在小麦上的沉积量，粒径小于 100μm 的细雾滴在小麦上能获得最佳沉积分布；细小雾滴容易被植物叶片捕获，但太小的雾滴又容易发生飘失；大雾滴受气流影响较小，但由于大雾滴动量大，撞击叶片时容易脱落流失。当雾滴以较高速度撞击作物叶片时，由于动量大，雾滴在较窄的大麦叶片上沉积量减少，但在宽叶植物萝卜或芥菜上沉积量没有变化。利用雾滴大小、雾滴速度对药液沉积量的影响，有研究人员提出了"叶片选择性沉积持留技术"的设想，希望在喷施除草剂时，通过调整喷雾压力和喷雾高度，调整雾滴撞击靶标叶片的速度，减少药剂在单子叶作物叶片上的沉积，增加药剂在双子叶靶标杂草上的沉积量，提高药剂的利用效率。作物株冠层内的风速也是影响雾滴沉积分布的重要因素，进一步的试验说明风速大会增加雾滴在直立靶标上的沉积量，一定的风速会增加雾滴在叶片上的沉积量，但过高的风速会造成雾滴飘移，降低沉积量。

（2）喷雾过程中农药流失规律　作物叶面所能承载的药液量有一个饱和点，超过这一点，就会发生药液自动流失现象，这一点被称为流失点。发生流失后，药液在植物叶面达到最大稳定持留量。在常规大容量喷雾法中如果能很好地研究并将喷雾量控制在流失点以下，就可能大大降低农药的流失量。植物叶片上药液流失与喷雾方法、雾滴大小、药液特性等因素有关。用浸渍法测定液体在作物叶片上流失点时的药剂沉积量并以此值表示液体对叶片的润湿能力，发现大豆、豇豆等叶片上的流失点在 $0.6~1.1\mu L/cm^2$ 范围内；有研究人员在室内采用浸沾法、粗喷雾法（200μm）和细喷雾法（100μm）3 种方法测定相同柑橘叶片上的流失点，结果分别是 $0.98\mu L/cm^2$、$2.02\mu L/cm^2$、$2.68\mu L/cm^2$，说明采用粗喷雾法比采用细喷雾法更容易发生流失，根据流失点和叶面积系数估算出柑橘最大施药液量应为 $2300L/hm^2$。在 $600L/hm^2$ 施药液量条件下，若添加助剂 Triton X-100 降低药液表面张力，将导致药液流失量的增加，同时降低了药液在蚕豆和芥菜叶片上的沉积量；降低水溶液的表面张力，可以提高药液在水稻叶片上的最大稳定持留量，但会降低药液在棉花、黄瓜叶片上的最大稳定持留量。在对果树、葡萄等作物喷雾时，药液流失点是以单位株冠层体积（UCR）为单位测定的，例如，鳄梨树的流失点为7.5L/UCR。由于发达国家很少采用大容量喷雾法，药液流失现象较轻，而国内在这方面的研究工作又很少，因而对流失点和最大稳定持留量的认识还不够，常常把这两个概念混淆。

采用大容量喷雾法施药，由于农药雾滴重复沉积、聚并，容易发生药液流失；当药液从作物叶片发生流失后，由于惯性作用，叶片上药液持留量将迅速降低，稳定后形成最大稳定持留量，其数值远小于流失点。

图 5-21 表明了药液在作物叶片上的流失点与最大持留量的关系，说明最大稳定持留量与药液表面张力、药液在叶片上的接触角有关。在农药田间喷雾时，调整药液表面张力和接触角，增加药液在靶标上的黏附力，会在一定程度上降低药液流失现象。仔细研究这个规律，将提高农药有效利用率，降低农药流失到环境中的总量。

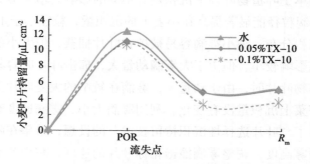

图 5-21　药液在作物叶片上的流失点与最大持有量的关系

2. 农药沉积率测试

此处重点介绍用分光光度计测量农药沉积率的方法。

（1）试验前的准备

1）仪器设备的准备。试验前先对需用的试验设备，如荧光分光光度计、叶面积测量仪、电子天平、磅秤、微量移液枪、皮卷尺等进行检查，保证设备工作状态正常。

2）植保无人机的准备。调整好试验用植保无人机，将电池充满电，校准磁罗盘，检查试验地块，确定喷雾量、飞行速度、飞行高度及飞行航线。

3）试验溶液的准备。

①确定示踪剂荧光值与浓度的函数关系。称取定量荧光试剂放置在容量瓶中，用去离子水定容将其溶解并搅拌均匀，配制成已知质量浓度的母液。用移液枪从已知质量浓度的母液中移取 5~8 个不同容量的母液（如 5mL、10mL、15mL）分别放置在各容量瓶中，用去离子水定容配制成已知质量浓度（一般为 0.2~2.5μg/mL）的系列荧光试剂溶液。

将配制好的溶液在荧光分光光度计不同光波下进行光谱扫描，测定最大吸收波长。

在荧光分光光度计上，用确定的最大吸收波长分别对已知质量浓度的系列荧光试剂溶液进行荧光值（即吸光度）测量，并用最小二乘法拟合出荧光值与质量浓度值的对应标准函数关系，如图 5-22 所示。

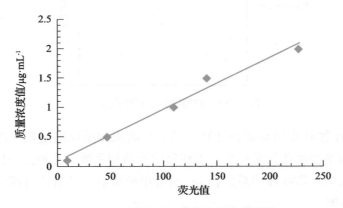

图 5-22　浓度值 - 荧光值标准函数关系

②配制试验溶液。取定量的荧光试剂，用去离子水稀释成浓度为 0.5～1.0μg/mL 的荧光试剂溶液。

③测定作物叶片上示踪剂回收率。使用微量移液器，从准备好的试验溶液中移取 5～8 个相同体积的液滴，滴在根据实际作物叶片比例选择的不同种类叶片上。待溶液晾干后，将各叶片剪碎后分别放入定量去离子水中充分振荡洗脱（各叶片洗脱去离子水容量相同），同时将等量样液放在相同容量的去离子水中充分振荡，然后用荧光分光光度计测定各洗脱液的吸光度，并按下式计算作物叶片上示踪剂回收率：

$$k = \frac{\sum\limits_{i=1}^{n}(X_i - X_0)}{n = (X_{spray} - X_0)} \times 100\%$$

式中，k 为作物叶片上示踪剂回收率；X_i 为第 i 个叶片洗脱液吸光度；X_0 为纯去离子水的吸光度；n 为作物叶片取样数量；X_{spray} 为等量样液稀释后的吸光度。

（2）采样点布置

1）确定采样小区。在试验区域上，按对角线五点式定点法确定采样小区中心点位置；如图 5-23 所示。每个采样小区的面积为 2～5m²，可取为正方形或长方形，取样面积内应尽可能覆盖较多作物。

2）确定采样点。对撒播作物，在采样小区内可按对角线五点式定点法选取或随机选取有代表性的 5 个植株。对条播作物采取按行取段方式，行数不应少于 2。在采样段内等分或随机选取有代表性的 5 个植株。若植株较大，也可在选定的植株上选取有代表性（分上、中、下三层取样）的叶片作为采样叶片。

选定的作为采样用植株应不受喷雾机行走时碰压干扰，并应做好标记。

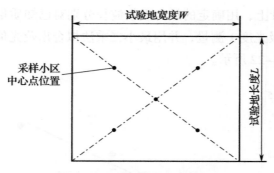

图5-23 对角线五点式定点法

3）采样小区作物叶片的总面积计算。采用叶面积测量仪测定各采样小区采样植株的叶面积 f_{smpl-i}，取平均值作为采样小区内作物的叶面积系数，并根据采样小区内植株总数计算出采样小区内作物叶片的总面积 f_i；或者用植物冠层分析仪直接测算出采样小区内作物叶片的总面积。

（3）喷施试验及计算

1）喷施作业。根据试验地块大小在喷雾机药箱内加入适量的试验溶液，调整调压装置至规定的喷雾压力，按事先确定的飞行速度匀速进行喷雾作业。按下式计算整个试验区域试验溶液喷施总量 Q：

$$Q = qt$$

式中，Q 为整个试验区域试验溶液喷施总量，单位为 L；t 为整个试验区域喷施作业总时间，单位为 min；q 为植保无人机所有喷头流量/单位时间，单位为 L/min。

2）试样收集和处理。喷雾结束后，待植株上试验溶液无明显滴落时，采摘各采样小区标记的采样点处植株或叶片，分别保存并做好标识，且放在不透光的密闭容器中。

使用振荡器和定量的去离子水分次将荧光试剂从植株或叶片上完全洗脱，再使用荧光分光光度计测定洗脱液的吸光度，确定其浓度，并按下式计算出各采样小区内沉积在作物上的有效试验溶液的液量 m_i：

$$m_i = \frac{(P_{smpl-i} - P_0)KV_i}{P_{spray}f_{smpl-i}} f_i$$

式中，m_i 为第 i 个采样小区内作物上沉积的有效试验溶液的液量，单位为 mL；P_{smpl-i}，为第 i 个采样小区采样植株或叶片洗脱液的荧光试剂浓度，单位为 μg/mL；P_0 为无试验溶液的植株或叶片洗脱液的荧光试剂浓度，单位为 μg/mL；K 为校准系数（等于回收率的倒数，即 $k=1/k$，k 为回收率）；V_i 为第 i 个采样小区采样植株或叶片定量洗脱水液量，单位为 mL；P_{spray} 为试验溶液荧光试剂浓度，单位为 μg/mL；f_{smpl-i} 为采样小区采样植株数，或采样叶片总面积，单位为 m^2；f_i 为采样小区总植株数，或总叶片面积，单位为 m^2。

（4）结果计算

1）整个试验区域沉积在作物上的有效试验溶液总量 M 的计算。

计算沉积在 5 个采样小区作物上的有效沉积溶液总量 m_i，并按下式算出整个试验区域内沉积在作物上的有效试验溶液总量 M：

$$M = \frac{\sum_{i=1}^{5} m_i}{\sum_{i=1}^{5} F_{s-i}} \times F$$

式中，M 为在整个试验区域作物上的有效沉积溶液总量，单位为 mL；F 为试验区域总面积，单位为 m^2；F_{s-i} 为第 i 个采样小区面积，单位为 m^2。

2）农药沉积率。农药沉积率按下式计算：

$$\eta = \frac{M}{1000Q} \times 100\%$$

式中，η 为沉积率。

3. 防治效果的检查

（1）检查前的准备工作　检查前的准备工作含试验地的选择和调查、作物调查及病虫害的调查，以及农药的选择等。

1）试验地的选择和调查。地块应选择病虫害灾情及作物长势有代表性的，地形应较为平整、障碍物少，便于航线规划及自主飞行。

2）作物及病虫害的调查。包含作物种类或品种、作物的生长情况及所处的发育状态棵或株间距或行间距、病虫害的种类、病虫害的灾情、虫口密度情况等。虫口密度情况可按下式计算：

$$\sigma = N/A$$

式中，σ 为虫口密度，单位为个 /m^2；N 为各取样点总虫数；A 为调查总面积，单位为 m^2。

3）农药选择。根据农作物的品种、生长情况及病虫害种类，选择合适的农药施药量。选择时，首先应考虑对人畜无害、对作物安全的农药，严禁使用剧毒农药，同时还应考虑使用药效高、成本低的油剂农药，当无油剂农药而用其他合适的药剂代替时，应适当调整药液浓度及施药量等。对于几种虫害兼有的作物，可以采用数种药物并用，但在混合时，不应使它们各自的药效互相干扰。

另外，需要记录气象条件，并根据气象情况、病虫害情况，确定喷雾的方向、喷幅、飞行速度、飞行高度、施药液量等作业参数。调整机具，仔细检查机具的工作状态是否正常、是否能正常起飞、喷雾状态是否正常，备足电池，检查充电器是否能正常工作。

（2）检查方法

1）虫害防治效果检查。虫害防治检查是以对作业前后病虫害情况的调查为基础，对虫害防治效果的检查。不能采用覆盖点的方式，因为虫害是能够运动的。可以在无人机作业前，在田间随机选择 3~5 个调查点，调查未施药前害虫的虫龄、虫口密度、为害情况，施药后视药剂的残效期，在作业前固定的调查点内调查虫口密度，计算出防治效果。防治效果按下式计算：

$$\varepsilon = \frac{M_a - M_b}{M_a} \times 100\%$$

式中，ε 为防治效果；M_a 为防治前虫口数；M_b 为防治后虫口数。

2）病害防治效果检查。农作物病害防治是指本着预防为主的方针，在作物将要发病时通过施药处理进行有效预防，在施药后不发生病害发病症状。在田间调查时，可以采用覆盖点方式，在作业前田间随机选择 3~5 个覆盖点，可以采用无纺布或苦布，覆盖点面积为 4m×4m，无人机作业后，待雾滴全部落下后再撤去覆盖物，做好明显标记，施药后 15 天、30 天各调查一次，秋后测产。也可以采用相邻无作业相同种类作物作为对照区。注意，最好不要使用塑料布，因为在天气热、气温高的情况下，覆盖时间长了会灼伤作物。另外，覆盖点选择要有代表性，不要选地边或地头。

3）杂草防治效果检查。杂草防治效果检查也可以采用覆盖点的方式进行。无人机作业前，在作业田间随机选择 3~5 个覆盖点，覆盖点面积为 2m×2m，使用无纺布或苦布，先调查选择覆盖点内杂草的发生情况，如杂草种类、草龄、各种杂草数量，并做好标记。无人机喷施完，待雾滴全部落下后撤去覆盖物，15 天、30 天各调查一次，与施药区对比计算灭草效果，秋后测产。以上是苗后除草作业的调查方法。如果是苗前土壤处理除草作业，无人机作业前不做调查，只要盖上覆盖点（空白不处理作为对照区），作业后 15 天、30 天进行调查，与施药区调查数据比较，计算出灭草效果，秋后测产。

4）叶面肥增产效果调查。叶面肥施用效果的调查主要是看秋后粮食产量。田间调查方法同样可以采用覆盖点的方式，在无人机作业前，选择有代表性的覆盖点 3~5 个，覆盖点面积为 2m×2m，使用无纺布或苦布。无人机作业完，待雾滴全部落下后撤去覆盖物，并做好标记。注意标记不要插在垄沟里，防止其他作业压倒，秋后找不到标记。秋后与喷施作业区共同测产，计算出每穗粒数或每株粒数增长情况、千粒重（或百粒重）增长、外观品质、成熟期、干物质量、株高等，计算产量、喷施区与未喷施区对照产量增长情况，计算出增产效果。

4. 喷雾作业经济指标的检查

对于喷雾作业情况，测定人员必须如实记录下作业时间、作业面积、故障维修时间，耗油量、药液量的消耗量。然后根据这些数据逐个对生产率、时间利用率、使用可靠性系数、劳动生产率和单位面积耗油量等进行计算。

1）班次时间小时生产率，按下式计算：

$$W_b = U / T_b$$

式中，W_b 为小时生产率，单位为万平方米 /h；U 为班次作业面积，单位为万平方米；T_b 为班次时间，单位为 h。

2）纯喷药时间小时生产率，按下式计算：

$$W_s = U / T_s$$

式中，W_s 为纯喷药时间小时生产率，单位为万平方米 /h；U 为次作业面积，单位为万平方米；T_s 为纯喷药时间，单位为 h。

　　3）时间利用率按下式计算：

$$\eta_T = \frac{T_s}{T_b} \times 100\%$$

式中，η_T 为时间利用率。

　　4）使用可靠性系数，按下式计算：

$$\tau_k = \frac{T_s}{T_s + T_g}$$

式中，τ_k 为使用可靠性系数；T_g 为故障时间，单位为 h。

　　5）劳动生产率，按下式计算：

$$G_j = W_b / A_j$$

式中，G_j 为劳动生产率，单位为万平方米 /（人·h）；A_j 为机组作业人数。

　　6）单位作业面积耗油量，按下式计算：

$$Q = Q_r / U$$

式中，Q 为单位作业面积耗油量，单位为 kg/ 万平方米；Q_r 为总耗油量，单位为 kg。

拓展课堂 3

影响无人机植保效果因素有哪些？

　　1. 飞行高度。飞得越高，飘移就越厉害，施药到目标作物上的药剂就越少。

　　2. 天气。大风、高温均不适合无人机施药，风力较大时引起飘移，温度高时直接空中蒸发。

　　3. 浓度、施药量。现在的无人机一般载液量在 1~20kg，而正常的人工喷雾器载液量在 15kg 左右，而人工喷雾 15kg 一般打 0.2~1 亩地，而无人机 20kg 药液可能最多要打十几亩地，因此无人机一般采用高浓度喷雾。此时，高浓度药剂的乳化性能能否达到既定的效果，是值得关注的问题。

　　4. 雾滴细度。雾滴越细，越容易被吸收，同时也更容易蒸发。雾滴越粗，越容易沉降，但同时吸收效果越差。因此要根据作物和病虫害进行选择雾滴细度。

　　5. 药剂的选择。现阶段飞防主要是以液体剂型为主，而高浓度固体剂型，可能会出现悬浮率不好的问题，严重时甚至会堵塞喷头。无人机最好选择有内吸性的药剂，即便施药不均匀，也可以通过药剂本身在作物体内的传导弥补，而保护性药剂由于无内吸性，需要喷雾均匀才能发挥效果。

技能考核工作单

考核工作单名称			施药技术参数与控制		
编号	5-1	场所/载体	实验室（实训场）/实装（模拟）	工时	4
项目	内容	考核知识技能点			评价
1. 飞行参数设置	1. 航线规划	1. 选择航线起点和终点，根据电量剩余、药量剩余、任务剩余调整航线范围 2. 剩药预估。剩余药量控制在 300mL 以上 3. 航线安全。查看航线是否安全，航线起始点和终点尽量都靠近起降点一侧，使进入航线和返航时都避开障碍物。航线开始端和结束端存在高空障碍物（如电线）时需要特别注意设置，避免安全事故			
	2. 飞行高度	1. RTK 定高。当地块作物生长较高，且地势变化较小时可考虑使用 RTK 定高进行作业，关闭高度设置中的"仿地飞行"选项，喷洒作业时以相对起飞水平面恒定高差飞行 2. 常规高度。一般设置飞行高度离作物表层 1.5~2.5m 3. 环境影响。植株密集且对药物渗透要求较高时可适当调低飞行高度。风速大时可适当调低飞行高度 4. 仿地设置。植保无人机与作物冠层保持相对高差，高度设置中，开启"仿地飞行"选项，按照实际地形选择仿地灵敏度 5. 高度设置。装有双头超声波的无人机不可超过 2.5m，装有地形模块的无人机不可超过 4m			
	3. 飞行速度	1. 常规速度。一般可设置为 4~6m，可设置上限与亩喷洒量成反比关系 2. 环境影响。风速 2~3 级时可适当下调飞行速度。植株密集且药剂渗透要求高时可适当下调飞行速度 3. 能按照农药安全使用要求，对植保用药进行正确调配、灌装，测试农药喷洒状况			
2. 喷洒参数设置	1. 亩喷洒量	1. 制剂用量 = 制剂亩用药量 × 防治面积 喷洒用量 = 器械亩喷洒量 × 喷洒面积 最大亩喷洒量（mL/亩） = 单泵最大流速（mL/min） × 2×1min/[飞行速度（m/s）×喷幅（m）×60s/667] 2. 根据药剂要求合理设置。亩喷洒量与速度成反比关系			
	2. 雾化	根据药剂要求合理设置，一般为 100~125μm			
	3. 喷幅	根据不同的作物、机型、气象情况，参照经验表，合理设置喷幅			

06

模块六

植保无人机的
安全使用与风险控制

学习任务 1　植保无人机的安全飞行操作规范

学习任务 2　无人机植保作业的风险控制

学习任务 3　植保无人机作业注意事项

无论是多旋翼无人机还是其他类型的无人机，本身都是在高速旋转的螺旋桨的支持下才能够进行飞行。无论螺旋桨材质如何，在高速的前提下都会产生不可估量的破坏力。植保无人机高效作业的前提是安全规范操作。植保无人机的操作人员必须严格遵守相关的安全操作规范及法律法规，做好无人机植保作业的风险控制，确保特殊环境下的作业安全。

所有的作业参数设定都是建立在安全第一的前提之下的。本模块介绍了植保无人机的安全飞行操作规范、植保无人机施药运行管理及植保无人机作业的技术规范，讲述了无人机植保作业的风险控制以及植保无人机作业注意事项。

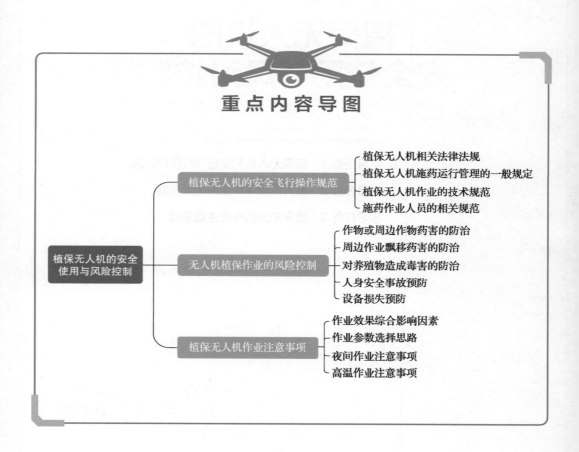

学习任务 1 植保无人机的安全飞行操作规范

知识目标

1）掌握植保无人机相关法律法规。

2）掌握植保无人机施药运行管理的一般规定。

3）掌握植保无人机作业的技术规范。

4）掌握施药作业人员的相关规范。

素养目标

1）培养认真细致、严谨治学的态度。

2）培养职业道德观念、增强责任感。

3）加强沟通协调、团队协作的能力。

? 引导问题 1

植保无人机作为大负载高转速的农用装备，其安全使用和风险控制非常重要，否则会造成人员伤亡和设备的损坏。现行的植保无人机相关法律法规有哪些？植保无人机施药运行管理的一般规定有哪些？相关的设备操作和人员技术规范有哪些？

知识点 1 植保无人机相关法律法规

1. 植保无人机的定义与分类

根据《无人驾驶航空器飞行管理暂行条例（征求意见稿）》，植保无人机是指设计性能同时满足飞行真高不超过 30m、最大飞行速度不超过 50km/h、最大飞行半径不超过 2000m、最大起飞质量不超过 150kg，专门用于农林牧植保作业的遥控驾驶航空器。按照《民用无人机驾驶员管理规定》分类，植保无人机属于第五（Ⅴ）类，见表 6-1，其中 W 表示质量。

表 6-1 无人机的分类

分类等级	空机质量 /kg	起飞质量 /kg
Ⅰ	$0 < W \leq 0.25$	
Ⅱ	$0.25 < W \leq 4$	$1.5 < W \leq 7$
Ⅲ	$4 < W \leq 15$	$7 < W \leq 25$
Ⅳ	$15 < W \leq 116$	$25 < W \leq 150$

（续）

分类等级	空机质量 /kg	起飞质量 /kg
V	植保类无人机	
VI	$116 < W \leqslant 5700$	$150 < W \leqslant 5700$
VII	$W > 5700$	

2. 植保无人机操作证件

担任操作植保无人机系统并负责无人机系统运行和安全的驾驶员，应当持有 V 类等级的驾驶员执照，或经由符合资质要求的植保无人机生产企业自主负责的植保无人机操作人员培训考核。同时，植保无人机驾驶员应年满 16 周岁，并且无影响无人机操作的身体缺陷。未按照规定取得民用无人机驾驶员合格证或者执照驾驶民用无人机的，由民用航空管理机构处以 5 千元以上 10 万元以下罚款。超出合格证或者执照载明范围驾驶无人机的，由民用航空管理机构暂扣合格证或者执照 6 个月以上 1 年以下，并处以 3 万元以上 20 万元以下罚款。

3. 实名认证

根据中国民用航空局《民用无人驾驶航空器实名制登记管理规定》要求，250g 以上无人机必须在"民用无人驾驶航空器实名登记信息系统"进行登记，并且在机身明显位置粘贴机身二维码。在 2017 年 8 月 31 日后未进行登记的，其行为将被视为违反法规的非法行为，监管主管部门将按照相关规定进行处罚。民用无人机登记信息发生变化时，其所有人应当及时变更；发生遗失被盗、报废时，应当及时申请注销。个人民用无人机拥有者在"民用无人驾驶航空器实名登记信息系统"中登记的信息包括拥有者姓名、有效证件号码（如身份证号、护照号等）、移动电话和电子邮箱、产品型号、产品序列号、使用目的。单位民用无人机拥有者在"民用无人驾驶航空器实名登记信息系统"中登记的信息包括单位名称、统一社会信用代码或者组织机构代码等、移动电话和电子邮箱、产品型号、产品序列号、使用目的。

未按照规定进行民用无人机实名注册登记从事飞行活动的，由军民航空管部门责令停止飞行，民用航空管理机构对从事轻型、小型无人机飞行活动的单位或者个人处以 2 千元以上 2 万元以下罚款，对从事中型、大型无人机飞行活动的单位或者个人处以 5 千元以上 10 万元以下罚款。

4. 无人驾驶航空器经营许可证

根据《民用无人驾驶航空器经营性飞行活动管理办法（暂行）》的规定，从 2018 年 6 月 1 日起，从事无人机相关经营活动的主体必须取得经营许可证，否则不得进行相关经营性活动。

中国民用航空局对无人驾驶航空器经营许可证实施统一监督管理。植保无人机相关生产企业、经销企业、飞防组织，都应按照要求进行许可证申请，以合法开展无人机相关经营活动。

取得无人驾驶航空器经营许可证，应当具备下列基本条件：

1）从事经营活动的主体应当为企业法人，法定代表人为中国籍公民。

2）企业应至少拥有一架无人驾驶航空器，且以该企业名称在中国民用航空局"民用无人驾驶航空器实名登记信息系统"中完成实名登记。

3）具有行业主管部门或经其授权机构认可的培训能力（此款仅适用从事培训类经营活动）。

5. 禁限飞区域

根据各项管理规定，植保无人机不得飞行到以下区域：

1）军用机场净空保护区，民用机场障碍物限制面水平投影范围的上方。

2）有人驾驶航空器临时起降点以及周边 2000m 范围的上方。

3）国界线到我方一侧 5000m 范围的上方，边境线到我方一侧 2000m 范围的上方。

4）军事禁区以及周边 1000m 范围的上方，军事管理区、设禁飞区的市级（含）以上党政机关、核电站、监管场所以及周边 200m 范围的上方。

5）射电天文台以及周边 5000m 范围的上方，卫星地面站（含测控、测距、接收、导航站）等需要电磁环境特殊保护的设施以及周边 2000m 范围的上方，气象雷达站以及周边 1000m 范围的上方。

6）生产、储存易燃易爆危险品的大型企业和储备可燃重要物资的大型仓库、基地以及周边 150m 范围的上方，发电厂、变电站、加油站和中大型车站、码头、港口、大型活动现场以及周边 100m 范围的上方，高速铁路以及两侧 200m 范围的上方，普通铁路和国道以及两侧 100m 范围的上方。

7）军航低空、超低空飞行安全空域。

8）省级人民政府会同战区确定的管控空域。

植保无人机相关管理政策汇总见表 6-2。

表 6-2　植保无人机相关管理政策汇总

类别	要求	备注
操作人员	持 V 类驾驶员执照，或持经植保无人机生产企业自主培训考核后，颁发的资质证明	1. 驾驶员应当年满 16 周岁 2. 植保无人机生产企业应获得农业农村部认可，才可颁发资质证明
植保无人机	必须做实名登记 必须在机身明显位置粘贴登记号和二维码信息	1. 必须确保无人机每次运行期间均保持登记标志附着其上 2. 登记号和二维码信息不得涂改、伪造或转让
营业性机构	使用植保无人机开展航空喷洒（撒）应当取得经营许可证，未取得经营许可证的，不得开展经营性飞行活动	1. 申请人为企业法人 2. 设备已经做了实名认证 3. 具有行业主管部门或经其授权机构认可的培训能力（仅培训机构） 4. 投保无人驾驶航空器地面第三人责任险

（续）

类别	要求	备注
适飞区域	位于轻型无人机适飞空域内，真高不超过 30m，且在农林牧区域的上方。植保无人机在适飞空域飞行，无须申请飞行计划，但需向综合监管平台实时报送动态信息	以下区域不可作业： 1. 机场净空保护区内 2. 国界线到我方一侧 5000m 上空 3. 军事禁区以及周边 1000m 上空 4. 铁路及高速沿线 200m 范围内
区域性要求	《新疆维吾尔自治区民用无人驾驶航空器安全管理规定》	在遵守国家相关管理要求的同时，必须熟悉地方管理政策
临时性要求	一些特殊时段内的运行要求，请注意遵守	两会、重大会议、庆祝活动、特殊地区都会有一些临时性规定

知识点 2 植保无人机施药运行管理的一般规定

无人机技术的快速发展促进了国家相关政策的出台。国务院、中央军委空中交通管制委员会组织、制定了《无人驾驶航空器飞行管理暂行条例》，规定了无人驾驶航空器飞行管理坚持安全为要，降低了飞行活动风险；坚持需求牵引，适应行业创新发展；坚持分类施策、统筹资源配置利用；坚持齐抓共管，形成严密管控格局。中国民用航空局制定了《轻小型无人机运行规定》《民用无人机驾驶员管理规定》《民用无人驾驶航空器实名制登记管理规定》等管理文件，对无人机生产制造、使用、销售等环节进行了规定。植保无人机是能飞起来的施药机械，既要遵循飞行器的相关规定，保证公共安全，又要遵守植保机械的相关要求，保证粮食安全、环境安全。总体来讲，植保无人机需要从无人机系统、无人机驾驶员、飞行空域、飞行运行、施药技术要求、农药使用等方面进行管理，以促进农用航空事业健康有序发展。

1. 无人机系统

植保无人机是高效植保机械，是适应农业结构调整需求和绿色生态导向的创新产品。目前，我国生产的植保无人机空机质量为 5~90kg，最大起飞质量为 10~150kg，依据《无人驾驶航空器飞行管理暂行条例》规定，隶属于小型无人机、中型无人机两个档次。其生产、制造、销售、使用均需要按相关规定进行，需要进行适航管理或产品认证，发现存在缺陷的，应依法召回。

1）销售植保无人机的单位或个人应当向公安机关备案，并核实、记录购买单位或个人的相关信息，定期向公安机关报备。

2）植保无人机制造商需要在"民用无人驾驶航空器实名登记信息系统"中填报其产品的名称、型号、最大起飞质量、空机质量、产品类型和无人机购买者姓名、电话等信息，并在产品包装上提醒购买者需要进行实名登记，并加贴登记标志。

3）拥有植保无人机的单位和个人应向民用航空管理机构进行实名登记、国籍登记。

登记信息为拥有者的姓名、单位名称和法人姓名。个人登记时，需要提供有效身份证件（身份证或护照等）号码；单位登记时，需要提供统一社会信用代码或者组织机构代码。另外，还需要登记购买方的移动电话、邮箱、产品型号、产品序列号及使用目的。登记信息发生变化时，应当及时申请变更；发生遗失、报废时，应当及时申请注销。

4）使用植保无人机飞行时，应按照要求自动报送身份识别编码或者其他身份标识，其工作频率、功率等技术指标应当符合国家无线电管理相关规定，从事植保作业的单位及个人应当强制投保第三方责任险。

5）无人机管理按类别进行，具体分类标准见表6-3。

表6-3　无人机管理分类标准

分类	类别	空机质量/kg	起飞质量/kg
Ⅰ	微型	$0<W\leqslant 1.5$	$0<W\leqslant 1.5$
Ⅱ	轻型	$1.5<W\leqslant 4$	$1.5<W\leqslant 7$
Ⅲ	小型	$4<W\leqslant 15$	$7<W\leqslant 25$
Ⅳ	中型	$15<W\leqslant 116$	$25<W\leqslant 150$
Ⅴ	植保类无人机		
Ⅵ	无人飞艇		
Ⅶ	超视距运行的Ⅰ、Ⅱ无人机		
Ⅷ	大型	$116<W\leqslant 5700$	$150<W\leqslant 5700$
Ⅸ	大型	$W>5700$	

注：实际运行中，分类有交叉时，按照较高要求的一类分类。对于串、并列运行或者编队运行的无人机，按照总质量分类。

2. 飞行空域

植保无人机喷洒农药为特定用途，农业农村部行业标准要求作业时飞行真高不超过30m，且在农林牧区域的上方。条例对于植保无人机的适飞空域进行放宽处理，其管控空域如下：

1）真高120m以上空域。

2）空中禁区以及周边5000m范围。

3）空中危险区以及周边2000m范围。

4）军用机场净空保护区，民用机场障碍物限制面水平投影范围的上方。

5）有人驾驶航空器临时起降点以及周边2000m范围的上方。

6）国界线到我方一侧5000m范围的上方，边境线到我方一侧2000m范围的上方。

7）军事禁区以及周边1000m范围的上方，军事管理区、设禁飞区的市级（含）以上党政机关、核电站、监管场所以及周边200m范围的上方。

8）射电天文台以及周边5000m范围的上方，卫星地面站（含测控、测距、接收、导航站）等需要电磁环境特殊保护的设施以及周边 2000m 范围的上方，气象雷达站以及周边 1000m 范围的上方。

9）生产、储存易燃易爆危险品的大型企业和储备可燃重要物资的大型仓库、基地以及周边 150m 范围的上方，发电厂、变电站、加油站和中大型车站、码头、港口、大型活动现场以及周边 100m 范围的上方，高速铁路以及两侧 200m 范围的上方，普通铁路和国道以及两侧 100m 范围的上方。

10）军航低空、超低空飞行安全空域。

11）省级人民政府会同战区确定的管控空域。

3. 飞行运行

国家统筹建立具备监视和必要管控功能的无人机综合监管平台，民用无人机飞行动态信息与公安机关共享，公安部门已建立民用无人机公共安全监管系统。植保无人机在相应适飞空域飞行，不需要申请飞行计划，但需要向综合监管平台实时报送动态信息。植保无人机夜间飞行时应当开启警示灯并确保处于良好状态。

4. 施药技术要求

1）尽量用农业、物理和生物方法控制病虫草害，只有在其他技术不能满足田间防治要求的情况下才选用化学农药，以最大限度地减少化学农药在防治病虫草害的同时带来的负面影响。

2）选择的农药必须是经过农药管理部门登记注册的正规产品，购买时应检查产品标签，检查是否有农药三证（农药登记证、准产证和农药销售许可证）。

3）施药前，应通知施药田块邻近的户主和居住在附近的居民，并采取相应措施避免农药雾滴飘移引起对邻近作物的药害、家畜中毒及对其他有益生物的伤害。

4）施药前应查看天气，温度、湿度、雨露、光照和气流等气象因素，以减少气象因素对施药质量的影响。

5）选择机具时应优先考虑国家认可的检测机构检验合格的产品，有中国强制性产品认证（3C 认证）标志的产品。

6）施药人员应经过施药技术培训，熟悉机具、农药、农艺等相关知识。施药、清洗或者维修喷洒装置时应做到穿长袖衣服、长裤、戴口罩、手套、护目镜。

7）操作人员每天施药时间不得超过 6h。如有头痛、头昏、恶心、呕吐等现象，应立即离开施药现场。

8）施药中禁止吸烟、进食，不能用手擦嘴、脸和眼睛。

9）严禁酒后操作无人机。

10）严禁在禁飞区施药。

11）操作人员工作全部完毕后应及时更换工作服，清洗手、脸等部位，并用清水漱口。

12）严禁使用植保无人机从事除植保作业外的任何活动。

13）操作人员在每次作业前与作业后，都应填写"植保无人机安全检查表"，见表 6–4。

表 6–4　植保无人机安全检查表

序号	项目名称	内容
1	喷洒区域	□喷洒面积　□停机点的地形　□海拔高度　□标识设置状况
2	区域内障碍物及危险物	□高压线的位置　□电线配线及其位置 □障碍物的位置　□铁道及其架线的位置
3	喷洒周边环境	□学校　□医院　□住宅　□上学道路交通繁忙路段　□家禽圈舍 □养蜂　□养蚕、桑园　□烟田　□茶园　□轮种地　□鱼塘 □水源地、河流　□机动车停车场等　□变电所　□有机作物种植区 □防止飞散措施　□机场　□周边其他作物
4	喷洒作业	□飞行顺序　□操作人员行走道路　□对象农作物　□对象病害虫 □农药名　□剂型　□稀释倍数　□农药喷洒量　□农药使用时间、使用次数 □农药有效年月　□农药使用注意事项　□机体、喷洒装置 □作业开始时间　□多机飞行时飞行方法及作业顺序 □禁止无关人员进入　□确认操控技能　□信号员和对讲机 □对作业人员的安全指导
5	气象条件	□风向上风口　□风速小于三级风　□气温 40℃以下 □湿度 30%~80%　□降雨、雾预报
6	健康状况及着装要求	□健康状况　□口罩　□头盔　□手套　□毛巾　□防护眼镜　□长袖长裤
7	作业完成	□药剂残余量　□空容器处理　□机体、喷洒装置清洗 □使用农药等的登记　□喷洒遗漏

5. 农药使用安全要求

1）应按照农药产品登记的防治对象和安全使用间隔期选择农药。

2）严禁选用国家禁止生产、使用的农药，选择限用的农药应按照有关规定进行，不得选择剧毒、高毒农药用于蔬菜、茶叶、果树、中药材等作物。

知识点 3　植保无人机作业的技术规范

1）作业前先按操作规程配制好农药。向药液桶中加注药液前，须将喷雾系统药液开关关闭，以免药液漏出，加注药液要用滤网过滤。药液不能超过药箱壁上所示水位线位置。加注药液后，必须盖紧桶盖，以免作业时药液漏出。

2）植保无人机进行低容量喷雾时，宜采用针对性喷雾和飘移喷雾结合的方式施药。具体操作过程如下：

① 植保无人机起飞时，药液开关处于关闭状态。到达喷雾起点后，打开药液开关，开始施药。严禁停留在一处喷洒，以防引起药害。

② 飞行作业路线的确定。施药时飞行要保持匀速，不能忽快忽慢，防止重喷漏喷。飞行路线根据风向而定，走向应与风向垂直或成不小于 45°夹角，驾驶员须在上风向。

③ 飞行作业时，须观察喷头喷洒情况，若出现堵塞或滴漏等异常情况，应立即停止喷洒作业。

知识点 4　施药作业人员的相关规范

1）植保无人机驾驶员应年满 16 周岁，需要进行安全操作培训、航空施药技术培训及农药使用安全培训，并熟悉农用无人植保机、农药、农艺等相关知识，取得理论培训合格证书及安全操作合格证书。因故意犯罪曾经受到刑事处罚的人员，不得担任中型、大型无人机驾驶员。

2）操作人员必须经过施药技术培训，应熟悉机具、农药、农艺等相关知识。施药时应做到穿长袖衣服、长裤、鞋袜，戴口罩、手套、护目镜，带肥皂及工具零备件。严格按操作规程作业。

3）施药人员最好不要在无人知晓的情况下单独作业，特别是在喷撒高毒农药时，以免发生农药中毒时不能得到及时救治。

4）老、弱、病、童、皮肤损伤未愈者及妇女哺乳期、孕期、经期不得进行施药操作。

5）施药过程中禁止吸烟、喝水、吃东西，不能用手擦嘴、脸及眼睛。

6）施药中若遇喷头堵塞等故障，应立即关闭截止阀，先用清水冲洗喷头，然后戴乳胶手套进行故障排除，应用毛刷疏通喷孔，严禁用嘴吹、吸喷头和滤网。

7）施药时操作人员应站在上风，严禁逆风喷洒农药。

8）施药人员每天施药时间不得超过 6h，如出现头痛、头昏、恶心、呕吐等症状，应立即离开施药现场，严重者应及时送医院诊治。

拓展课堂 1

植保无人机驾驶员操作要求

驾驶员在酒后、睡眠不足、生病时不能驾驶；孕妇、未满 16 周岁、未获得资质证书人员不允许驾驶；驾驶员不能穿容易卷入无人机部件的宽松衣服作业；在周围 1 亩范围无安全降落点的稻田内不能进行作业；作业结束后应先断开动力电池连接，再断开控制电路连接，关闭遥控器电源，并将遥控器置于工具箱内；当植保无人机出现紧急状况时，应将无人机以最快方式飞离人群，并尽快降落或迫降。

学习任务 2　无人机植保作业的风险控制

知识目标

1）掌握作物或周边作物药害防治方法。

2）掌握周边作业飘移药害防治方法。

3）掌握对养殖物造成毒害防治方法。

4）掌握人身安全事故预防。

素养目标

1）培养认真细致、严谨治学的态度。

2）培养职业道德观念、增强责任感。

3）加强沟通协调、团队协作的能力。

？ 引导问题 2

植保无人机作业过程中，要严防药害的发生以及人员伤亡事件，同时严格遵守操作规范，避免设备损伤。如何做到作物或周边作物药害防治？如何应对周边作业飘移药害？如何预防人员和设备的事故损伤？

知识点 1　作物或周边作物药害的防治

1. 重喷或药剂过量药害

因为药剂特性的原因，对于药剂剂量最为敏感的是除草剂，其次是杀菌剂（尤其是三唑类杀菌剂），杀虫剂对于剂量则相对不敏感。如果不熟悉植保无人机的作业参数，行距设置过小造成重喷，也会造成药害。所以驾驶员必须熟悉所使用植保无人机的性能。另外，作业过程中还应注意以下问题：

1）手动作业时，禁止原地悬停喷药。

2）选择性除草剂（图 6-1）、三环唑类杀菌剂（图 6-2）应谨慎作业，避免产生重喷。

2. 温度原因造成的药害

若在 35℃以上高温状态下作业，以下几个因素叠加也可能造成药害，如图 6-3 所示：

图 6-1　选择性除草剂药害

1）作物生理活动活跃。

2）药剂活性较高。

3）飞防药剂浓度较高。

另外，高温状态下作业，作业效果会降低且容易产生农药中毒，所以应极力避免。

图 6-2 三环唑类杀菌剂过量药害

图 6-3 高温作业造成的药害

3. 飞防特性造成的药害

因为飞防用水量少、药剂浓度高，一些在自走式植保机械能够安全使用的药剂在飞防上并不一定安全。例如，小麦除草剂甲基二磺隆，能够防治部分禾本科、阔叶杂草，但是其使用要求较高，使用不当则易产生药害。因为飞防药剂浓度高，其在飞防上产生药害的可能性大大增加，因此无法在飞防上安全应用。

水稻稻瘟病常用药剂三环唑，属于三唑类杀菌剂，在人工作业的前提下使用较为安全。若三环唑运用在飞防上，则对温度、剂量的敏感性迅速提升，一旦温度较高、剂量超标，其产生药害的可能性大为提升。

知识点 2 周边作业飘移药害的防治

植保无人机作业离地高度较高（1.5~2.5m）、雾滴较细（100~250μm），这些特性决定了其飘移特性较为突出，在作业时须严防飘移药害的产生。

1. 灭生性除草剂药害

草甘膦、百草枯、草铵膦、敌草快等灭生性除草剂作业时，药剂一旦飘移到其他作物上，势必会造成药害，如图 6-4 所示。所以应非常谨慎地对待灭生性除草剂飞防作业，尽量避免。

2. 选择性除草剂药害

选择性除草剂对于目标作物相对安全，但是如果其飘移到其他作物上，而该作物恰恰在该除草剂的杀伤范围内，则会发生飘移药害。例如在进行冬小麦除草作业时，如果主要防治对象为阔叶类杂草，而作业区域下风向存在油菜等阔叶类作物，将造成药害，如图6-5所示。在遇到类似情况时应停止作业，待风力减小或风向改变时再进行作业，并在一定距离添加安全隔离带。

图6-4　草甘膦除草剂飘移药害　　　　　图6-5　油菜受小麦除草剂飘移药害

3. 药剂与作物特性造成的药害

部分药剂安全性不高，对部分作物安全，而对另外一部分作物则易产生药害。如三唑类杀菌剂相对来说安全性较低，对于剂量需要严格把握，并明确其敏感作物。如丙环唑在小麦、水稻上广泛应用，但是其对西瓜、葡萄、草莓安全性较低，不可在这些作物上使用飞防播撒该药剂。

知识点3　对养殖物造成毒害的防治

植保作业从来不是孤立的存在，其对环境的影响必须经过全面的考量，作业时必须观察作业区域周边情况，避免对周边养殖物毒害事件的发生。作业时应综合考虑药剂类型、毒性、风向、周边养殖物、作业区域养殖物等各种情况，以避免毒害事件的发生。

1. 药剂飘移产生的近距离毒害

药剂飘移是飞防一定会产生的问题，我们要做的是通过各种因素的考量极力避免毒害或药害事件的发生。在作业时其分析思路基本可按照以下顺序进行：

1）作业时当前的风向。

2）下风向都有哪些作物或养殖物。

3）本次所播撒的药剂毒性如何，会对哪些作物或养殖物造成伤害。

4）风险评估，即是否可以达到安全作业的条件。

不综合考量各种因素而盲目作业，其风险无法预估，极端情况下甚至会造成巨额损失。

2018年，某植保队承接杀虫剂作业，其田块下风向5m处有一口养殖锦鲤的鱼塘，植保队未评估该作业风险而直接作业，最终，杀虫剂作业造成鱼塘所养殖鱼苗全部死亡，经济损失达到26万元，如图6-6所示。

2. 对蜜蜂等授粉昆虫造成的毒害

蜜蜂等授粉昆虫对于农业增产增收具有重要作用，同时，人工养殖蜜蜂（图6-7）也是蜂农的主要经济来源，所以在作业过程中应避免植保作业对蜜蜂造成毒害。如发现作业区域存在大量蜜蜂，应暂停作业并观察、询问附近有无蜂农，等待合适时机再进行作业。同时，对于油菜、向日葵等吸引蜜蜂的作物，应避免使用菊酯类、新烟碱类杀虫剂，以避免对蜜蜂造成伤害。

图6-6　药剂大量飘移可造成鱼类大量死亡

图6-7　作业区域周边的大量蜂箱

3. 对作业区域养殖物造成的毒害

目前我国部分区域已经广泛开展了稻田养殖鱼、虾、蟹等提高经济收益的混合种植、养殖模式，提高了农户的收入。例如，湖北潜江、江西鄱阳湖周边的稻田养虾（图6-8），江苏部分地区的稻田养蟹等。植保队在这些区域作业需要采取多项措施保障用药安全，避免养殖物中毒。常规措施包括以下几个方面：

1）使用毒性低、安全性好的药剂，如氯虫本甲酰胺、吡蚜酮；禁止使用阿维菌素、甲维盐等药剂。

2）使用专用药箱，或者打虾田之前彻底清洗药箱，如果存在药剂残留并且未清洗，易造成养殖物中毒。

图6-8　养殖龙虾的水稻田

▶ 知识点4　人身安全事故预防

植保无人机作业效率高、安全性好，但是部分从业人员没有接受过系统培训，往往存在防护意识薄弱、安全意识差的问题。另外，近几年植保无人机飞防作业面积迅速增加、从业人员来源广泛，造成了中毒事件、伤人事件频发的现状。

1. 作业人员农药中毒

作业人员只要遵守农药相关防护、毒性要求，一般不会发生农药中毒，如果作业人员缺乏农药安全使用知识，那就有可能导致毒害事件的发生。

（1）农药选用环节　部分未经培训的植保无人机操作人员对于农药没有系统认识，不能做到主动拒绝使用高毒、剧毒农药，如图6-9所示，这样在使用过程中就可能导致农药中毒事件的发生。一旦使用高毒、剧毒农药，最容易产生中毒的环节就是运输阶段，这往往是以下几个因素共同导致的：

1）使用了高毒农药。

2）装车运输之前未彻底清洗药箱。

3）选择了人机不分离的车型，且关闭了车窗。

（2）配药过程　配药过程应做到以下几点：

1）穿戴合适的防护用品，包括口罩、眼镜、丁腈手套。

2）处于药箱上风向。

3）药剂缓慢倒入，避免飞溅。

图6-9　应主动避免高毒农药

4）配药后，必须把手彻底清洗干净再接触身体其他部分。

部分农户完全没有防护意识、安全用药意识，甚至用手直接搅拌农药，极易产生农药中毒。

近几年收到多起使用菊酯类农药造成的皮肤红肿、瘙痒等中毒情况的反馈，多是由于配药环节不规范操作造成的，如图6-10和图6-11所示。

图6-10　进行农药配置时没有
任何防护措施

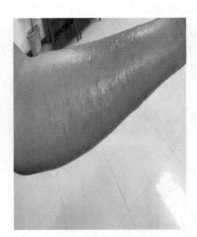

图6-11　高效氯氟氰菊酯造成
的农药中毒表现

（3）作业过程　作业过程中依然要注意做好自身防护、处于上风向作业，并与植保无人机保持5m以上安全距离，避免受到农药飘溅。另外，对于玉米、高粱等高秆作物，应禁止在作业完毕后进入作业区域，避免吸入性中毒。有无防护措施对比如图6-12所示。

a）没有任何防护措施　　　　　　b）良好的防护措施

图6-12　植保作业防护措施

（4）运输过程　植保作业应首先选择具有独立式车厢的车辆，可以有效避免运输环节吸入性中毒事件的发生。对于非独立式车厢的车辆（图6-13），要做到运输安全应注意以下几点：

1）禁止使用高毒农药。

2）植保无人机装车之前先用清水彻底清洗药箱。

3）运输过程中开启车窗，保持空气流通。

目前已经报告的多起运输过程中中毒事件，多是未做到以上几点导致的。

（5）存储过程　存储过程需要做到以下几点以避免中毒事件的发生：

1）存储之前应清洗药箱，降低农药残留。

2）通风，避免农药气味集聚。

3）单独存放，禁止存储在卧室，避免人机共处一室，如图6-14所示。

图6-13　非独立式车厢车辆可以使用转运箱并　　　图6-14　植保无人机应单独存放
注意开窗通风

2. 自身受伤

植保无人机的本质属性是农机，但其仍然是无人机的一种，飞行过程中螺旋桨高速旋转并且具有一定的速度，所以应时刻注意飞行安全。

（1）植保无人机接触伤　为避免自身受到植保无人机的伤害，应注意以下几点：

1）时刻与植保无人机保持 6m 以上安全距离。

2）在出现意外情况时，绝对禁止抓握植保无人机任何部位，避免被打伤，如图 6-15 所示。

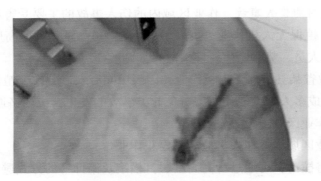

图 6-15　抓握脚架造成的伤害

3）禁止对头（即无人机头部面向操作人员）起飞。

（2）交通事故　现在的植保队大多是植保无人机操作人员兼职车辆驾驶员，其一天几乎是满负荷运转，容易产生疲劳驾驶。为做到行驶安全，提供下列建议：

1）中午务必休息，保持良好的精神状态。

2）避免在超长时间飞防作业后，人处于极度疲乏的状态下上路行驶。

3. 伤人事故

伤人事故是指植保无人机对操作人员以外的人员造成人身伤害，就目前的实际情况来看，植保无人机造成他人受伤远比操作人员自身受伤的比例要高，须更为注意。

（1）作业区域周边的伤人事故　作业区域周边的伤人事故主要包括以下几个类似情况：

1）在人流较多的道路上起降，与行人、车辆产生撞击。

2）与围观的群众产生撞击。

3）植保无人机失控。

4）操作人员操作失误，植保无人机飞向错误方向。

5）操作人员与地勤人员配合不默契，造成撞击。

为了更好地避免类似情况的发生，下面我们将针对已经发生的两起案例进行分析。

案例一： 在人流较多的道路上起降，与行人、车辆产生撞击。2018 年 9 月，浙江某操作人员在进行植保作业时，将起降地点选在了人流众多的马路上。一位女士骑着电动车下班回家，刚好与正在悬停、准备降落的植保无人机发生撞击，造成该女士严重受伤，该操作人员被刑拘。

警醒： 严禁在马路上起降植保无人机（图 6-16），严禁在人流众多的区域起降植保无人机，严防撞击事件的发生。起降点应选择人流稀少、相对封闭的区域，以避免意外事件的发生。

案例二： 起飞之前未确定植保无人机方向，而产生错误操作。一位操作人员在作业完毕后需要做 400m 的转场，为了偷懒而进行远程起降。在未和地勤人员确认机头朝向的前提下直接起飞，植保无人机朝反方向飞行打伤地勤人员。

（2）作业区域内的伤人事故　作业区域内的伤人事故的主要受害对象往往是在田间进行劳作的农户，植保无人机作业高度一般在 1.5~2m，而其脚架高度则更低，在运行过程中如田间存在人员，势必产生碰撞事故，如图 6-17 所示。

2017 年在安徽省某县植保无人机作业，因为田间有农户劳作，植保无人机运行过程中与农户相撞，造成多人轻微受伤。为避免此类事故的发生，应严格遵守：

1）提前清空作业区域内无关人员。

2）如发现作业区域内存在人员应立刻停止作业。

3）如发现即将撞击，可通过升高高度、打横滚及俯仰杆的方式避免撞击。

4）如确实已经撞击，可操作摇杆进行内外八字操作迅速锁死油门，降低撞击伤害。

图 6-16　严禁在马路上起降植保无人机

图 6-17　飞防作业区域内存在农户作业

知识点 5　设备损失预防

1. 操作错误造成的设备损伤

常见的操作错误包括：

1）对标定点与纠正偏移相关概念理解不透，造成航线偏移。

2）AB 点前后顺序错误或方向理解错误，造成植保无人机横移撞击障碍物。

3）在不熟悉一键返航功能的情况下盲目使用。

2. 维护不当造成的设备损失

常见的维护不当或错误导致的问题包括：

1）插接器没有维护或更换，插头发热或熔化。

2）总是在高温状态下充电，在太阳暴晒或电池未冷却而直接使用，都会导致电池或者充电器寿命降低。

3）在北方冬季时，直接将电池长期存储在低温区域，造成电池性能迅速下降。

4）在长期存储前，未能对喷洒系统做多次的清洗，造成管路、液泵长时间受农药残留腐蚀。

3.　使用伪劣配件造成的设备损失

部分植保队为贪图便宜而选择非原厂的配件，其质量往往存在严重隐患。例如图6-18所示的螺旋桨在飞行时从根部裂开，导致植保无人机在空中产生自旋，所幸未造成重大损失。

图6-18　假冒伪劣螺旋桨从根部裂开

拓 展 课 堂 2

无人机作业季安全贴士

1.　自身防护

植保无人机操作区域与作业区域完全隔离，所以操作人员工作较为安全，但是必备安全措施依然不可少。植保机操作人员应穿戴遮阳帽、口罩、眼镜、防护服，地勤人员在此基础之上还应戴上丁腈材质手套，以避免手部沾染农药。另外，禁止穿短裤及拖鞋进行作业，避免因蚊虫、蛇叮咬而造成的损伤，在南方水田作业还应穿戴水鞋。

2.　配药防护

配药人员应在穿戴防护设备齐全的前提下，按照二次稀释法的操作要求，在开阔的空间进行配药。禁止在密闭空间、下风向等情况下进行配药。

部分植保队会使用一次性塑料薄膜手套，这种手套没有弹性且耐用性和适用性也比较差，无法保障配药人员安全。应使用质量好的丁腈橡胶手套，不仅耐用性好，而且不渗透、耐腐蚀。

3.　药剂使用

飞防所使用的药液浓度高，所以切不可使用高毒、剧毒农药，否则极有可能造成农药中毒事件。也不可使用无标签的农药，否则无法判断农药的毒性，可能产生药效不佳或者农药中毒事件。

学习任务 3　植保无人机作业注意事项

知识目标

1）掌握作业效果综合影响因素。

2）掌握作业参数选择思路。

3）掌握夜间作业注意事项。

4）掌握高温作业注意事项。

素养目标

1）培养认真细致、严谨治学的态度。

2）培养职业道德观念、增强责任感。

3）加强沟通协调、团队协作的能力。

❓ 引导问题 3

植保无人机在特殊环境下作业时需要特别注意安全。针对不同的作业环境需要确定合适的作业参数。如何确定影响无人机植保作业效果的综合因素？夜间和高温作业的注意事项有哪些？

▌知识点 1　作业效果综合影响因素

植保无人机的作业过程从流程上看主要包括农药配制、喷嘴雾化、雾滴在空中的运动、雾滴与作物或地面的碰撞与附着，其与地面机具最主要的差别集中在药剂浓度、雾滴粒径、空中的运动过程、地面雾滴的附着过程。本知识点参考相关专业研究文献，通过对植保无人机作业特性进行分析，剖析飞防的特点，为植保队高效、高质量作业提供理论参考。

1. 药液的稀释与雾化

植保无人机作业的药液稀释与雾化，主要体现出用水少、药液浓度高、雾滴粒径小等特点。虽然农药配制的基本流程与地面机具差别不大，但是因为药液浓度高，也使其具有自身特性。

（1）药液稀释

1）喷洒药液量对作业效果的影响。常见的地面植保机具的亩药液喷洒量为15~30L，其代表的喷洒特性是高喷洒量、粗雾滴、大水量喷洒，在带来较高覆盖密度的同时，也带来了雾滴积聚与流淌，这不仅直接降低了药液利用率，也对土壤造成了污染。植保无人机作业的亩喷洒量在 0.6~2.0L，其代表的喷洒特性是低容量喷洒（中等雾滴 / 细雾滴），同时依靠植保无人机产生的下压风场提高雾滴在作物上、中、下不同部位的雾滴沉积量。低容量喷洒不会产生雾滴在叶面积聚过多而造成的流淌现象，从而避免了药液对土壤的污染，同时也提高了药液利用率。目前经过相关测试，植保无人机低容量喷洒的农药利用率高于常量喷洒一倍，如图 6-19 所示。经过几年的大规模作业，低容量喷洒的作业效果受到了广大用户的认可，飞防作业面积也逐年上升。

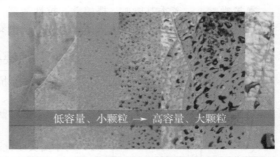

图 6-19 不同喷洒量及雾滴粒径下的沉积表现

2）二次稀释法的重要性。飞防常见稀释倍数为 15~100 倍，远低于常量喷洒的 1000~6000 倍，药液浓度高是其基本特征，所以更应该强调农药配置二次稀释法。

3）浓度提高带来的安全性问题。低容量喷洒带来了农药利用率高的优势，但同时也提高了药液浓度，导致部分药剂适用于地面机具却不适用于飞防。科迪华公司的吴加军提出，甲基二磺隆、唑草酮、双氟磺草胺等除草剂并不适用于飞防，易对小麦产生药害或造成飘移药害。湖南省统防统治的经验表明，使用三环唑进行水稻飞防作业安全性低于人工作业，当剂量超标或温度较高时易产生药害。不同药剂在飞防上的应用见表 6-5。

表 6-5 不同药剂在飞防上的应用

有效成分	化合物分类	优点	缺点	是否适合飞防
双氟磺草胺 +2,4-D 异辛酯	磺酰胺类 + 苯氧羧酸苯甲酸类	可有效防除抗性播娘蒿、抗性荠菜等多种小麦田阔叶杂草	1. 在小麦分蘖前或低温下用药，容易对小麦产生药害 2. 对江苏、安徽地区抗性猪殃殃、繁缕效果较差	否，易飘移，对小麦安全性差
双氟磺草胺 + 唑嘧磺草胺	磺酰胺类	1. 杀草谱广，可有效防除多种阔叶杂草 2. 对小麦安全性高，无药害风险	1. 对乙酰乳酸合成酶抗性（ALS-R）阔叶杂草可能会有较差效果 2. 杀草速度相对较慢	是，但是磺酰胺的抗性杂草发生比较普遍
双氟磺草胺 + 二甲四氯异辛酯	磺酰胺类 + 苯氧羧酸苯甲酸类	1. 可有效防除抗性播娘蒿、抗性荠菜等多种小麦田阔叶杂草 2. 对小麦安全性较高	1. 相较 2,4-D 异辛酯，对小麦安全性有较大提高；但仍需注意低温下施药的安全性风险 2. 对江苏、安徽部分地区抗性猪殃殃、繁缕效果较差	否，易飘移

（续）

有效成分	化合物分类	优点	缺点	是否适合飞防
氟氯吡啶酯＋双氟磺草胺	芳香基吡啶甲酸类＋磺酰胺类	1. 可有效防除抗性播娘蒿、抗性荠菜、抗性猪殃殃等多种小麦田阔叶杂草 2. 对小麦高度安全	对江苏、安徽地区抗性繁缕效果较差	是，对小麦安全性高
双氟磺草胺＋氯氟吡氧乙酸	磺酰胺类＋吡啶羧酸类	1. 可有效防除抗性猪殃殃、抗性繁缕、荠菜、大巢菜等多种阔叶杂草 2. 对小麦安全性高	对ALS-R荠菜和播娘蒿可能会有交互抗性	是，对小麦安全性高，但是在早春温度低于5℃时对猪殃殃的效果不理想
氯氟吡氧乙酸	吡啶羧酸类	1. 可有效防除抗性猪殃殃、抗性繁缕、大美菜、田旋花、打碗花等阔叶杂草 2. 对小麦高度安全	1. 对荠菜、播娘蒿效果不理想 2. 冬季施药，效果受到温度影响较大	是，对小麦安全性高，但是在早春温度低于5℃时对猪殃殃的效果不理想
唑草酮	三唑啉酮类	1. 杀草速度快 2. 对ALS-R杂草效果较好	1. 单用杀草谱较窄 2. 春季施药，死草不彻底，易发生复生现象	否，对小麦安全性差
唑草酮＋双氟	三唑啉酮类＋磺酰脲类	1. 杀草谱广、对ALS-R杂草效果较好 2. 杀草速度快	春季施药，死草不彻底，易发生复生现象	否，对小麦安全性差
唑草酮＋双氟＋二甲四氯钠盐	三唑啉酮类＋磺酰脲类＋苯氧羧酸苯甲酸类	1. 杀草谱广、对ALS-R杂草效果较好 2. 杀草速度快	春季施药，死草不彻底，易发生复生现象	否，易飘移，对小麦安全性差

（2）药液雾化　农药的雾滴粒径大小、覆盖密度、药液浓度对杀虫剂、杀菌剂、除草剂的药效均有显著影响。根据农药雾滴粒径的大小，可以将雾滴分为极细雾、非常细雾、细雾、中等雾、粗雾等。雾滴的分类等级见表6-6。

表6-6　雾滴的分类等级

分类	英文含义及简写	颜色代码	近似体积中径（VMD）/μm
极细	Extremely Fine，XF	紫	≈50
非常细	Very Very，VF	红	＜136
细	Fine，F	橙	136～177
中等	Medium，M	黄	≥177～218
粗	Coarse，C	蓝	≥218～349
非常粗	Very Coarse，VC	绿	≥349～428
极粗	Extremely Coarse，XC	白	≥428～622
特别粗	Uitra Coarse，UC	黑	≥622

1）粒径对作业效果的影响。同样容量的药液，雾滴粒径减小一半，雾滴数量为原来的 8 倍。所以小雾滴可以带来更高密度的雾滴覆盖，并且可以提升作业效果。同时，喷施小雾滴，可以在相同雾滴密度的情况下，显著减少施药量，减少环境污染。众多实验表明，当单位面积内达到一定的雾滴密度时，即可产生较好的防治效果，因为每个雾滴都有其杀伤半径，单位面积内一定量的雾滴即可以产生良好的防治效果，而没有必要采用大容量、淋洗式喷洒，这对环境以及资源都是巨大的浪费。

2）粒径对飘移与蒸发的影响。雾滴越小，随风飘移就越远，飘失的风险性就越大。小雾滴由于质量小，在空气阻力作用下，下降速度不断降低，受环境温度和湿度的影响，蒸发后越变越小，可随风飘移很远。雾滴中所含小雾滴的粒径是影响农药飘失量的主要因素，一般认为粒径 100μm 以下雾滴最容易产生飘移。当然，环境风速是雾滴飘移最大外因，应在 3 级以内风速下作业。

3）粒径的优化选择。植保无人机作业高度相对地面机具更高，受环境风影响更为明显，所以在实际作业时不能只考虑作业效果，还必须考虑如何减少雾滴飘移。雾滴飘移是目前飞防飘移药害的主要原因，也是影响除草剂飞防应用的主要障碍。综合考虑药效以及降低雾滴飘移带来的负面影响，建议作业时将雾滴粒径控制在 150μm 以上。

2. 风场与雾场的协同

植保无人机的雾场分布特性与地面机具、固定翼飞机都不相同，其中自走式喷杆喷雾机、电动喷雾机并没有下压风场，而固定翼飞机产生的气流方向向后，并不能产生下压穿透效果，所以说植保无人机的下压风场是其雾滴分布效果的重要影响因素。

（1）喷嘴布局的差异

1）植保无人直升机的喷嘴布局。直升机拥有单一的下压风场，所以其喷嘴布局从几十年前诞生起到现在一直没有太大改变，即类似于自走式喷杆喷雾机的排杆式。这种喷嘴布局在直升机上运用可以借助于直升机的下压风场，而产生良好的雾滴均匀覆盖效果，如图 6-20 所示。

2）多旋翼植保无人机的喷嘴布局。多旋翼植保无人机拥有多个转向相反、彼此

图 6-20　植保无人直升机

独立的风场，早期的多旋翼植保无人机产品也直接沿用直升机的一排杆式布局，结果发现存在雾场混乱、雾滴返吸上螺旋桨等问题，造成了雾滴分布不均匀。最重要的是，雾滴返吸不仅造成了螺旋桨与电机的农药污染，而且还容易造成电机腐蚀与故障，大大降低了多旋翼植保无人机的使用寿命与工作稳定性。旋翼植保无人机的雾滴返吸现象如图 6-21 所示。

为了更好地运用多旋翼植保无人机的风场、提高产品稳定性，多旋翼植保无人机的

喷嘴逐渐演变成在每个电机下方的布局方式。这样不仅避免了雾滴返吸的问题，而且将每个喷嘴布局在一个完整的风场内，提高了雾滴的下压穿透效果，如图 6-22 所示。

图 6-21　旋翼植保无人机的雾滴返吸现象　　图 6-22　喷嘴在螺旋桨下方杜绝了雾滴返吸现象的产生

3）喷嘴布局对作业高度参数的影响。喷嘴在螺旋桨下方的布置方式在避免了返吸问题的同时，也增加了两个喷嘴之间的距离，同时还能避免漏喷问题的发生。以 MG 系列植保无人机为例，只有在飞行高度（喷嘴与作物表面或地面距离）在 1.8m 以上时才能保障喷洒效果均匀，并不建议采用 1.5m 的作业高度，如图 6-23 所示。

（2）风场与地面角度　只有旋翼类（能够悬停）飞行器（包括直升机以及多旋翼机）才具有风场下压效果，固定翼飞行器其气流高速向后并与地面平行，不具有下压效果。

1）什么是风场与地面角度。风场角度主要是指飞行器所产生气流与地面的角度，当植保无人机悬停不动时，其气流向下高速流动，可近似认为其风场角度为 90°。当风场角度为 90° 时，其对下方作物的扰动作用最强，雾滴的穿透性也最强，但同时也更容易造成作物倒伏。随着飞行速度的提高，其风场角度逐渐增加，当速度快到一定程度时，其风场角度接近 180°，此时植保无人机对下方作物基本无扰动作用，雾滴穿透性最差，雾滴以自然飘落的状态到达作物上

图 6-23　飞行高度为 1.5m 时两侧喷嘴喷洒范围未有效重合

方。在目前常见喷嘴布局下，雾滴运动主要受喷嘴、风场双重影响，所以植保无人机的风场角度也直接影响了雾场的运动，也就直接影响了作业效果。

2）雾滴的有效沉积。不同作物及其病虫草害对雾滴沉积有不同的要求，但从植保作业来看，上、中、下不同部位均能做到均匀喷洒是良好作业效果的重要保障，如图 6-24 所示。植保无人机从作物上方飞过并进行喷洒，所以其雾滴分布上层最多、下层较少，如果要提高其雾滴分布立体均匀性，选择合理的飞行速度是最为直接的办法。对于果树作业、触杀性质作业应主动提高喷洒量、降低飞行速度，以提高雾滴沉积效果。

（3）飞行速度对作业的综合影响　下压风场是旋翼类植保无人机作业效果的重要组成部分，而飞行速度与下压风场息息相关，所以从一定程度上说，飞行速度与植保作业效果直接挂钩。

1）对雾滴沉积的影响。飞行速度直接影响飞行器风场角度，所以速度越快其下压风场越弱，速度越慢则风场越强。下压风场有助于雾滴在立体层面的均匀分布，所以飞行速度越快，则会加剧雾滴沉积的不均匀性，一定速度范围内，较低的飞行速度则有利于雾滴的均匀沉积。日本农林水产航空协会在《产品用多旋翼无人机安全对策手册》中建议，绝大多数的作业速度范围为10~20km/h，即2.7~5.5m/s。

图6-24　雾滴均匀覆盖作物上、中、下层能够获得更佳的作业效果

结合各项数据来看，植保无人机作业速度应控制在2~7m/s范围内，对于雾滴沉积要求较高的作业类型（脱叶剂等），则应将速度控制在4m/s内。低于2m/s的作业速度主要应用在果树、林木，而较少用于大田作物。

2）对飘移的影响。飞行速度提高至5~6m/s（因机型不同略有差异）以上时，植保无人机后方将会形成漩涡，漩涡不仅导致下压风场减弱，同时会导致雾滴落地时间增加，加剧了雾滴飘移与蒸发的负面影响。为减小飘移问题负面影响，在进行除草剂作业时，建议将飞行速度控制在5m/s内，以减少漩涡的产生。

3）对喷幅的影响。通过大量的测试发现，当植保无人机完全处于悬停状态时，其喷洒范围最小。在一定范围内增加飞行速度，有利于其喷幅的扩展，所以一般并不建议在2m/s以内的作业速度。

3. 雾滴的空中运动过程

植保无人机作业时雾滴在空中的运动过程有其自身特点，与地面设备相比，主要差别在于：

1）因为作业高度通常为1.5~2.5m，所以运动距离远高于地面喷杆喷雾机的0.5~0.75m。

2）雾滴本身被飞行器产生的风场加速。

3）雾滴较细，受自然风及湿度影响较大。

另外，因为受到风场的强烈冲击，喷嘴并不能达到理论喷洒范围。以MG系列及T16标配的XR1100喷嘴为例，其理论数据为在90cm高度，单喷嘴即可达到2.57m喷幅，而实际值远低于此（实际数值受飞行速度影响）。

（1）不同飞行速度下的运动过程

1）低速状态下的雾滴运动。低速下（图6-25）的雾滴运动，有以下特点：

① 雾场与地面角度不大。

② 雾场整体比较稳定，不产生卷扬现象。

2）高速状态下的雾滴运动。高速下（图6-26）的雾滴运动，表现出以下特点：

① 雾场与地面角度增大。

② 雾场形成漩涡。

③ 雾滴的扩散范围扩大。

图6-25　飞行速度2m/s的情况　　　图6-26　飞行速度7m/s的状态

所以，从雾滴运动来看，5m/s以内的飞行速度有利于提高作业效果。

（2）飘移与蒸发及其产生的问题　农药的飘移与蒸发是农药利用率降低的主要因素，并且还可能导致药害。同时，植保无人机作业飞行高度较高、雾滴较细，飘移与蒸发特性更为明显。

1）飘移问题的主要影响因素。

① 环境风速。环境风速越高，飘移则越强。应在3级风速内喷洒作业，除草剂作业应选择风速在1~2级风范围内。风速对雾滴飘移的影响见表6-7。

表6-7　风速对雾滴飘移的影响

风速/m·s⁻¹	飘移距离/m	
	粒径100μm（弥雾滴）	粒径400μm（粗雾滴）
0.44	4.8	0.8
2.24	24.5	4.5

② 雾滴粒径。影响飘移的因素有很多，但无论是哪一类飘移，雾滴的原始尺寸都是引起飘移的最主要因素。雾滴越小，顺风飘移的距离就越远，飘移的风险就越大。飞防作业应综合考虑作业效果与减少飘移，建议将雾滴粒径控制在150μm以上。雾滴粒径对飘移的影响见表6-8。

表6-8　雾滴粒径对飘移的影响

雾滴粒径 /μm	在静止空气中下降3.0m的时间 /s
5（烟雾）	3960
20（烟雾）	252
100（弥雾滴）	10
240（细雾滴）	6
400（粗雾滴）	2
1000（粗雾滴）	1

③ 喷嘴类型。农药雾滴飘移还受施药装置的影响，离心喷嘴相比液力雾化喷嘴飘移性更强。

④ 飞行速度。飞行速度越快，风场与作物角度越大，雾滴落地的时间越长，飘移风险越高。

2）蒸发问题的主要影响因素。环境温度与湿度是蒸发的主要影响因素，温度越高、湿度越低则蒸发越强烈。实验发现，由于蒸发，100μm的雾滴在25℃、相对湿度25%的情况下，移动75cm后粒径减小一半。所以在中国新疆、甘肃等低湿度地区作业，应适当提高亩用量、雾滴粒径，以降低雾滴蒸发带来的负面影响。

3）如何降低药液飘移与蒸发。

① 选择合理的气象条件与作业时间，经验见表6-9。

表6-9　合理的气象条件及作业时间

作业时间	气象条件		
	风速	温度	湿度
合理	1~2级风	15~25℃	50%~80%
可以	3级风以内	10~35℃	20%以下
禁止	3级风以上	10℃以下，35℃以上	20%以下
合理时间段	夏季炎热时期作业时间应为早上7：00—10：00，下午4：00—8：00 不同地区适当调整		

② 适当加入飞防助剂。农药加入喷雾助剂（桶混助剂）后能够降低药液表面张力、延长雾滴保湿时间、增加药液在叶面的铺展面积和耐雨水冲刷能力，起到防止雾滴飘移、增强展着性、促进吸收的作用。

③ 选择合适的作业高度。植保无人机作业应在不产生漏喷与作物倒伏的前提下适当降低作业高度，以减小飘移与蒸发问题的影响。

4. 雾滴在作物叶面的沉降

雾滴在作物表面的沉降，会因为作业速度、作业高度、植株高度不同而具有不同的碰撞强度。

（1）大田作物 对于水稻及小麦等大田作物，为方便理解，我们可以将其视作地面。从如图 6-27 所示的流场分析图可以看到，植保无人机的雾滴在接触到地面后向两侧延伸，所以植保无人机的有效喷幅远高于其自身宽度。以 MG 系列为例，其两侧喷嘴距离为 1.5m，而有效喷幅最高可达 5m，T16 植保无人机的两侧喷嘴距离为 2.2m，喷幅最高可达到 6.5m。

图 6-27 植保无人机风场及雾场分析图

（2）果树类作物 对于果树类经济作物，就不可将其直接看作是地面，这是因为果树一般不会密植而且也不会封垄。植保无人机在果树上方喷洒，雾滴在两侧的延伸远小于大田作物，所以植保无人机在果树等类似作物上进行作业时，其喷幅设置不可套用大田作物数据。以 T16 为例，对柑橘进行作业，建议喷幅设置在 4m 范围内。

植保无人机作业属于低容量、细雾滴、高浓度作业，其不仅拥有远高于常量喷洒的农药利用率，而且对于不同作物、不同地形适应能力也较强。我国在 2015 年的中央一号文件中提出"农药用量零增长"目标，而植保无人机正是提高农药使用效率、降低农药用量的有力抓手。

但是植保无人机本身也存在雾滴易飘移、药液安全性低于常量喷洒等特点，所以在作业过程中应注意在合理的气象条件下作业，并使用加入助剂等措施以降低雾滴飘移量；作业时，注意总结药剂在飞防上的安全性，选择安全、不易堵塞喷嘴的药剂以及剂型进行作业。对于多旋翼植保无人机，控制飞行速度是提高雾滴沉积均匀度最直接有效的方式，对于要求雾滴均匀覆盖的作业类型，例如果树、棉花脱叶剂作业，应将飞行速度控制在较低范围内。以大疆 MG 系列为例，脱叶剂只打一次的作业类型应将飞行速度控制在 4m/s 内，对于果树作业，根据树木类型不同，飞行速度也应控制在 4m/s 以内。对于水稻、小麦等大田作物病虫草害综合防治，也应将飞行速度控制在 6m/s 以内，以降低雾滴飘移。

对于多旋翼植保无人机，应在不产生倒伏、不产生漏喷、不影响飞行安全的原则下尽量降低飞行高度，以提高雾滴穿透效果、减少雾滴飘移。不同机型的高度选择不尽相同，以生产厂家推荐数值为准。以大疆 MG 系列、T 系列机型为例，合理高度应在 1.8~2.5m。

▍知识点 2 作业参数选择思路

本知识点以大疆植保无人机为基础，结合部分植保、药剂知识，最后整合成具有一定范围的作业参数建议，见表 6-10 和表 6-11。

表6-10 植保无人机作业建议

项目	作物								
	冬小麦		水稻					棉花	
作业类型	茎叶除草	病虫防治	寒地水稻移栽水田封闭	寒地水稻病虫防治	水稻直播田封闭	长江流域水稻病虫防治	茎叶除草	病虫防治	脱叶剂及免打顶剂
喷洒亩用量/L·亩	1~1.3	1~1.5	0.6~0.8	1~1.3	1~1.2	1~1.5	1.2~1.8	1~1.5	1.2~1.5
速度/m·s^{-1}	5.5~6	5~6	6~7	5.5~6.5	5.5~6	5~6	4.5~6	5~6	5~5.5
高度/m	2~2.2	2~2.5	2~2.5	2~2.5	2~2.2	2~2.5	2~2.2	2~2.5	2~2.5
行距/m	5.5~6	5.5~6	7	5.5~6	6	5.5~6	5~5.5	5~6	5~5.5
气象条件要求	夜间最低气温5℃以上，风速1~2级，中午时段避免低温药害作业	15~30℃，风速1~3级	15~25℃，风速1~3级	15~28℃，风速1~3级	15~25℃，风速1~2级	20~35℃，风速1~3级	20~30℃，风速1~2级	15~30℃，风速1~3级以上	12~30℃，风速1~3级，40%湿度以上
注意事项	湖北、安徽、江苏避免对油菜飘移药害，避免低温药害	丙环唑类，害瓜果、葡萄，高氯，蜜蜂及鱼危害	扩散型封闭除草剂	注意提前防治稻瘟病	避免对油菜飘移药害	长江中下游注意三环唑过量及高温药害	避免对大豆、油菜、阔叶菜、蔬菜药害	注意抗性蚜虫	避免过量施用脱叶剂造成焦枝挂叶
参数选择	阔叶杂草偏下限，抗性及难除杂草偏上限	常规预防偏下限，茎部、根部靶标偏上限	潲溜型打法适用，保持水面平整	常规预防偏下限，茎部靶标根部偏上限	根据作业区域以往草害情况合理选择	常规预防偏下限，纹枯病等偏上限	阔叶杂草偏下限，抗性及难除杂草偏上限	前期预防偏下限，抗性蚜虫偏上限	吐絮率正常偏下限，贪青晚熟偏上限

（续）

项目	作物：冬小麦	水稻	棉花
避免使用药剂	2，4－滴、甲基二磺隆、二甲四氯异辛酯	敌敌畏等高毒农药	硫丹、灭多威等高毒药剂；避免过量施用脱叶剂造成焦叶挂叶
公共注意事项	注意耕地机，避免踩踏；避免药液飘移对下风向区域作物、动物造成药害及毒害，注意提前预判药剂对下风向动物、作物的潜在影响	提前判定耕地前三年草情，从而确定作业方案；在周边有作物的情况下，严禁使用灭生性除草剂；湖北、江苏鱼虾稻田注意选用安全药剂及早稻注意提高飞行高度，避免倒伏	对于新疆棉花作业飞行高度偏上限，必须考虑湿度过低对作业造成的负面影响；注意严格按照二次稀释法配制药液
机型差异	当使用T20植保无人机装满20L时，建议适当增加飞行高度，避免造成作物倒伏		

表6-11 大疆农业 MG 系列植保无人机作业建议

项目	作物：冬小麦		水稻						棉花	
作业类型	茎叶除草	病虫防治	寒地水稻栽水田封闭	寒地水稻病虫防治	水稻直播田封闭	长江流域稻病虫防治	茎叶除草		病虫防治	脱叶剂及免打顶剂
喷洒亩用量 /L	0.8~1	0.8~1	0.6	0.8	0.8~1	1~1.2	1~1.5		1~1.2	1~1.2
速度 / m·s⁻¹	4.5	4.5~5	6	4.5~5	4.5	4~5	3.6~4.5		4~4.5	4~4.5
高度 /m	1.8~2	1.8~2.2	2~2.2	2~2.2	1.8~2	1.8~2.2	1.8~2		1.8~2.2	2~2.3
行距 /m	4.5~5	4.5~5	5~5.5	4.5~5	4.5	4~5	3.6~4.5		4~4.5	4~4.5

注：实际应用要考虑药剂、环境、作物、靶标等情况，此表仅作为基准。

1. 常见作业参数及其要求

合理选择作业参数的最终目的是使药剂均匀有效地喷洒在目标区域，达到应有的防治效果。很多植保无人机使用者往往忽视了喷嘴型号对于作业效果的影响，实际上喷嘴也是作业参数之一，能够对作业效果、雾滴飘移、雾滴覆盖产生影响。

（1）飞行高度　考虑到减少飘移与蒸发，避免漏喷，并且不会造成作物倒伏的前提下，植保无人机应尽量降低作业高度。如大疆的 T16/T20 飞行高度为 2~2.8m，MG 系列飞行高度为 1.8~2.5m。高度过高将造成药液飘移与蒸发加剧，下压气流对作物叶片的扰动效果减小；高度过低则会造成中间部分漏喷。飞行高度还要考虑一个问题，即不能对作物造成倒伏，所以往往载重越大的机型要求飞行高度越高。另外，喷嘴布局、机架布局都会对喷洒性能造成较大差异，所以不同产品在飞行高度要求上差异较大。

（2）飞行速度　飞行速度对作业效果的影响如下：

1）喷幅范围。随着速度加快，喷幅增加。

2）穿透性与雾滴覆盖。速度越快，对作物的穿透性越差，植株中下部雾滴覆盖越少。

3）飘移风险。速度越快，雾滴下降越慢，飘移风险增加。一般飞行速度在 3~7m。

飞行速度的提升有利于喷幅的扩大，但是会造成雾滴穿透性下降，而且飞行速度过快会导致安全风险增加，所以常见的飞防作业一般都在 3~7m/s。一般来说，作业质量要求越高，飞行速度越低，反之亦然。

（3）喷洒亩用量　喷洒亩用量越低，飞行速度越快，其雾滴穿透性也越差，较高作物的中下部雾滴沉积也越少。对于高秆作物、密集作物，用水量要求较高的药剂应提高亩用量。因为亩用量总体来说与飞行速度成反比，所以相对来说，作业质量要求越高，亩用量越高，反之亦然。

（4）行距　行距应与有效喷幅息息相关，行距设置大于有效喷幅则为漏喷，无法保障药效；行距小于有效喷幅则为重喷，易造成药害。但是有效喷幅在不同的作物、靶标情况下，实际需要有差异。封闭除草作业区域为平整地面或者水面，并不存在需要穿透的情况，甚至在平整的水田情况下，还可以以滋溜的方式作业，药剂到达水田后均匀扩散即可，所以作业行距相对可以设置更宽。如果靶标在茎基部、根部，则需要有较好的雾滴穿透效果，这就需要更低的飞行速度，行距应相对设置更窄。

（5）雾滴大小　雾滴越细则同样的亩用量雾滴数量越多（雾滴直径减小一半，雾滴数量增加 8 倍），覆盖的面积越大，作业效果会更好。但是雾滴越小，飘移与蒸发越严重，存在的风险就越高，所以除草剂作业、干燥天气会要求较粗的雾滴粒径。

2. 不同因素对作业参数的影响

（1）不同作物对作业参数的影响

1）作物的高度。低矮的作物可以用较快的飞行速度、更低的亩用量，同种作物不一定用同一组参数。

2）作物密集程度。作物越密集，需要降低飞行速度，提高雾滴的穿透力，果树作业亩用量相对最高。

3）作物的性质。作物越容易倒伏，越要增加飞行高度。禁止低空原地悬停！

同样是茎叶除草作业，因为冬小麦除草作业主要集中在返青拔节时期，作物比较低矮，所以其作业参数相对于水稻茎叶除草整体参数可以更宽松。而像茶树、果树等厚冠层作物相对小麦水稻等大田作物，肯定需要更高的亩用量、更慢的飞行速度。早稻田、茭白等易倒伏作物，应提高飞行高度。

（2）药剂对作业参数的影响

1）触杀性药剂。触杀性药剂需要与靶标充分接触才能起效，所以需要更高的亩用量与更慢的飞行速度。

2）内吸性药剂。内吸性药剂因为可以通过作物吸收传达全株，所以对喷洒亩用量和速度要求更低。

3）药剂的敏感性。药剂安全性较低、易产生药害，则应严格选择行距，不可重喷产生药害。

因为飞防用水量少，雾滴覆盖面积有限，所以内吸性药剂更适用于飞防。如果是触杀性药剂，一定要适当降低飞行速度、提高亩用量，保障雾滴喷洒均匀，例如脱叶剂作业、触杀性除草剂、触杀性杀虫剂。

（3）靶标对作业参数的影响

1）危害程度。预防性作业可以允许更低的亩用量，危害严重则应使用更高的亩用量与更低的飞行速度。

2）抗性。抗性强的靶标需要用更高的喷洒亩用量、更低的飞行速度。

3）靶标在作物的位置。靶标在作物底部，如稻飞虱、茎基腐病，需要用更高的亩用量，提高作物下部的雾滴覆盖。

总体来说，预防性作业相对于已经出现明显病虫害的作业可以选择更宽松的作业参数，叶部病虫害防治选择作业参数可以比茎基部、根部靶标更宽松。例如水稻稻飞虱、纹枯病，小麦茎基腐病、纹枯病都应选择更严谨的作业参数。

（4）气象条件对作业参数的影响

1）温度与湿度。温度越高、湿度越低，雾滴蒸发越快，此时应提高亩用量，同时提高喷嘴型号，加大雾滴粒径，减少雾滴的蒸发，注意添加飞防助剂。尽量避免在高温低湿的环境下作业，因为易产生药害且效果不佳。如在新疆等高温低湿环境，可以选择更高的亩用量、更粗的雾滴、添加助剂，减少蒸发带来的负面影响。

2）风速。风速越高，越容易产生飘移，如果是除草剂作业易产生飘移药害，建议提高喷嘴型号。因为植保无人机作业飘移性较强，所以除草剂作业风险较高，应尽量选择更高的亩用量、更粗的雾滴进行作业，减小飘移影响。

（5）地域对作业参数的影响

1）不同地域病虫害特点。例如，同是水稻种植区，长江中下游选择作业参数一般会比黑龙江更严格。

2）不同地域的气象情况。西北地区夏天温度高、湿度低，应提高亩用量与喷嘴型号，减小雾滴蒸发的负面影响。

总体来说，地域其实也直接影响了当地的病虫草害情况，同样的迁飞性害虫在长江中下游地区可能繁衍7~8代，而在黑龙江地区可能只能繁衍2~3代，所以东北地区病虫害相对较轻，总体来说选择作业参数较南方水稻区亩用量更低。

3．不同机型性能差异

（1）风场与穿透力　大疆T系列比MG系列风力更强、穿透力更强，允许更快的飞行速度。

（2）载药量　大机型允许更高的亩用量，提高喷洒亩用量，在部分情况下有利于提升作业效果。

（3）有效喷幅　大疆T系列比MG系列有效喷幅更大，T系列喷幅可达7m。

以目前市场上主流的大疆植保无人机为例，T系列相对于MG系列风场与穿透力更强，这是因为：

1）MG系列是8轴，而T系列是6轴，同样的负载，T系列分配在每个电机上的功率更高，风场更强。

2）T系列载重更高，直接增加了风场强度。风场增强带来的直接影响是，同样的飞行速度，T系列的雾滴穿透性会比MG系列更优秀。

T系列负载更高，能够支持更高的喷洒亩用量。提高亩用量能够增加雾滴数量、减小桶混反应、增加药剂安全性，总体来说能够保障更好的作业效果。

4．新人常见错误

（1）飞行高度贪低　新手入行，往往认为越低越好，而高度过低会造成喷药不均匀。农户受限于原本使用人工作业的经验，往往要求植保无人机较低的飞行高度，甚至是贴着作物飞行，这是不对的。首先，一定的飞行高度才能保障无人机的飞行安全；其次，较低的飞行高度有可能导致漏喷的发生，所以一定要按照厂家推荐的作业参数进行作业。

（2）除草剂作业飞行高度高　飞行高度过高造成除草剂飘移药害较高，应尽量降低高度。

（3）一套参数打天下　各种作业需求不同，应因时因地理选择。有时，对于一种作物也会采用不同的参数。作物会持续长高，靶标可能在不同的位置、病虫害有轻有重，这都有不同的作业要求，应根据实际的需要去作业。

（4）一套喷嘴打天下　除草剂作业、干旱地区作业可以选择大一号喷嘴。

▶ 知识点3　夜间作业注意事项

炎炎夏季，白天往往存在高温、低湿、强风等情况，夜间相对于白天在温度、湿度、风速方面更加适合进行植保无人机作业，将夜间作业时间利用起来，对于有限的植保作业周期尤为可贵。当我们熟悉夜间作业的注意事项，即可安全高效地进行夜间作业。

1. 夜间作业地块勘察与规划

植保作业前的环境勘察极为重要，只有对作业环境做到心中有数，才能在进行航线规划时不犯低级错误，才能降低事故率。

（1）作业环境勘察

1）周边种植情况。在作业前必须观察周边作物种植情况，是否存在桑树等敏感植物，避免产生飘移性药害、毒害事故。要提前查询好药物特性、作物特性，确认安全方可作业，避免产生经济损失。

2）周边养殖情况。如作业区域周边存在养殖情况，则有可能导致养殖牲畜、鱼虾等发生中毒、死亡。如作业不可避免，一定要确认农药是否可能对养殖牲畜、鱼虾等产生毒害。

3）障碍物。田块规划时应仔细观察田块内部及边缘障碍物情况，进行障碍物规划，避免植保无人机与障碍物产生撞击。

（2）地块与作业模式选择

1）地块选择。因夜间作业环境特殊性，须优先选择规整且连片的田块（图6-28）。不推荐对于小地块、复杂田块进行夜间自主飞行作业，效率低且易发生危险。

图6-28 平原标准地块

2）选择全自主作业模式。确定好作业田块后，提前进行田块的规划，选择适合起降点，一般使用全自主模式进行作业。

2. 夜间植保作业准备

（1）设备准备

1）准备夜间照明。对起降区域进行照明，方便起降及更换电池与药箱。

2）作业设备。

①电池。每机建议配置 5 块以上，数量过少有可能导致电池保障不足或电池高温充电损害电池。

②发电机。夜间标配发电机，选用发电机功率在 7000W 以上，可供两台四通道充电器使用。

③配件。例如螺旋桨、套筒、喷嘴等配件，备用喷嘴可在喷嘴故障无法排除时更换。

④配药工具。包括母液桶、水箱、拌药工具、漏斗（带滤网）等。

⑤维修工具。包括老虎钳、内六角套装、剪刀等工具，牙刷可以用来排除喷头堵塞。

建立点检表避免忘带设备，见表 6-12。

表 6-12　植保作业点检表

序号	项目	名称	数量	单位	备注	是否携带
1	植保机相关	植保机	1	台	包含药箱、桨托	
2		四通道充电器	2	台	包含 16A/10A 转接头	
3		智能充电器接地线	1	根		
4		T20 植保机电池	4	块	4~5 块	
5		备用药箱	1	个		
6	遥控器相关	遥控器	1	个	4G 无线上网卡（含 SIM 卡）	
7		遥控器挂带	1	个	出厂自带	
8		RTK 模块	1	个		
9		遥控器充电器	1	个		
10		遥控器充电管家	1	个		
11		遥控器电池	2	块		
12	配药工具	母液桶	2	个		
13		水箱	1	个		
14		拌药工具	1	个		
15	配件及工具	对讲机	3	个		
16		螺旋桨叶	1	套		
17		工具	1	套	出厂自带工具	
18		螺栓、螺母及备用喷嘴等其他配件	1	包	出厂自带配件	

（2）人员安全

1）作业人员应穿戴长衣、长裤、长袜，减少皮肤裸露。

2）应携带手电筒或头灯，便于夜间走路。

3）应随身携带花露水、防蚊水，避免蚊虫叮咬。

4）南方地区作业应穿水鞋，避免脚部进水及踩踏到毒蛇。

5）夜间行车，避免疲劳驾驶、超速行驶。

6）作业前应清空作业区域，否则植保无人机与地面人员发生撞击将可能造成严重伤害。植保无人机起降需要与人员保持 5m 以上安全距离。

3. 保障夜间作业飞行安全

1）开启植保无人机照明灯并关注 FPV 画面。在遥控器 App 设置选项中，打开照明灯，这样就可以照亮前方区域，再通过观察 FPV 画面，就可以清晰地获得正前方的实时画面，更好地保障飞行安全。

2）更换电池应确认电池卡紧。

3）避免起降期间撞击障碍物。白天规划时，提前确定植保机起降点与执行作业起始点位置是否有障碍物，如起降点上方有电线，则应提前设置好起飞点高度，避免与电线碰撞，或者手动解锁飞行至执行航线起始点，到达起飞点时，滑动执行任务。

4）作业时实时判断植保无人机的实际位置。遥控器执行界面，红色三角形为植保无人机所在位置，通过观察 FPV 摄像头画面判断飞行器实际位置。通过进入卫星地图进行辅助判断田块边界是否存在障碍物，对有明显障碍物区域需要提高警惕。

5）安全地往返作业中断点。首先，可以通过遥控器断药点提示或剩余药量判断，提前在地头将植保无人机拉回进行加药，避免植保无人机在田块中间无药悬停。其次，通过已作业航线轨迹，手动拉回植保无人机，手动拉回时，注意高度变化。最后，可以使用一键返航操作，返航轨迹从断药点到返航点呈直线状态，确保返航点中间无障碍物、无电线，落地时如场地过小，可手动降落。

▌知识点 4 高温作业注意事项

1. 高温对植保作业的综合影响

（1）高温定义及各地温度差异 在我国，一般将 35℃以上气温称为高温。实际上，因为我国地域广阔，各地气候差异极大。东南部和西北部是两个年高温日数分布高值区，全年高温日数一般有 15~30 天，新疆吐鲁番达 99 天，为全国之最。江南部分地区及福建西北部年高温日数可达 35 天左右。重庆市年高温日数也较多，有 35 天。从种植作物与作业节点来看，重庆、湖南、江西、福建、浙江、广东地区驾驶员特别需要注意避免因高温作业而中暑。

（2）高温对人体的影响 高温天气能使人感到不适，工作效率降低，易发生中暑、肠道疾病、泌尿系统疾病。所以在高温时段，不仅要禁止中午作业，同时还应避免高温时段户外活动。另外还要注意湿度造成的差异，温度越高、湿度越大，越容易造成人体排汗困难，从而造成中暑。

（3）高温对作业效果的影响 温度越高、湿度越低，雾滴蒸发的速度就越快，从而造成作业效果下降。同时，在高温时段因为药液浓度高与药剂活性强更容易产生药害。所以从作业效果来看，也应避免高温时段作业。

（4）高温对设备安全的负面影响 植保无人机属于超大功率的飞行器，工作电流高达几十安，动力系统，包括电池、电调、电机，在工作时会产生热量，如部件温度过高甚至会产生故障，高温天气无疑会恶化动力系统的工作环境。

2. 高温作业环境下的人员安全

（1）作业时间段的选择 综合考虑作业效果、人员舒适性等因素，应尽量选择早晚时段进行作业。以黑龙江省为例，应选择早上3：00—8：00，下午4：00—9：00；江西、湖南应选择早上6：00—9：00，下午4：00—9：00；新疆应选择上午7：00—11：00，下午7：00—11：00。地块较大、障碍物较少、蚊虫蛇相对较少地区可以选择晚间作业，不仅作业效果更佳，而且也避免处于高温环境下。不同地区高温时段飞防适宜作业时间段见表6–13。

表6–13 不同地区高温时段飞防适宜作业时间段

地区	日出时间	天亮时间	日落时间	天黑时间	适宜作业时间段	
					早	晚
黑龙江省佳木斯市	4：00	3：25	18：49	19：24	4：00—9：00	16：00—21：00
山东省德州市	5：20	4：53	19：20	19：49	5：00—9：00	16：00—21：00
湖南省邵阳市	5：59	5：34	19：21	19：46	6：00—9：00	16：00—21：00
广东省江门市	5：59	5：35	19：08	19：31	6：00—9：00	16：00—21：00
重庆市	6：15	5：49	19：45	20：10	6：00—9：00	16：00—21：00
甘肃省兰州市	6：13	5：44	20：08	20：36	6：00—9：00	17：00—22：00
新疆维吾尔自治区石河子市	6：59	6：27	21：31	22：04	7：00—11：00	19：00—24：00
新疆维吾尔自治区阿拉尔市	7：36	7：06	21：53	22：23	7：00—11：00	19：00—24：00

注：以8月3日的日出时间为准，适宜作业时间段会每天变化。

（2）防护与饮水 高温作业时要穿戴透气的防晒服、帽子，或穿戴冰袖，尽量减少裸露在外的皮肤，尽量站在树荫下作业，如没有遮阴的地方，可考虑撑伞。夏季作业应注意保持饮水，应保持少量多次的原则，每次200mL为宜。同时，应尽量选择淡盐水，以补充电解质，避免身体缺少电解质而产生中暑虚脱。

（3）中暑发生及处理 根据《职业性中暑的诊断》（GBZ 41—2019），中暑分为先兆中暑、轻症中暑、重症中暑。先兆中暑是在高温环境下，出现头痛、头晕、口渴、多汗、四肢无力发酸、注意力不集中、动作不协调等，体温正常或略有升高。先兆中暑或者轻症中暑一般来说只要迅速脱离高温高湿环境，转移至通风阴凉处，采用酒精或冰水进行物理降温即可。出现重症中暑症状如高热、抽搐、昏迷、心率快、呕吐，一定要迅速就医！

（4）人员休息与交通安全　高温季节人员易犯困，所以应注意休息，避免疲劳驾驶车辆与植保无人机。晚间开车应注意控制车速，避免出现车祸。

拓展课堂 3

飞防作业风险控制四大注意事项

1. 注意附近的敏感对象

如作业区域周边存在蜜蜂、桑树、鱼塘等敏感对象，则有可能因农药影响敏感对象存活，从而导致经济纠纷。这时需要考虑以下几个因素，切不可强行作业：

1）风向。应使敏感对象处于上风向，降低风险。

2）药剂。应挑选合适的农药，降低对敏感对象的威胁。

3）边界。应留出足够的安全边界，保证安全。

冬小麦作业，药物一般选用高效氟氯氰菊酯＋吡虫啉防治蚜虫，这类药物会对蜜蜂造成杀灭效果，若有大批的蜂箱在作业麦地周边，无论风向如何都不可作业，否则蜜蜂大批死亡就将得不偿失。

2. 对待药剂需谨慎

作业时，选用优质水基化药剂，如悬浮剂、水乳剂、微乳剂等，可以提高作业效率。同时，不可使用甲拌磷、对硫磷、甲胺磷、氧化乐果等高毒、剧毒农药，否则因药液浓度较高，极易发生人员中毒。要警惕没有标签的农药。某植保队发生过一个中毒案例，他们使用了农户提供的没有标签的农药之后，将植保机放入车内随行，途中全车人员陆续发生中毒现象。最后得知，农户提供的无标签农药是高毒农药甲拌磷（3911），即便植保机经过现场清洗，其残留的毒性依然较大。

3. 特定作业要小心

以除草为例，曾经某植保队在湖南进行莲藕田灭生性除草，当日北风 2～3 级，选用 55% 草甘膦异丙胺盐、高效氟吡甲禾灵等药剂进行作业，作业面积 160 亩。结果造成下风向近千米范围内莲藕、水稻产生不同程度药害。

所以，在进行除草剂作业时需特别留意以下问题：

1）药剂特性。药剂的类型（灭生性还是选择性）、防治对象（阔叶杂草还是禾本科杂草）等属性都必须明确。

2）风速。除草剂作业应在无风或微风的情况下进行，以降低药液飘移。

3）周边作物类型。了解除草剂类型对周边作物可能造成的影响。

4. 杜绝高温作业

众所周知，在高温及强光照情况下进行植保作业，由于植物生物活动更为活跃以及液滴蒸发较快，更容易产生药害。在夏天，华中、华南地区最高气温可达 38℃，此时适合作业的时间段只有早上 7：00—10：00，下午 4：00—7：00。如果在高温时段作业，轻则药效不佳，重则人员中暑、中毒，甚至发生严重药害。

某植保队于某一年 7 月份在江西上饶使用高效氯氟氰菊酯进行芋头杀虫作业，从早上一直作业至下午 1：00。结果在第二天发现，早上施药的部分效果显著，而中午时作业的芋头发生了严重药害，叶片卷曲发黄。农户不仅拒绝付费，还要求植保队赔偿因药害造成的损失。

07

模块七

植保无人机作业的典型案例

学习任务　植保无人机作业的典型案例

植保无人机采用低空低量施药技术，节水节药，提高了作物上的农药沉积率，减少了农药流失，提高了农药有效利用率；地形适应性强，解决了由作物高度、水田作物或丘陵地区引起的地面机械难通过、无法作业时的病虫害防治问题；农药使用安全性高，实现了人机分离作业，避免农民施药时中毒事故的发生；效率高，应对大面积病虫害爆发能力强，作业效率是背负式喷雾机的几十倍。针对不同的大田作业或者经济作业，熟悉和掌握对应的植保喷洒参数和作业参数以及农药科学配比，对病虫草害高效防治具有重要的作用。

本模块介绍了小麦、水稻、玉米、棉花等常见的大田作物和经济作物的防治经典案例，包括喷洒和飞行参数的选择、气象气候的选择以及农药的科学配比。

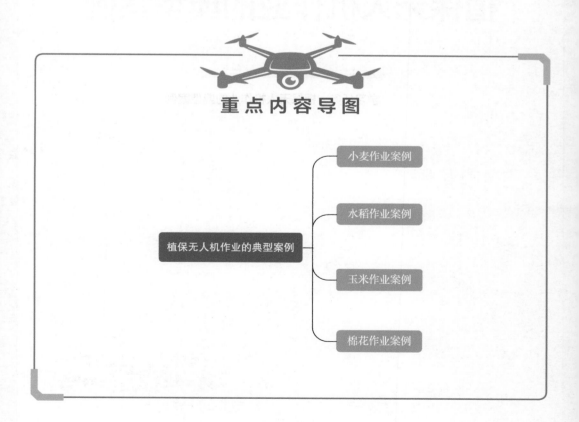

重点内容导图

植保无人机作业的典型案例
- 小麦作业案例
- 水稻作业案例
- 玉米作业案例
- 棉花作业案例

学习任务　植保无人机作业的典型案例

知识目标

1）掌握小麦作业案例。

2）掌握水稻作业案例。

3）掌握玉米作业案例。

4）掌握棉花作业案例。

素养目标

1）培养认真细致、严谨治学的态度。

2）培养职业道德观念、增强责任感。

3）加强沟通协调、团队协作的能力。

❓引导问题

小麦、水稻、玉米等作为我国主要的大田作物和经济作物，如何制定其无人机植保作业病虫害防治解决方案？

知识点1　小麦作业案例

进入三月份，随着气温回暖，冬小麦进入返青期。冬小麦返青时，雨水的滋养也让田间杂草快速生长，这时冬小麦田也迎来除草关键期。

下面介绍冬小麦田杂草有哪些，除草剂如何挑选，利用植保无人机除草（图7-1）飞防作业参数如何设置，施药要注意哪些事项。

图7-1　植保无人机进行小麦田的除草

1. 小麦杂草分类及除草剂选择

要想药到病除，必须对症下药，同理，要想药到草灭，那么我们必须根据不同种类，选择不同有效成分的除草剂。

冬小麦田常见杂草大致可分为禾本科杂草和阔叶类杂草。

常见的禾本科杂草包括看麦娘、日本看麦娘、野燕麦、硬草、菵草、稗草、狗尾草、早熟禾、棒头草等。针对这些杂草，可以选择的除草剂有炔草酯、唑啉草酯、精恶唑禾草灵、甲基二磺隆等。

常见的阔叶类杂草包括播娘蒿、荠菜、猪殃殃、婆婆纳、泽漆、麦家公、蓼、藜、繁缕、宝盖草、麦瓶草、王不留行、田旋花等。针对这些杂草，可以选择的除草剂有苯磺隆、苄嘧磺隆、双氟磺草胺、锐超麦、麦施乐、氯氟吡氧乙酸、唑草酮、二甲四氯、2，4-滴等。此外，异丙隆、啶黄草胺等除草剂对部分禾本科杂草和阔叶类都有效果。

2. 施药注意事项

由于在施药过程中，除草剂比其他药剂更容易产生药害，因此在进行冬小麦化学除草时，应注意以下事项：

1）当小麦田墒情不好，土壤比较干，小麦长势不旺时，在喷洒除草剂前，应该对冬小麦田进行适当的灌溉。

2）大雨前或大雨后，超过3级以上的风以及大降温天气，不适合喷洒除草剂。对冬小麦田浇灌3~5天后，选择无雨天气进行施药；下过大雨间隔1~2天施药，小雨后随时施药即可，保证施药后8~12小时无降雨发生就可以。

3）杂草出齐处于2~3叶期，小麦处于3~4叶期为最佳施药时间。小麦进入拔节期后不建议再进行施药。

4）气温会影响药效，因此，建议在平均气温稳定在8~10℃以上时喷洒除草剂。

5）根据田中杂草发生情况，结合往年使用药剂情况，针对性地选择除草剂。例如，部分冬小麦田因之前长期使用苯磺隆、2，4-滴、麦草畏等，杂草已经产生抗性，因此，该田块建议更换其他药剂。

3. 飞防作业参数

根据往年的作业实际情况，这里给出大疆T系列植保机的作业参数，以供参考，见表7-1。

表7-1 大疆T系列植保机的作业参数

参数名称	参数值
作业模式	航线模式/AB点
作业速度	6~6.5m/s
亩用量	1~1.2L

（续）

参数名称	参数值
作业高度	2~2.5m
喷幅	6~6.5m
喷头类型	XR11001VS

4．药剂推荐

（1）小麦包衣推荐药剂和注意事项　小麦包衣可使用克胜"丰甜"48% 苯甲·吡虫啉悬浮种衣剂。包衣注意事项如下：

1）小麦种应为国家标准规定的良种。

2）采用机械包衣以提高包衣均匀度。

30g"丰甜"可包衣小麦种子 12.5~15kg，兑水 250~300g，阴干后播种，趋避地下害虫蛴螬、蝼蛄、金针虫，预防根腐病、纹枯病、全蚀病、蚜虫等。

小麦包衣效果对比如图 7-2 所示。

（2）小麦蚜虫（图 7-3）防治药剂

1）蚜虱净（10% 吡虫啉可湿性粉剂），20g/ 亩。

2）24% 吡虫·抗蚜威可湿性粉剂，20~30g/ 亩。

3）约定（50% 吡蚜酮可湿性粉剂），10g/ 亩。

4）施悦（35% 吡虫啉悬浮剂），10g/ 亩。

5）超啉（50% 吡虫啉可湿性粉剂），5~8g/ 亩。

6）导施（70% 吡虫啉水分散粒剂），5g/ 亩。

7）神约（25% 吡蚜酮悬浮剂），20g/ 亩。

8）极豹（10% 哌虫啶悬浮剂），20~30g/ 亩。

图 7-2　小麦包衣效果对比图（左侧为小麦种子包衣）

图 7-3　小麦蚜虫

（3）小麦红蜘蛛（图 7-4a）、吸浆虫（图 7-4b）防治药剂

1）庄宽（5% 氯氰·甲维盐水乳剂），20g/ 亩。

2）包胜（45% 氯氟·毒死蜱水乳剂），20g/ 亩。

a）   b）

图 7-4 小麦红蜘蛛、吸浆虫

（4）小麦白粉病（图 7-5a）、锈病、纹枯病（图 7-5b）防治药剂

1）又胜（32.5% 苯甲·嘧菌酯悬浮剂），20~30g/ 亩。

2）闪胜（50% 嘧菌酯水分散粒剂），10g/ 亩。

3）特恩施（40% 氟环唑悬浮剂），10g/ 亩。

4）美谐（50% 苯甲·丙环唑水乳剂），20g/ 亩。

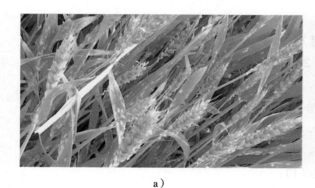

a）   b）

图 7-5 小麦白粉病、纹枯病

（5）小麦赤霉病（图 7-6）防治药剂

图 7-6 小麦赤霉病

1）显胜（5% 氨基寡糖素水剂），10~20g/ 亩。

2）妙胜（50% 氯溴异氰尿酸可溶性粉剂），40g/ 亩。

3）普瑞特（30% 戊唑·福美双可湿性粉剂），120~150g/ 亩。

4）已足（45% 戊唑·咪鲜胺水乳剂），25~50g/ 亩，小麦扬花初期（穗即将抽齐）；根据气候，5~7 天后用已足 50g/ 亩 + 闪胜 10g/ 亩再防治一遍。

知识点 2　水稻作业案例

水稻是我国主要的粮食作物之一，种植面积在 4.5 亿亩左右，位居世界第二位，占全国粮食种植面积的 30% 以上。水稻总产量近年保持在 1.8 亿吨以上，居世界第一位，占粮食总产量的 35% 以上。水稻生产机械化是农业机械化的重要组成部分，不仅能减轻农民负担、提高生产效率、增加农民收益，更能推动农业向标准化、规模化、产业化发展，促进传统农业向现代农业转变。目前我国农村的生产现状是地少人多、经济基础较薄弱，地域条件、农情条件较复杂，农机、农艺配合不完善，水稻生产环节多、工时长，以及水稻机械化生产成本较高等，这些因素都在一定程度上制约了我国水稻生产机械化的发展。

当前，欧美国家农业以中大型农场为主，规模化、机械化程度较高，农作物的病虫害防治绝大多数还是手动药械，20% 的面积为中小型机动植保机械，植保无人机在水稻领域应用比例不到 8% 。小型背负式手动喷雾机雾滴大、雾滴附着性差，喷洒过程中跑、冒、滴、漏严重，对靶性能差、劳动强度大、安全性差，此外自走式植保机械作业时存在毁苗率过高的问题。

植保无人机作业（图 7-7）具有效率高、农药利用率高、安全性高、地形适应能力强等特点，非常适合水稻等水田作物的植保作业。截至 2018 年底，全国植保无人机保有量达到 3 万部，作业面积 2.7 亿亩次。植保无人机成为水稻植保机械化重要的推进力量，受到了国家的肯定以及用户的认可。

图 7-7　植保无人机作业

1. 水稻的全国分布

根据不同地区的地理位置和稻作制度，我国稻作区域可划分为 6 个稻作带。

（1）华中湿润单、双季稻作带　本区位于南岭以北和秦岭以南，包括江苏、上海、浙江、安徽、江西、湖南、湖北、四川 8 个省、市的全部或大部，以及陕西和河南两省的南部。其中江汉平原、洞庭湖平原、鄱阳湖平原、皖中平原、太湖平原和里下河平原等，历来都是我国著名的稻米产区。这是我国水稻种植最为集中的区域，但是平原地形不多，田块较散。

（2）华南湿热双季稻作带　本区位于岭南，包括广东、广西、福建、海南岛和台湾以及云南南部地区，共计 194 个县。

（3）东北半湿润早熟单季稻作带　本区位于黑龙江以南和长城以北，包括辽宁、吉林、黑龙江和内蒙古自治区东部。因为单田块面积相对较大，并且水稻种植区平原较多，这是目前国内无人机植保作业最为集中的区域。

（4）西南高原湿润单季稻作带　本区位于云贵高原和青藏高原，包括湖南西部、贵州大部、云南中北部、青海、西藏和四川甘孜藏族自治州。本区稻作面积占全国稻作面积的 8%，因为处于高原地带，田块又较为散乱，植保无人机作业整体发展较为缓慢。

其他区域还包括华北半湿润单季稻作带、西北干燥单季稻作带，所占面积较小。

2. 水稻种植制度

水稻的耕作制度、类型与当地的热量、水分、日照等息息相关，一般可分为一年一熟、一年两熟、一年三熟。

（1）单季稻种植区　东北三省、黄淮海平原（包括河南、山东、江苏南部、安徽南部等）都属于单季稻耕作类型，每年的 4 至 5 月份播种，10 月份收割，主要的作业节点在 5 至 9 月份。

（2）双季稻种植区　长江中下游地区（包括湖南、江西、湖北、浙江、江苏等）属于双季稻耕作类型，存在早稻、中稻、晚稻三种种植方式。早稻生长周期为 3 至 7 月份，中稻为 5 至 10 月份，晚稻为 7 至 11 月份，并且各地可能同时存在三种方式。多种的种植方式导致此区域作业相对不集中，作业周期长，5 至 10 月份均有作业。

3. 防治思路

据统计，全国稻田杂草有 200 余种，其中普遍发生且危害严重的常见杂草有 40 余种。主要杂草当中，又以稗草（图 7-8）发生与危害的面积最大，多达 1400 万公顷，约占稻田面积的 47%。其他的常见杂草包括异型莎草、鸭舌草、千金子、眼子菜、野慈姑等。

除草作业分为封闭除草以及茎叶除草，封闭除草一般在播种前后进行，能够大大降低杂草萌发基数，后续再根据杂草的生长情况适时安排茎叶除草。

图 7-8　稗草

化学除草是水稻除草最为有效的手段，水直播田通常采用"一封、二杀、三补"的除草策略。

"一封"是指在水稻播种后到出苗前，利用杂草种子与水稻种子的土壤位差，针对杂草基数较高的田块，选择一些杀草谱广、土壤封闭效果好的除草剂或配方来全力控制第一个出草高峰的出现。直播稻田杂草发生早，出草量大，并且有多个出草高峰，如图 7-9 所示。出草量最多的是播后 1~7 天和 8~14 天，占杂草总量的 90%，因此早期除草至关重要。

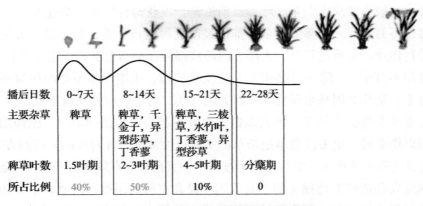

图 7-9　长江流域水直播田杂草发生规律

"二杀"是指在水稻 3 叶期、杂草 2~3 叶期前后进行除草，此时进行作业不仅可有效防除前期残存的大龄杂草，同时还能有效控制第二个出草高峰。

"三补"是指在播后 30~35 天有针对性地选择除草剂进行补杀。

先"封"再"杀"是解决杂草抗性上升、杂草发生量大的可行手段。其中，"封"的效果至关重要，理想封闭药剂的要求是安全、除草效果好、持效期长。

4. 作业建议

针对大疆 T16 及 MG 系列植保无人机，水稻茎叶除草作业参数及气象条件建议见表 7-2。

表7-2　水稻茎叶除草作业参数及气象条件建议

类型	项目	T16 建议值	MG 系列建议值	备注
作业参数	亩用量	1.2~2L	1.2~5L	较高亩用量有利于提升除草作业效果
	高度	1.8~2.2m	1.8~2.2m	有利于喷洒均匀
	速度	4.5~5.5m/s	3.5~4.5m/s	速度不可过快，否则加剧飘移
	行距	5~5.5m	3.5~4.5m	稍低于一般峰值
气象条件	气温	20~35°C		每日早晚两段时间作业
	湿度	40%~80%		湿度适中
	风力	2级风以内		3级风以上避免作业

5. 如何提升综合作业效果

（1）选择合理的气象条件　建议在气温 15~28℃、空气湿度 65% 以上、风速 4m/s 以下的气象条件下作业，合理的气象条件不仅有利于除草效果的提升，也降低了飘移药害发生的可能。

（2）选择合理的作业时机

1）"打大不打小"。根据稻田杂草的发生规律和除草应用性能，稻田杂草的防治应立足早期用药，即芽前、芽后施药。除了敌稗、二氯喹啉酸等防治禾本科杂草的少数茎叶处理剂外，一般多要求在杂草 3 叶期以前施药，以获得良好的除草效果。

2）"打密不打稀"。大部分的杂草都已经萌发再进行作业，而不是一部分杂草萌发出来立刻进行作业。杂草过稀时，大部分的药液都洒在地面上从而产生了浪费。

3）"打湿不打干"。除草时必须要关注土壤墒情，土壤墒情不好时尽量不要进行施药。土壤过干，杂草会因缺水保持水分而关闭气孔，药剂吸收差从而导致作业效果差。

（3）注意杂草的抗性情况　绝大多数病虫草害都会因为药剂单一、施药频次高而产生抗性，所以作业时一定要注意本地杂草的实际抗性情况，针对性制定药剂方案。

（4）选择飞防专用助剂　农药在使用过程中一直存在着有效利用率低的问题。农药飘移、挥发和流失是造成农药损失的主要原因。提高农药利用率，就要减小农药在从药箱向靶标传递过程中因飘移、蒸发和叶面流失带来的损失，解决这一问题最有效的方法就是在农药喷雾液中添加喷雾助剂（桶混助剂）。农药加入喷雾助剂后能够降低药液表面张力、延长雾滴保湿时间、增加药液在叶面的铺展面积和耐雨水冲刷能力，起到减少雾滴飘移、增强展着性、促进吸收的作用。水稻除草剂作业都是在一年中最炎热的季节进行，雾滴从空中到地面受到自然风、高温等影响，添加飞防专用助剂有利于除草效果的提升。

农药助剂分为矿物油、液体肥料、非离子表面活性剂、植物油、有机硅等类型。苗后喷洒时加入植物油助剂可克服高温、干旱等因素影响，获得稳定的药效。

6. 药害风险控制

植保无人机作业高度较高、雾滴较小，作业时雾滴具有一定飘移性，而在所有药剂中，除草剂更容易产生飘移药害。所以为了避免产生飞防作业飘移药害，建议采取以下措施：

1）作业时加入飞防专用助剂，减少小雾滴的产生，从而直接降低雾滴飘移距离。

2）自然风是雾滴飘移的最主要原因，所以应在2级风以内作业。

3）观察下风向作物类型，从而判断作业风险，如确实可能产生飘移药害，应禁止作业。

例如，进行水稻除草剂作业，防治类型主要为阔叶类杂叶，下风向不远处存在大豆、西瓜等作物，应禁止作业。此时强行作业，很有可能造成阔叶作物产生飘移药害，从而给农户、植保队带来巨大的经济损失。飘移风险评估过程如图7-10所示，评估案例如下：

案例一： 北风→下风向是水稻→打的是杀虫剂→飘移风险较小，可以作业。

案例二： 北风→下风向是鱼塘→打的是杀虫剂→飘移将导致鱼类死亡，风险大，不可作业。

图7-10　飘移风险评估过程

目前我国各地水稻直播田比例在持续增加，对于除草作业的需求也会持续上升。但同时也要看到，植保无人机除草作业风险相对杀虫、杀菌作业更高，应在了解潜在风险的前提下不断总结经验，共同提升植保无人机在植保领域的应用比例，从而创造更高的作业收益。

7. 药剂推荐

水稻种子包衣可使用克胜"丰甜"48%苯甲·吡虫啉悬浮种衣剂，10g/袋处理常规稻种2.5~4kg，拌杂交稻种，水稻种子包衣效果如图7-11所示。

水稻秧苗期病虫害防治可使用又胜20g+神约20g兑水15kg作为送嫁药，在水稻移栽前的苗盘上喷淋药剂，用于防治移栽后大田水稻主要病虫害，如早期飞虱、蓟马、纹枯病、叶瘟病等，达到减少大田施药次数、节省人工的效果。

图7-11　水稻种子包衣效果

（1）防治稻飞虱药剂

1）约定（50%吡蚜酮可湿性粉剂），10~15g/亩。

2）施悦（35%吡虫啉悬浮剂），20g/亩。

3）超啉（50%吡虫啉可湿性粉剂），10g/亩。

4）拓胜（50% 吡蚜·异丙威可湿性粉剂），25g/ 亩。

5）神约（25% 吡蚜酮悬浮剂），20～30g/ 亩。

6）极豹（10% 哌虫啶悬浮剂），30～50g/ 亩。

7）克胜剑（50% 呋虫·吡蚜酮可湿性粉剂），10～15g/ 亩。

（2）水稻稻纵卷叶螟防治药剂

1）庄利（30% 茚虫威悬浮剂），10g/ 亩。

2）刚劲（氟铃·茚虫威悬浮剂），10g/ 亩。

（3）水稻纹枯病、稻瘟病、稻曲病防治药剂

1）闪胜（50% 嘧菌酯水分散粒剂），10～15g/ 亩。

2）特恩施（40% 氟环唑悬浮剂），10～15g/ 亩。

3）美谐（50% 苯甲·丙环唑水乳剂），20～30g/ 亩。

▶ 知识点 3　玉米作业案例

玉米（图 7-12）是禾本科一年生草本植物，又名苞谷、苞米棒子、玉蜀黍、珍珠米等。玉米与水稻、小麦等粮食作物相比，具有很强的耐旱性、耐寒性、耐贫瘠性以及极好的环境适应性。玉米的营养价值较高，是优良的粮食作物。作为中国的高产粮食作物，玉米是畜牧业、养殖业、水产养殖业重要的饲料来源，也是食品、医疗卫生、轻工业、化工业等行业不可或缺的原料。玉米种植主要集中在东北、华北和西南地区，大致形成一个从东北到西南的斜长形玉米种植带。种植面积较大的省份有黑龙江、吉林、河北、山东、河南、内蒙古和辽宁，这 7 个省份占到全国玉米总播种面积的 66% 左右。下面针对不同生长阶段，分析玉米飞防综合注意事项。

图 7-12　玉米

1. 苗期茎叶除草作业

从出苗到拔节的生长阶段，如果光照充足、雨水充沛、施肥及时的话，玉米的根系、叶子、茎节分化就能较好完成。苗期（图 7-13）要多注意玉米苗是否出苗一致，茎

枝是否苗壮，为玉米丰产打好基础。该阶段植保无人机主要参与苗后除草作业，使用烟嘧磺隆、莠去津、砜嘧磺隆针对一年生或多年生禾本科及阔叶类杂草进行防治。

图 7-13　苗期玉米

除草剂喷施后需要 2~6 个小时的吸收过程，除草效果与气温及湿度关系十分密切。在气温高、湿度低的高温时段施药，雾滴在空气中、叶片上蒸发较快，从而导致除草效果不佳。同时，在高温时段施药，易发生药害，所以建议在早晚时段施药。

使用烟嘧磺隆进行除草作业，一般苗后使用的安全期为 3~5 叶期，而 2 叶期以下或 6 叶期以上，则易产生药害。莠去津是一种内吸选择性苗前和苗后除草剂，根系吸收为主，茎叶吸收很少，容易被雨水淋洗到土壤深层，对深根杂草产生抑制效果。该种药剂非常容易产生药害，且持续性非常长。

需要注意的是，无论是烟嘧磺隆还是莠去津，都属于对玉米相对安全，对其他作物却比较危险的除草剂品种。对该类药剂敏感的作物包括大豆、水稻、小麦、棉花、蔬菜、桃树，所以在作业时一定要注意风向、风速，避免药液飘移造成药害。可采用XR110015VS 系列喷嘴，适当提高雾滴粒径，并添加飞防助剂，从而降低雾滴飘移距离。玉米苗后除草作业注意事项见表 7-3。

表 7-3　玉米苗后除草作业注意事项

	喷洒亩用量	1.2~1.5L
	高度	2m
T 系列植保无人机作业参数	行距	5.5~6m
	速度	5.5~6m/s
	喷嘴	XR110015VS
	温度	20~30℃
作业气象	湿度	40% 以上
	风速	3 级风以内
敏感作物	水稻、小麦、棉花、大豆	

2. 小喇叭口期矮壮素作业

玉米属于高秆作物，正常高度可达3m，如遇长降雨大风天气可能导致倒伏（图7-14），从而导致减产甚至绝产。为防止玉米倒伏，除加强栽培管理等农艺措施外，喷施玉米矮壮素防倒已被越来越广泛地应用于玉米的栽培管理中。矮壮素作用机理是抑制植株体内赤霉素的生物合成，从而控制植株的徒长，使植株茎秆粗壮、根系发达、抗倒伏。

玉米矮壮素作业主要集中在7~14片叶时期，要求均匀喷洒，避免重喷与漏喷，重喷会导致玉米生长被过于抑制，漏喷则没有作业效果。同时，应在较小风速下作业，以保障良好作业效果。另外，还要注意玉米矮壮素的基本原则"喷高不喷低、喷旺不喷弱、喷黑不喷黄"，也就是选择株高、株旺的植株进行作业，而避免对生长不佳的植株进行作业。

图7-14　玉米倒伏

3. 玉米病虫害综合防治

玉米生长期会有玉米螟、黏虫（图7-15）、草地贪夜蛾等鳞翅目害虫，同时还会有蓟马、红蜘蛛、蚜虫等刺吸式、锉吸式口器害虫。由于黏虫、草地贪夜蛾属于暴食性害虫，注意在3龄之前及早防治。一旦不及早预防，往往产生爆发性虫害，可能产生巨大损失。

综合作业注意事项：

1）在大规模种植区域，玉米地块存在不好规划的问题，可合理使用植保无人机规划，避免在玉米田中穿行引起受伤、中暑等问题。

2）因玉米高度较高，在玉米高秆阶段作业，建议驾驶员站在较高位置以方便观察植保无人机，同时获得良好的视频信号。

图 7-15　玉米黏虫

3）在玉米已经长高的情况下，禁止在作业完毕后（特别是熏蒸杀虫剂）进入作业区域，以避免吸入性中毒。

4. 药剂推荐

（1）玉米种子包衣期间药剂

玉米种子包衣可使用克胜"丰甜"48% 苯甲·吡虫啉悬浮种衣剂 10g 处理玉米种子二次包衣 3~4kg，兑水 50mL，阴干后播种，趋避地下害虫蛴螬、蝼蛄、金针虫，预防根腐病、蚜虫、粗缩病等。

（2）玉米蓟马、蚜虫防治药剂

1）蚜虱净（10% 吡虫啉可湿性粉剂），20g/ 亩。

2）24% 吡虫·抗蚜威可湿性粉剂，20~30g/ 亩。

3）约定（50% 吡蚜酮可湿性粉剂），10g/ 亩。

4）施悦（35% 吡虫啉悬浮剂），10g/ 亩。

5）超啉（50% 吡虫啉可湿性粉剂），5~8g/ 亩。

6）导施（70% 吡虫啉水分散粒剂），5g/ 亩。

7）神约（25% 吡蚜酮悬浮剂），20g/ 亩。

8）极豹（10% 哌虫啶悬浮剂），20~30g/ 亩。

（3）玉米红蜘蛛防治药剂

1）扫螨净（15% 哒螨灵乳油），60~80g/ 亩。

2）30% 哒灵·炔螨特乳油，40~60g/ 亩。

3）除曼仕（40% 哒螨·螺螨酯悬浮剂），10~20g/ 亩。

（4）玉米螟防治药剂

1）刚劲（30% 氟铃·茚虫威悬浮剂），10~15g/ 亩。

2）庄利（30% 茚虫威悬浮剂），10g/ 亩。

（5）玉米双斑萤叶甲防治药剂

1）庄宽（5% 甲维·高氯氟水乳剂），60~80g/ 亩。

2）包胜（44% 氯氟·毒死蜱水乳剂），40~60g/ 亩。

（6）玉米大、小斑病防治药剂

1）又胜（32.5% 苯甲·嘧菌酯悬浮剂），20~30g/ 亩。

2）闪胜（50% 嘧菌酯水分散粒剂），10g/ 亩。

3）特恩施（40% 氟环唑悬浮剂），10g/ 亩。

4）美谐（50% 苯甲·丙环唑水乳剂），20g/ 亩。

（7）玉米褐斑病、锈病防治药剂

1）又胜（32.5% 苯甲·嘧菌酯悬浮剂），20~30g/ 亩。

2）特恩施（40% 氟环唑悬浮剂），10g/ 亩。

3）美谐（50% 苯甲·丙环唑水乳剂），20g/ 亩。

（8）玉米瘤黑粉防治药剂

1）80% 甲硫·丙森锌可湿性粉剂，40~60g/ 亩。

2）75% 吡唑·丙森锌可湿性粉剂，40~50g/ 亩。

▶ 知识点 4 棉花作业案例

本知识点将从棉花脱叶剂作业的作业条件、气象条件、作业参数、药剂等方面展开，明确适合作业的前提条件、适当时机以及植保无人机操作规范。棉花脱叶作业顺序如图 7-16 所示。

棉桃到达成熟期　　脱叶剂作业　　叶片开始脱落

达到机械收获要求　　叶片继续大量脱落　　视作业情况第二遍作业

图 7-16 棉花脱叶作业顺序

1. 棉花的成熟度

棉花脱叶剂作业是使用生长调节剂加速叶片的老化脱落，从而使得机械采收更为方便，同时还能降低棉花的含杂率，从而提高整体收益。脱叶剂作业会加速棉花的成熟进程，所以应在有效棉铃基本生理性成熟的前提下进行作业，棉株应进入自然衰老期，营养生长进入停滞发育期。

棉花的成熟情况会直接影响作业效果，一般要求在棉花吐絮率 30% 以上开始作业，50% 吐絮率作业效果更佳。可通过两个方法辨别棉花是否成熟可作业，第一个方法是观察棉桃上的红色斑点，红色斑点越多越深说明成熟度越高；第二个方法是切开棉桃，如图 7-17 所示，观察棉桃种皮横切面的颜色和棉籽的硬度，横切面为白色且棉籽较软说明尚未达到作业要求，横切面为棕褐色且棉籽坚硬则说明已经达到作业条件。

新疆被天山分为北疆地区与南疆地区，总体上北疆脱叶剂作业集中在 9 月 5 日至 15 日，南疆脱叶剂作业主要集中在 9 月 15 日至 30 日。切勿在成熟程度不足的情况下作业，会直接降低脱叶效果。

图 7-17　以观察外观的方式辨别棉花是否成熟

2. 气象条件

气象条件包括温度、湿度、风速等，这里重点关注温度和风速。

（1）温度　脱叶剂的脱叶效果与温度息息相关，当温度过低时，脱叶效果将大大降低。所以一般要求作业结束 3~5 天内最低气温高于 12℃（部分药剂要求更高），作业后一周平均气温高于 20℃。需要注意的是，作业后 6 小时内遇大雨或者 2 天以内遇到极端的低温，需要重新作业，以保障作业效果。

（2）风速　风速较高会造成雾滴的穿透性下降并增加飘移，脱叶剂属于触杀性药剂，需要有更好的雾滴立体分布效果，所以建议在 2 级以内风速下作业。风速较大会造成药液飘移比较远，对下风向作物有飘移药害风险。

3. 药剂以及合理配制

（1）脱叶剂药剂类型　目前最常见的脱叶剂成分包括噻苯隆与敌草隆复配剂、助剂、乙烯利，此外还有除草剂类型的脱叶剂，除草剂会大大加速棉株死亡，使用比例相对较小。药剂用量应按照企业推荐剂量，同时根据作物的实际情况进行调整，气温较低或者自然吐絮率较低、冠层较大或者植株较高时，应采用高推荐剂量。

需要注意的是，对于每亩 10000 株以上棉田，不建议通过加大药量的方式实现一次脱落作业，药量过高将加速棉株老化，减小棉铃单株质量，从而造成棉花总体减产。拜耳公司作物学家提供的推荐药剂用量见表 7-4，其中第二次与第一次间隔 7 天左右。

表 7-4　推荐药剂用量

药剂名称	药剂用量 /（mL/ 亩）	
	第一次	第二次
540g/L 脱吐隆 SC	13~15	10~13
280g/L 伴宝 SL	60~90	40~60
40% 乙烯利 AS	70~100	70~80

注：SC 表示水分散型浓缩剂；SL 表示悬浮剂；AS 表示溶剂型乳油剂。

（2）二次稀释法配制　在进行农药配制时要严格遵守二次稀释法（图 7-18），不当操作不仅会降低药效，甚至会使农药失效。先将计算好的药剂分别用部分水进行稀释，在母液桶配制成母液。然后在配药大桶里倒入一半的水，按顺序将母液倒入（脱叶剂、助剂、乙烯利）并搅拌均匀。将母液桶加入清水清洗，将清洗后的药液也倒入大桶（三个桶分别操作）。最后往大桶里面倒入足量清水，再次搅拌均匀。

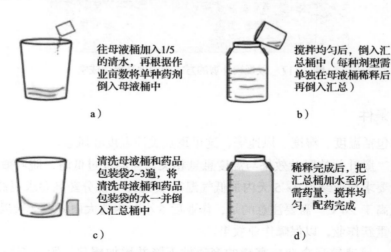

往母液桶加入1/5的清水，再根据作业亩数将单种药剂倒入母液桶中

a）

搅拌均匀后，倒入汇总桶中（每种剂型需单独在母液桶稀释后再倒入汇总）

b）

清洗母液桶和药品包装袋2~3遍，将清洗母液桶和药品包装袋的水一并倒入汇总桶中

c）

稀释完成后，把汇总桶加水至所需药量，搅拌均匀，配药完成

d）

图 7-18　脱叶剂二次稀释法配置

需要明确的是，植保无人机作业药液浓度较高，绝不可在药剂没有稀释的情况下直接搅拌，否则将可能导致药剂失效！农药配制应坚持现配现用、少量多次的原则，避免一次配制整日所需药液量，避免剩余药液隔日使用。

4. 植保无人机作业参数的选择

脱叶剂属于触杀性药剂，植保无人机应做到喷洒均匀，实现雾滴良好分布才能保障作业效果。目前植保无人机进行脱叶剂作业普遍进行 2 遍，以作业 2 遍为例，大疆植保无人机棉花脱叶剂作业建议参数见表 7-5。

表 7-5　大疆植保无人机棉花脱叶剂作业建议参数

	机型	MG 系列	T16/T20
作业参数	喷洒亩用量 /L·亩	1~1.2	1.2~1.5
	高度 /m	2~2.2	2~2.5
	速度 /m·s⁻¹	4~4.5	5~5.5
	行距 /m	4~4.5	5~5.5
	推荐喷嘴	XR11001VS	SX11001VS
作业条件	气象条件	作业后 3~5 天最低温度不低于 12℃，平均气温不低于 16℃，2 级风以内	
	成熟度	吐絮率不低于 30%，50% 尤佳	
	药剂配置	严格按照二次稀释法配制，避免药量过多造成的焦枝挂叶	
	贪青晚熟	延迟作业、增加药剂量、增加喷洒亩用量	
	株高较高	增加药剂量、增加喷洒亩用量、适当降低高度与速度	
	气温较低	适当增加药剂量	

5. 植保无人机棉花脱叶剂作业的综合影响因素

棉花脱叶剂作业是一个系统工程，受到气象条件、田间管理、作业节点、药剂、喷洒等综合影响，任何一个方面的因素都有可能改变最终的作业质量，所以应在作业前明确其实际的影响因素，如图 7-19 所示。

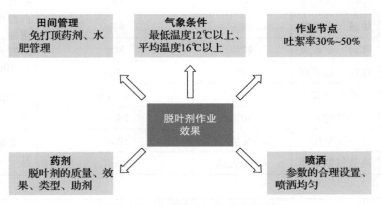

图 7-19　棉花脱叶剂作业影响因素

在进行脱叶剂作业之前，应充分考虑每一个因素对最终作业效果的影响，并根据实际情况调整作业时间、作业参数、药剂用量。同时，遇到突发情况时也应做适当的补救措施，如作业后 6 小时内下雨或作业后遇到极端天气都需要及时补施。

拓 展 课 堂

各类病虫害用药推荐见表 7-6。

表 7-6　各类病虫害用药推荐

病虫害	农药名称	浓度或剂型	亩用量	备注
稻纵卷叶螟	甲维·茚虫威	25% 水分散颗粒	10~12g	左侧药剂任选其一
	茚虫威	30% 水分散颗粒	9~10g	
螟虫	氯虫苯甲酰胺	20%	10mL	左侧药剂任选其一
	二嗪·辛	40% 水剂	120~160mL	
稻飞虱	吡蚜酮	25%	24g	左侧药剂任选其一
	烯啶虫胺	10%	30~40g	
	烯啶虫胺	60%	6g	
稻瘟病（穗颈瘟）	三环唑	75%	30g（穗颈瘟第一次用药）	左侧药剂任选其一
	吡唑醚菌酯	10%	40g（穗颈瘟第二次用药）	
	稻瘟灵	40% 乳油	—	
纹枯病	噻呋酰胺	24%	24g	左侧药剂任选其一
	嘧菌酯	10%	80g	
赤霉病	氰烯菌酯	25%	100g	左侧药剂任选其一，若兼治白粉病时，氰烯菌酯、戊唑·咪鲜胺另加戊唑醇 8~10g
	戊唑·咪鲜胺	40%	25g	
	甲硫·戊唑醇	48%	62g	
	咪鲜·甲硫灵	42%	80g	
	戊唑·福美双	35%	100g	
穗蚜	烯啶虫胺	10%	30~40g	左侧药剂任选其一
	吡蚜酮	20%	20mL	
黏虫	溴氰菊酯	2.5% 乳油	50mL	左侧药剂任选其一
	高效氯氰菊酯	2.5% 乳油	20mL	

08

模块八
农用无人机的其他应用与展望

学习任务 1　无人机农田信息监测

学习任务 2　无人机农田其他应用及展望

項目导读

植保无人机除了进行地空化学药剂的喷洒之外，还可以更换挂载，进行封闭除草、授粉、施肥、播种以及农田信息监测等农业方面的应用。

本模块介绍了无人机授粉、无人机施肥、无人机播种、无人机棉花脱叶等植保无人机的其他应用。同时在农田信息监测方面，还讲解了利用农用无人机进行光谱成像监测、土壤信息监测、养分信息检测、植物病虫害信息监测预警等其他应用。

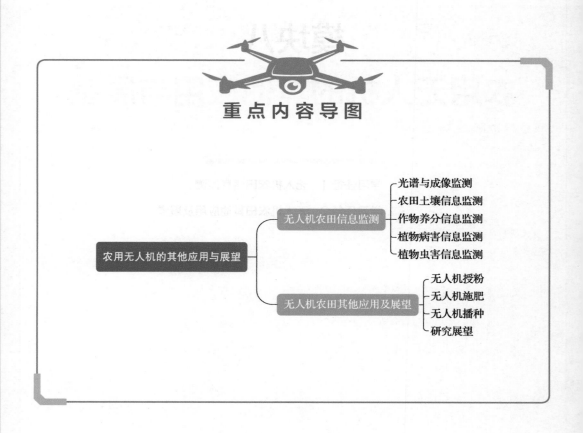

重点内容导图

农用无人机的其他应用与展望

无人机农田信息监测
- 光谱与成像监测
- 农田土壤信息监测
- 作物养分信息监测
- 植物病害信息监测
- 植物虫害信息监测

无人机农田其他应用及展望
- 无人机授粉
- 无人机施肥
- 无人机播种
- 研究展望

学习任务 1　无人机农田信息监测

1）掌握光谱与成像监测。

2）掌握农田土壤信息监测。

3）掌握作物养分信息监测。

4）掌握植物病虫害信息监测。

1）培养认真细致、严谨治学的态度。

2）培养职业道德观念、增强责任感。

3）加强沟通协调、团队协作的能力。

引导问题 1

植保无人机作为新兴的智能农业装备载体，除了能用作农药喷洒之外，在农业的其他领域也有专业的应用。在农田信息监测和光谱成像方面的具体应用是什么？

知识点 1　光谱与成像监测

1. 无人机光谱检测技术与装备

《中华人民共和国国民经济和社会发展第十二个五年规划纲要》提出了深入开展遥感技术研究及应用，加强遥感科技基础研究，突破遥感关键技术，提升遥感技术及应用水平，发挥全国遥感力量，从过去积累的海量遥感数据中充分挖掘和有效反演有用信息的发展理念，标志着中国遥感应用从此开始步入一个黄金时期。农业是遥感技术最重要和最广泛的研究及应用领域之一，随着遥感技术的持续发展，各种遥感平台，包括近地遥感平台、航空遥感平台和卫星遥感平台，都被广泛应用于现代农业信息化管理以及作物生长信息无损快速识别等方面。然而，传统的高光谱遥感数据多采用卫星进行拍摄，所获取的影像存在信息时效性较弱、周期比较长、光谱分辨率低及容易受到天气条件影响等问题。近年来，随着自动控制技术、计算机技术及传感器技术的快速发展，无人机航空技术得到了飞速发展，其性能的不断提高及功能的日益完善，为无人机技术从试验阶段向应用化阶段的发展创造了条件。无人机技术得到了越来越多的应用，该项技术已成为未来航空遥感发展的主要方向之一。

无人机遥感技术相对于传统的航空航天遥感技术，具有很多优点，包括研制成本低、研制周期短、运行成本低等。此外，其遥感平台多样，主要分为固定翼无人机、垂直起降无人机和多旋翼无人机等，并且能搭载各种类型的传感器来获取实时高分辨率遥感影像与光谱数据。与载人航空遥感相比，无人机遥感能避免由恶劣气象条件、长航时、大机动、险恶环境等造成的影响。与卫星遥感相比，无人机遥感既能克服卫星因时间和天气条件无法获取感兴趣区域遥感信息的缺陷，又能避免地面遥感视野窄、工作范围小、工作量大等问题。

　　基于光谱应用技术的无人机需要搭载能够覆盖一定波段范围的非成像光谱仪作为传感器，借助非成像光谱仪在野外或实验室测量目标物的光谱反射特征，利用窄波长的电磁波（波长 <10nm），探测和获取目标物体的详细光谱信息，这种技术的显著特点是具有极高的光谱分辨率，即每个波段的宽度非常小，小于 10nm。在 400~2500nm 的光谱范围内，它可以划分出数百个这样的连续波段，确保了数据的连续性。除此之外，加上光谱导数和对数变换，使其数据量成千上万倍地增加。无人机搭载的光谱技术可以帮助人们理解目标地物的光谱特性，进而提高不同遥感数据的分析应用精度。随着现代科技的快速发展，高集成器件技术、传感器、微型器件、硅工艺等在功能与性能上取得了惊人的进展。此外，现代信息理论、数学处理方法、计算机软件系统的不断发展，促使光谱技术不断地向更新颖的方向发展。无人机遥感技术除了继续向高精度、多功能、高灵敏度、高分辨率、高可靠性、多维信息的方向发展，同时还会更灵活地适用于现场、生产线、战场实地工作、无人监守、联网工作等新颖的实用领域。目前较常用的地面非成像光谱仪有美国 ASD（Analytical Spectral Devices）公司生产的 ASD 野外光谱辐射仪、美国 SVC（Spectra Vista Corporation）公司生产的 GER 系列野外光谱仪及 SVC 系列光谱仪。

　　（1）无人机搭载光谱的应用原理　　在电磁波作用下，目标地物在不同波段会形成不同的光谱吸收和反射特征，这是由真实的地物状态所决定的光学物理属性。根据地物的光谱响应特性，分析描述对象的光谱信息，以反映其内部的物质成分和结构信息。地物的光谱特征是探测物质性质和形状的重要根据。在农业应用领域，农业无人机遥感监测的主要对象为作物与土壤，图 8-1 显示了这两类地物的典型反射光谱曲线。在可见 – 近红外光谱波段中，作物反射率主要受到作物色素、细胞结构和含水率的影响，在可见光 – 红光波段有很强的吸收特性，在近红外波段有很强的反射特性。根据植被这些特有的光谱特性，可以针对作物长势、作物品质、作物病虫害等方面进行监测。在可见 – 近红外光谱波段，土壤的总体反射率相对较低，主要是因为受到土壤中有机质、氧化铁等赋色成分的影响。因此，土壤、作物等地物所固有的反射光谱特性可以作为农业遥感的理论基础。

　　对于植物而言，不同的植物具有不同的形态特征和化学组成，这种差异使其发射和反射的电磁波也不尽相同，在光谱学中表现为不同植物的光谱特征也不相同，因此我们可以根据植物的光谱反射特征来反演其化学组成。而其化学组成受到品种、生育期、发育状况、健康状况及生长条件的影响，因此，理论上可以通过植物的高光谱特征来反演其生理生化组分和含量、冠层结构及植株长势等。

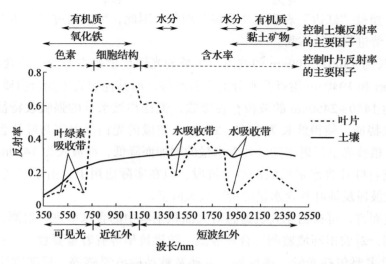

图 8-1 土壤和作物的可见－近红外反射光谱特征

绿色植物的叶片在叶绿素的作用下大量吸收红光和蓝光，并被植物的光合作用所消耗，而绿光的部分被叶绿素反射，红外辐射主要受叶片栅栏组织的影响，在近红外波段形成一个高反射平台。通常情况下，绿色健康植物在波长为 350~2500nm 的波段具有以下典型反射光谱特征。

1）可见光中，波长为 350~700nm 的波段，是叶绿素的吸收带。由于叶片的光合作用，红光、蓝光被强烈吸收，而绿光被强烈反射，在 550nm 附近形成一个小的反射峰——"绿峰"，因此健康植物一般呈绿色。叶绿素是植物活力的体现，当植物机能旺盛、营养充足时，叶绿素含量较高，此时的光合作用较强，植物表现为明显的绿色。而当植物遭受胁迫（如缺乏氮素或水分，受到重金属污染、病虫害等）时，植物体内因缺乏营养，叶绿素含量减少，光合作用强度下降，此时，"绿峰"被削弱，植物也往往表现出黄色。因此，可以利用植物的这些光谱特征进行生理参数估测和营养胁迫的评估。

2）在波长为 700~1300nm 的波段，受叶片细胞结构及多层叶片多次反射的影响，形成一个近红外平台。叶片的细胞结构影响单片叶子在近红外波段的反射率，而叶片冠层结构影响叶片在近红外波段光谱反射的总次数，从而共同影响植被在近红外范围的光谱反射率。因此，覆盖度高、健康旺盛的植被在近红外波段的反射率较高，相反，当植物受到胁迫或衰老后，近红外波段的反射率就会降低。但需要注意的是，如果植被在遭受营养胁迫时失水过多，近红外波段的反射率反而会增大。

3）在红光与近红外波段的过渡部分，由于叶绿素对红光的强吸收及冠层对近红外光的强反射，形成一个反射率急剧上升的陡坡，称为"红边"（red edge position，REP）。"红边"是绿色植物独有的光谱特征，通常位于波长为 680~760nm 的波段，与植物的生育期和体内组织成分密切相关。当植物长势旺盛，叶片叶绿素含量较高时，光合作用增强，进而需要消耗更多的长波光子，导致"红边"向长波方向移动（Collins，1978），即"红边红移"。而当植被遭受胁迫或逐渐衰老、叶片叶绿素含量较低时，光合作用减弱，植被"红边"表现出"蓝移"现象。因此，可以通过"红边"来对植被的生理参数及长势进行定量估测。

4）在波长为1300~2500nm的波段，植被的光谱反射率主要受叶片含水量的影响，波长为1450nm和1940nm附近是水分的强吸收带，而其他物质（如蛋白质、木质素等）虽然在波长为1450~2450nm的波段存在吸收，但往往被水分的强吸收特征所掩盖。水分的这一吸收特征，使得波长为1300~2500nm波段的光谱反射率与叶片含水量存在很高的相关性，植被光谱反射率随叶片含水量的增加而降低，而波长为1450nm和1940nm的波段更是进行叶片含水量反演的敏感波段。但在实际应用中，由于空气水分的影响，通过水分吸收波段反演叶片含水量的精度大大降低。

对于土壤而言，可根据无人机遥感对大面积土壤中的含水率进行检测，实现对农作物产量的预测，对农田环境监测、合理灌溉、防洪抗旱等有着重要意义。目前土壤水分遥感监测手段主要包括光学、热红外、主动及被动微波遥感等，反演方法包括热惯量法、植被指数法、温度 – 植被指数法、微波反演法等。其中热惯量法较适用于裸露或植被覆盖稀疏的土地，该方法主要根据遥感获取的土壤热惯量、地表昼夜温差、土壤水分含量之间的关系来进行土壤水分的反演。温度 – 植被指数法较适用于植被覆盖区，根据土壤与作物之间的水分关系，建立土壤水分的间接预测模型，实现土壤水分的遥感监测。

（2）无人机搭载光谱的关键技术　无人机光谱遥感技术正日益深入国民经济发展的各个行业、领域，应用越来越广泛，采用无人机搭载高分辨率遥感载荷以获取高光谱数据的技术正处于快速发展的阶段。高光谱维和空间特征维能够为高光谱遥感提供详细的地物信息，但同时也给高光谱遥感的后续处理带来困难。因此，高光谱遥感数据后期处理的关键在于如何去除这成百个波段的高维高光谱数据中的冗余信息，挖掘数据本征空间，提取有效鉴别特征。维数约简（ dimensionality reduction，DR）是解决这一问题的有效方法，其目的就是降低数据维数，得到高维数据有意义的低维表示，以便于对其本质的理解及后续处理。

作为一种新型的遥感技术，无人机光谱遥感技术在各个应用领域得到了越来越多的青睐与认可。无人机科学技术的发展促使其具备更低的运营成本、高效灵活的任务安排、自动化和智能化的操作。但是针对航天遥感传感器，目前无人机搭载传感器的类型仍旧单一，缺少红外、多 / 高光谱及激光雷达（LiDAR）等快速发展的新型传感器。此外，目前的无人机遥感搭载光谱平台还面临一些难题，任何单一遥感平台、单一遥感传感器、单一光谱波段的遥感数据均具有各自特定的应用范围，导致其无法全面反映作物的生理生化特征。因此如何增加无人机传感器类型、拓宽光谱数据波段范围、提高无人机的应用能力，是亟待解决的问题。目前解决这一问题的有效手段为采用多源遥感信息数据融合的方法，通过数据融合技术将具有冗余性、互补性和合作性的遥感数据进行筛选与汇集，综合出更具有代表性与针对性的有效数据信息。例如，根据信息互补的原则，利用数据融合的手段处理来自同一地区不同数据源间的信息，是适用于该应用领域最有效的途径之一，不仅有利于减少由单一遥感检测带来的不确定性、不完全性和误差，而且能最大限度地利用多源遥感数据中所包含的信息进行决策。这样有利于扩大遥感数据的应用范围，提高遥感信息的分析精度及增强应用效果，具有较广泛的实用价值。

（3）无人机搭载光谱的应用框架　无人机搭载光谱遥感技术具有覆盖面积大、分辨率高、重访周期短的特点，可实现对农田精准化施肥、施药和灌溉的管理，并能实现对农田尺度作物长势、病虫害和土壤水分等信息的监测。针对不同的应用需求，可采用不同空间分辨率的光学遥感或微波遥感，它们各具优缺点。例如，针对田间尺度的精准农业，可选择高空间分辨率的遥感数据；而针对大面积农作物长势的监测，更适宜选择高时间分辨率、覆盖范围广的遥感数据。无人机机载光谱的主要应用有如下几个方面。

1）农业资源调查。田振坤等（2013）以冬小麦为研究对象，采用无人机搭载美国Tetracam 公司的 ADC Air 冠层测量相机进行低空航飞，从而获取高空间分辨率的农作物遥感数据。根据记录的植物冠层反射比、农作物波谱特征和归一化植被指数（NDVI）变化阈值，提出了一种地表农作物快速分类提取方法，对反演农作物覆盖信息和土地资源利用调查具有重要意义。

该应用中采用配备地面遥控系统的京商 260 遥控汽油直升机 Kyosho Caliber ZG 作为无人机平台。无人机的核心参数包括：主桨长度为 1770mm，机身长、宽、高分别为1570mm、450mm、740mm，有效载荷为 5kg，总质量为 6kg，飞行速度可达 100km/h，飞行高度可达 500m，抗风能力达到 5 级。相机的主要技术指标包括：320 万像素（2048×1536）CMOS 传感器，波段范围为绿色、红色与近红外波段，标配 8.5mm 镜头，也可选用多种镜头，图片大小为 3MB，图像采集速度为 2~5s/ 图，输入电压为直流5~12V（RS-232 接口），尺寸为 137mm×90mm×80mm，质量为 630g。

其应用原理是根据健康小麦与土壤背景之间光谱反射特性的差异进行分类提取。如图 8-2 所示，健康小麦在绿光波段存在一个小的反射峰，在红光波段出现一个吸收谷，在近红外波段则有很高的反射峰（反射率高达 0.7），明显高于在绿光波段的反射率。裸露的背景土壤从绿光至近红外波段的反射率逐渐增加，各波段反射率的总体趋势近似于一条斜率很小的直线。

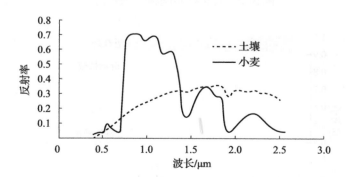

图 8-2　典型小麦、土壤特征波谱曲线

试验获取健康小麦在绿光波段的反射率为 0.1~0.2，而在近红外波段的反射率高达0.7 以上；光照区域的土壤在绿光波段的反射率稍低于近红外波段，但是有少部分土壤在绿光波段的反射率反而大于近红外波段，这可能是因为受到土壤中某些残留物的影响；阴影区域的土壤在绿光波段的反射率稍高于近红外波段。因此可以利用小麦与土壤在绿光、红光和近红外波段的反射率差值进行小麦的分类划分提取。

2）农作物生长状况监测。姚霞等（2014）利用无人机平台获取不同氮素水平、不同种植密度、不同品种小麦的氮素营养和生长指标，比较了两种不同的辐射定标方法（经验线性校正法和光强传感器校正法），定量分析了植被指数与冠层叶片氮含量、叶片氮积累量、叶干重、叶面积指数的关系。结果表明，基于无人机多光谱遥感来监测小麦氮素状况和生长特征的准确性较高，能够定量反演小麦的氮素营养和生长状况。

3）农业灾害预报。鱼自强等（2015）采用美国 Tetracam 公司所研制设计的无人机搭载近红外传感器，主要应用于农业领域植被的健康状况监测。Tetracam 相机波段特征见图 8-3，相机的主要参数为：320 万像素（2048×1536）CMOS 传感器，标准 8.5mm 镜头（4.5~10mm 可调）；存储卡容量为 2GB；影像存储时间为 2~5s；尺寸为 114mm×77mm×60.5mm；质量为 200g。如图 8-4 所示，该无人机遥感平台获取的多光谱数据光谱范围包括绿光、红光、近红外波段，对所获取的数据进行分析处理，可提取出非健康植被信息，可用于作物减产等损失调查和评估。

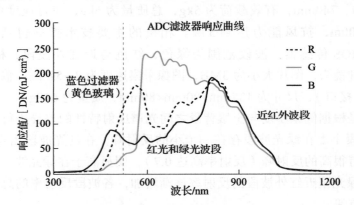

图 8-3　Tetracam 相机波段特征

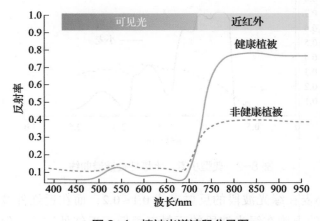

图 8-4　植被光谱波段分异图

4）精准农业。Corcoles 等（2013）利用旋翼无人机实现了洋葱郁闭度的无损检测，并通过建模分析了郁闭度与叶面积指数之间的关系；Lelong 等（2008）将滤光片与数码相机结合搭载在无人机上，对法国西南部的小麦试验田进行监测，基于获取的可见－近红外波段范围的光谱影像分析了光谱指数与农田实测的生物物理参数之间的联系。

高林等（2016）利用 ASD FieldSpec FR Pro 2500 光谱辐射仪和 Cubert UHD185 Firefly 成像光谱仪，在冬小麦试验田进行空地联合试验，基于获取的孕穗期、开花期及灌浆期地面数据和无人机高光谱遥感数据，估测冬小麦叶面积指数（LAI）（图 8-5）。试验采用的无人机遥感系统主要包括八旋翼电动无人机遥感平台（单臂长 386mm，机身净重为 4.2kg，载重为 6kg，续航时间为 15~20min）、飞行控制系统、高光谱数据获取系统、记录飞行状态下的地理位置和三轴姿态的惯性测量单元（IMU）、无线遥控系统、地面站控制系统及数据处理系统等部分。选择同步获取的冬小麦冠层 ASD 光谱反射率数据作为评价无人机高光谱数据质量的标准，依次从光谱曲线变化趋势、光谱相关性及目标地物光谱差异三方面展开分析。结果表明 458~830nm（第 3~96 波段）的 UHD185 光谱数据可靠，可使用其探测冬小麦 LAI，为发展无人机高光谱遥感的精准农业应用提供了参考。

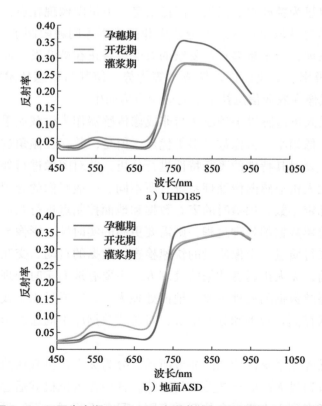

图 8-5　不同生育期 UHD185 光谱曲线与重采样的 ASD 光谱曲线

无人机作为一种无人驾驶、动力驱动的可重复使用的新型遥感平台，与其他遥感平台相比，具有灵活性、实时性、可移动性等诸多优势。尤其是可搭载光谱仪的小型化，使得随时获取高空间分辨率的光谱数据成为可能。根据地物的波谱特征，无人机可用于农业耕地土壤资源调查、农田环境调查、农作物估产、大宗农作物的长势监测和产量预测、农作物病虫害监测、农田精准化施肥、施药和灌溉等，提供各类资源的评价数据，便于农业生产的组织、管理和决策，促使无人机非成像光谱遥感系统平台在农业等领域得到了广泛的应用与快速的发展。

2. 无人机光谱成像监测技术与装备

（1）无人机光谱成像系统的构成　光谱成像技术的主要作用是构建作物养分生理信息稳定、可靠的指标预测模型。光谱成像技术将光谱分析技术和成像技术结合起来，它既能获取样本的光谱信息，也能获取空间信息，并且能同时获取样本的物理特性和化学特性。光谱成像技术无损、快速、绿色无污染。目前，该技术被广泛应用于作物养分生理信息监测等方面。

在过去的几十年中，地理信息系统（geographic information system，GIS）、全球定位系统（Global Positioning System，GPS）和遥感（remote sensing，RS）技术在检测土壤、作物生长、杂草、昆虫、疾病和水的状态等方面为田间指导和农业管理措施提供了数据及信息。遥感卫星为精准农业提供了图像信息，卫星图像现在更常用于研究作物和土壤条件的变化，但是获取难度大、低分辨率和高成本等问题限制了精准农业的发展。近年来传感器飞速发展，越来越多日益复杂的农业设备正在被开发。而搭载遥感传感器的无人机具有高分辨率、高灵活性、低成本等优势，使其与遥感技术很好地结合在一起，低空遥感光谱成像在农业信息技术上的应用应运而生。

一般情况下，无人机遥感以小型成像与非成像传感器作为机载遥感设备，具有采样周期短、分辨率高、像幅小、影像数量多等优点。但是，其存在倾角过大和倾斜方向不规律等问题。因此，要对其特殊的飞行特性进行分析，并对图像进行处理。与一般的图像处理系统相比，无人机遥感图像处理系统有所不同。一般影像的处理过程是根据遥感影像的特点、相机标定参数、拍摄时的姿态数据和地面控制点进行几何和辐射校正；而对用于监测目的的遥感数据的处理过程，则需要更高的实时性、影像自动识别和快速拼接等功能，实现对飞行质量、影像质量的快速检查，数据的自动、交互式快速处理和自动变化检测等。当前，无人机遥感数据的处理方式主要有地面实时处理和机上实时处理两种。传统无人机遥感数据的处理主要以地面处理为主，它通过固定或移动地面数据接收站，建立海量数据存储、管理和分发中心，对遥感数据库中的遥感影像数据进行加工和应用。

无人机光谱遥感成像系统设计如图 8-6 所示，分为无人机机载遥感成像系统和地面遥感监控系统，二者通过无线数据链路进行通信。其中无人机机载遥感成像系统需搭载在无人机平台上，考虑到无人机平台的载重有限，且各不相同，系统设计主要考虑轻量化、小型化、模块化及低功耗。该系统的完整设计包括 5 个子系统：电源管理系统、高光谱成像系统、数据采集与控制系统、姿态位置测量系统及监视遥测系统。

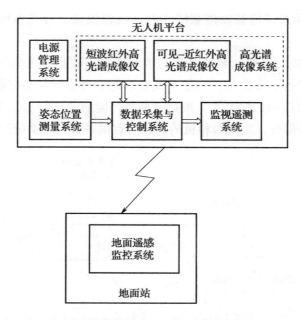

图 8-6 无人机光谱遥感成像系统设计

1）电源管理系统。为满足无人机平台上所有设备的正常工作，电源供给是一大难题。电源在轻小型无人机上设计标准不一，且自身载重有限，电气系统的可靠性无法保证，所以无法依靠无人机提供稳定的电源输出。为解决设备供电问题，系统中以高容量的锂离子电池作为电源，设计了一套可向系统中所有设备供电的模块。电源管理系统设计图如图 8-7 所示，电池经过降压模块分别将电力传送给可见－近红外高光谱成像仪、短波近红外高光谱成像仪、数据采集与控制系统和无线图传模块，以及经过升压模块传送给姿态位置测量系统（POS）。

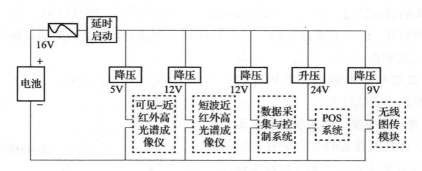

图 8-7 电源管理系统设计图

2）高光谱成像系统。高光谱成像系统是整个系统的核心。该系统将二维成像遥感技术和光谱技术有机地结合，一方面，利用成像系统获得被测物的空间信息；另一方面，利用光谱系统将被测物的辐射分解成不同波段的辐射谱。此时，一个光谱区间内可以获得每个像素几十甚至几百个连续的窄波段信息。高光谱成像技术可以实现同时获取目标的几何特征和光谱特征。该系统主要由成像模块、分光系统模块和探测器模块组成。

3）数据采集与控制系统。数据采集与控制系统主要用于采集与存储高光谱成像仪获取的高光谱图像数据、姿态位置测量系统获取的平台位置与姿态数据。该部分设计主要考虑数据传输的协议和传输速率。根据这两种传输协议的特点，采用计算机作为数据采集存储模块的核心部分，实现对相机的控制与数据采集，该系统结构如图8-8所示。

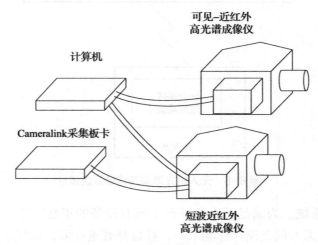

图8-8　数据采集与控制系统

4）姿态位置测量系统。姿态位置测量系统（POS）用于测量成像平台的姿态角和位置。POS一般由惯性测量单元（IMU）、GPS接收机及数据处理单元组成。POS获取的平台姿态位置数据用于高光谱图像数据的几何校正，因此姿态位置数据与成像数据需要进行同步。由于POS是独立的商品，它的时钟与成像仪的时钟是各自自主的，使用时需要获取同步的时间信息。常见的方法有两种：一是打码同步，成像时刻，相机向POS发送一个脉冲信号，POS获取脉冲信号，在POS数据中进行标记，后期通过标记位进行数据同步；二是软件同步，采集系统同时获取POS数据和成像数据，但POS的数据频率要高于成像频率。

5）监视遥测系统。当系统搭载在无人机上时，无法直接监视和控制仪器的运行，所以需要建立一个无线数据传输通道，以便实时监视和控制仪器的运行，及时调整仪器参数以获取较好的成像质量。无线数据传输通道的建立有两种方式，即点对点直接传输和通过基站中继传输，如图8-9所示。

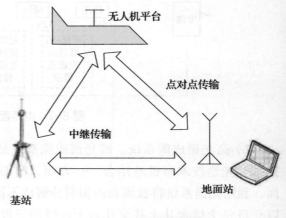

图8-9　无线数据传输通道

点对点直接传输的速率高，实时性好，但是对传输路径要求很高，中间不能有障碍物，而且传输距离有限；中继传输通过基站传输数据，对传输路径要求低，作用距离远，适应性更好，但是实时性、传输速率均有限。为保证系统的适用性，可以同时采用这两种传输方式。

（2）无人机光谱成像监测的关键技术　遥感影像处理首先要解决的是影像外定向问题。无人直升机影像存在倾角大、像幅小、重叠度不规则等问题。因此，要解决无人直升机影像单模型定向及精度等问题。在进行影像的单模型定向过程中，不需要预先设定特定的定向点。影像匹配的精确性、可靠性和速度直接影响到影像处理的效率及精度，它是遥感影像处理自动化中的关键技术。

传统的遥感影像几何纠正方法主要包括多项式处理法、直接线性变换法、共线方程纠正法，这些方法根据无人机遥感的特点进行参数设置，从而进行无人机遥感影像的几何纠正。

1）多项式处理法。多项式处理法适用于遥感影像的几何变形，这种变形是由多种因素引起的，并且其变形规律难以用严格的数学表达式来描述。多项式处理法利用近似的描述来纠正前后相应点的坐标关系，按照最小二乘法原理通过控制点的图像坐标和参考坐标系中的理论坐标求解出多项式中的各个系数，最后得出的多项式可用于对图像进行几何纠正。

一般情况下，不考虑像片成像内、外方位元素和投影关系，当地形平坦且其地形图精度高、比例尺大时，可以通过影像从地形图中获取足够多的平面控制点，采用一次、二次、三次多项式模型的几何处理方法产生影像地图，满足二维平面几何精度的要求。这样的技术路线简单成熟。

2）直接线性变换法。直接线性变换法适用于非量测型相机，或者未知内、外方位元素的情况。它利用已知的地面控制点和对应像点坐标，通过平差计算三维直接线性变换方程的系数，得到构象的几何关系式。其优点是像点坐标无须内定向，也不必计算内、外方位元素，方便了相对控制条件的引入。缺点是每张像片需要6个以上三维地面控制点，并且不能分布在一个平面上。这种方法比较适用于覆盖范围较小的地区，对大范围的地形图测绘则不适宜。

3）共线方程纠正法。共线方程纠正法基于对遥感器成像时的位置和姿态进行模拟及解算，即构象瞬间的像点与其相应地面对应点位于通过遥感器投影中心的一条直线上。共线方程的参数既可以按预测给定，也可以通过最小二乘法原理求解，从而得到各个像点的改正数，达到纠正的目的。该方法理论上严密，同时考虑了地面点高程的影响，纠正精度较高，特别是对地形起伏较大的地区和静态遥感器的影像纠正，优越性更加明显。但是，采用此方法进行纠正时，需要有地面点的高程信息，并且计算量大。在动态遥感器中，在一幅影像内，遥感器的位置和姿态角是随时间而变化的，此时外方位元素在扫描运行过程中的变化规律只能得到近似的表达，因此共线方程本身理论上的严密性很难保持，动态扫描影像的共线方程纠正法与多项式纠正法的精度的相关性不是很明显。

（3）无人机光谱成像监测技术的应用　农情遥感监测就是以遥感技术为主对农业生产过程进行动态监测，主要对大宗农作物种植面积、长势、墒情与产量的发生与发展过程进行系统监测。其优点是范围大、时效强和客观准确。无人机遥感技术的出现和发展，解决了 GPS 实测地面样方的方法存在的效率低、样方面积小等问题。无人机成本低，操作简便，地面分辨率高，可以快速获取某一重点研究区域大范围的遥感影像。通过结合农作物地面测量数据，能迅速而准确地完成该区域的农情监测任务，并为更大范围的农情采样估计提供便利。农田农情遥感监测如图 8-10 所示。

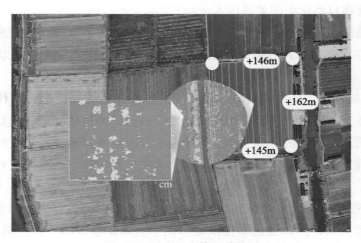

图 8-10　农田农情遥感监测

1）作物农情监测。全程自动化、机械化作业是未来农业生产的主要模式，快速、大面积地对作物的长势进行无损检测至关重要。利用微小型无人机遥感平台可以获取作物的遥感信息，对研究区域内的作物生长状况进行定点定量分析，实施精准农业生产。利用无人机低空遥感平台获取的遥感图像能够很好地对作物的产量和生物量进行估算。

Zarco-Tejada 等（2013）研究了类胡萝卜素和叶绿素含量估计方法的发展过程，利用无人机获得高分辨率的高光谱图像，对窄带多光谱相机、微型高光谱相机和热成像相机在监测植物叶绿素含量变化方面进行了尝试并取得了一定的成果；对柑橘园内的果树进行了水分胁迫，利用光谱数据分析了叶绿素荧光和光化学反射指数，结果表明，光化学反射指数和拱顶温度、实地测量的气孔导度、水势存在一定的关系；对葡萄园内的果树进行了长达 3 年的监测，3 年间使用了两种不同的无人机平台搭载多光谱相机和微型超光谱成像仪，获得了葡萄园的高分辨率高光谱图像，经过实验和建模分析验证，估算误差低于 9.7%。祝锦霞等（2010）采用无人机航空摄影平台获取了水稻田冠层图像，识别了 4 种氮素营养水平的综合特征参量，采用扫描仪和无人机平台获取了水稻叶片和冠层的数字图像，运用数字图像处理技术研究了不同氮素营养水平水稻叶片和冠层的综合特征信息，并将其应用于水稻的氮素营养诊断。

2）面积量算。

① 相关参数。遥感影像处理是遥感技术应用的后续处理过程，是较关键的一个环节。利用遥感技术对植被相关信息进行监测是遥感影像的主要应用，植被指数是植被遥感监测中被广泛应用的参数之一。它有效地反映了叶绿素含量、植被覆盖度、叶面积指数、生物量、净初级生产力和光合有效辐射吸收等生物物理与生物化学参数。

② 作物覆盖度。植被覆盖度是描述地表植被分布的重要参数。无人机遥感能够灵活获取多尺度、多时相的地面观测数据，开展卫星遥感数据和产品真实性检验及尺度转换等方面的研究工作。随着精准农业的发展，遥感成为监测作物覆盖度的重要手段。遥感监测作物覆盖度的变化主要分为两类：一是利用卫星影像数据，建立与光谱植被指数及覆盖度相关的模型；二是利用人工地面采集数字影像，对影像进行图像分割或分类操作，得到覆盖度。

③ 作物面积。王利民等（2013）针对 4.2km×3.1km 的范围，搭载 Ricoh GXR A12 型相机进行了航拍实验，主要测试了 POS 数据辅助下的光束法区域网平差方法平面定位及面积测量精度，以及无人机影像的作物面积识别精度，研究取得了良好的效果，说明无人机遥感在获取小范围、样方式分布（样方式分布指的是数据或样本以有规律的、间隔性的、小规模的方式分散排列）的作物影像方面具有广泛的应用前景，有望部分替代现有人工 GPS 测量的作业方式。李宗南等（2014）研究了灌浆期玉米倒伏的图像特征和面积提取方法，分别基于色彩特征和评选出的纹理特征提取倒伏玉米面积，通过对比两种方法的误差发现，基于红、绿、蓝色均值纹理特征提取倒伏玉米面积的误差最小为 0.3%，最大为 6.9%，显著低于基于色彩特征提取方法的误差，为应用无人机彩色遥感图像准确提取倒伏玉米面积提供了依据和方法。

3）无人机在农情监测领域的趋势和前景。在农情遥感监测领域，无人机影像的应用具有巨大的优势和广阔的前景，它具有更高的地面空间分辨率，能带来农作物精细纹理等额外的遥感信息，可以很好地应用于精准农业遥感监测领域；它还能很方便地应用于统计某一地区作物的种植结构、作物长势等信息，为大范围的农作物种植及长势、产量等信息的计算提供实际依据。无人机影像获取与处理法、几何校正精度、面积量算精度、监督分类和面向对象分类方法对无人机影像农作物分类的精度及无人机在农情方面未来的应用趋势和前景等方面都有很大的作用。

▌知识点 2　农田土壤信息监测

1. 农田土壤信息检测背景

农作物赖以生长的土壤圈提供了作物生长的养分、水分和适宜的理化条件。土壤主要是由矿物质和有机质等构成的固相、土壤水分构成的液相、土壤空气构成的气相所组成，而它们是相互转化、相互作用和相互联系的有机体，具有高度的空间异质性。虽然我国的确实现了从农产品严重短缺到供求总量平衡、丰年有余的历史性跨越，但并不意味着我们可以对我国的粮食安全高枕无忧，农业仍然是我国保持经济发展和社会稳定的基础，因此我国仍然要保护和提高粮食生产能力。而严格保护耕地是保护、提高粮食综合生产能力的前提。耕地是人类获取食物的重要基础，维护耕地数量与质量，对农业的可持续发展至关重要。保护、提高粮食综合生产能力，必须以稳定一定数量的耕地为保障。目前土地资源的管理模式开始从简单的数量维护向生态保护的质量维护方面发展，同时向着定量化和自动化方向前进。

传统的检测土壤理化系数的方法主要基于土壤的实验室分析，一方面，这些分析需要采集和制备大量的土壤样本，进行烘干、称重、研磨，直至进行土壤物理性质分析、有机质分析，以及强酸消化元素、土壤氧化物、土壤微形态薄片等分析。这些理化分析需要使用有潜在危害性的药品进行测试，而且实验过程中需要大量的人力、物力和财力支持，实验分析过程漫长，结果也未必理想。另一方面，传统土壤参数测定与监测方法是基于点测量的方法，由于检测点稀少、速度慢、范围有限，无法揭示土壤的空间异质性规律，不能满足农业、水文、气象等部门及陆地生态系统相关研究对土壤时空变异状况的要求，不具有实时性。精准农业是在现代信息技术、生物技术、工程装备技术等一系列高新技术最新成就的基础上发展起来的一种重要的现代农业生产形式，如图 8-11 所示（郑良永等，2005），其中遥感技术是精准农业获取数据源的重要途径之一。

土壤是极其复杂的物质体系，其物质组成（有机质、矿物质）、墒情、表面粗糙程度及质地等的不同都会导致光谱的改变，总体来说，土壤的光谱特征是土壤理化参数的综合反映。自然状态的土壤表面的反射率没有明显的峰值和谷值，一般来说，土质越细，反射率越高；有机质含量和含水量越高，反射率越低。就同一种土壤来说，有机质含量的高低与土壤颜色的深浅相关，土壤中有机质含量高，土壤呈深褐色，有机质含量低则呈浅褐色；土壤有机质含量的不同也会导致土壤的波谱产生波动。在 620~660nm 波段处存在和土壤有机质密切相关的特征光谱。500~640nm 波段平均反射率与土壤中氧化铁含量的相关性较好，呈线性负相关。土壤的质地也可以通过 2000~2500nm 光谱段来鉴定，土壤质地对光谱的响应不仅与粒径组合及土壤表面状况有关，也与粒径的化学组成密切相关（徐金鸿等，2006）。土壤的水分

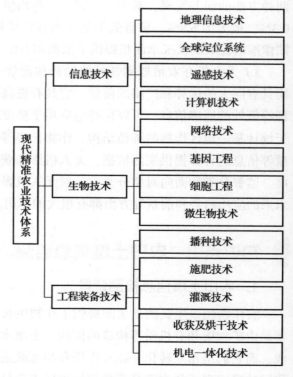

图 8-11　现代精准农业技术体系

含量也可以通过近红外光谱的特征波段来检测。

土壤光学遥感是土壤学与遥感光谱学有机结合的产物，它指的是利用土壤的反射光谱信息，可以实现对土壤参数的快速测定。遥感和地理信息技术的有机结合为区域土壤侵蚀监测和预报系统提供了有力的手段。土壤光学遥感能够提供实时、同步、大范围的地表信息，遥感图像能够清晰地反映土壤的理化信息，包括其周围的环境条件等。而GIS 则能够在空间范围内对多源、多时相的信息进行组合、集成、提取等拓扑分析。利用遥感信息源，辅助以其他相关的信息，通过野外实时调查及样方检测方法，可以有效地进行土壤参数的测定，揭示土壤的时空变异规律，从而为土壤环境的保护、规划、生态建设等服务提供实时有效的信息支持。近年来，农业科技化的发展越来越受到重视，以智能机器人取代人工进行劳作与监察的技术逐渐进入大众的视野。农业植保无人机的应用，使喷洒农药、播种等农用技术变得更简便、精确而有效。无人机技术作为一种新型的遥感数据获取手段，其更强的实时性、准确性、高分辨率及高光谱分辨能力将满足越来越多的应用需求，也势必会在土壤质量评价中得到迅猛的发展，其低空传感器更便于实现精准农业技术对土壤水分、土壤养分等的准确监测，从而实现真正的精准农业耕作。

2. 无人机在农田土壤信息监测中的应用

土壤质量指标反演主要集中在土壤腐殖质、氧化铁、土壤水分含量、土壤矿物质及表土结构等方面的研究和评价。成像光谱技术在定量反演植被组成成分方面的应用较为成熟，无人机技术作为一种新型的低空遥感数据获取手段，目前在土壤质量指标反演方面的应用还较少。

我国在农村地区的工业生产导致了农业土壤的工业污染。如今，这一问题需要通过应用现代科技来加以解决。无人机飞行范围广，可以用来监测并报道土壤污染情况，在飞行的时候需要按照特定的路线以涵盖所有的检测区域，无人机的飞行轨迹如图 8-12所示。如果怀疑某地区有重金属污染，无人机会参与监测，并将所测得的 GPS 数据和污染程度结合起来。几个地点的"地面实况"需要将整个地面的整体情况与污染地区用仪器人工测量的结果相结合方能显现出来。这种监测方法快速准确，与传统方法相比，它也更加简便廉价。

土壤墒情也就是土壤含水量，是陆面水资源形成、转化、消耗过程研究中的基本参数，是联系地表水与地下水的纽带，也是研究地表能量交换的基本要素，对气候变化起着非常重要的作用。水是连接土壤 – 作物 – 大气这一系统的介质，水在吸收、输导和蒸腾的过程中把土壤、作物、大气联系在一起，关于土壤墒情的研究一直比较活跃。土壤遥感分析最常用的还是利用光学 – 热红外数据，选择参数建立模型进行含水量的反演。例如，基于植被指数类（简单植被指数、比值植被指数、归一化植被指数、增强植被指数、归一化水分指数、距平植被指数）的遥感干旱监测方法、基于红外的遥感干旱监测方法、基于地表温度的遥感干旱监测方法、基于植被指数和温度的遥感干旱监测方法等。

图 8-12 无人机在勘探农田时的飞行轨迹

目前，监测土壤中水分含量用来预报旱涝也是无人机遥感的一个重要课题。Hassanesfahani 等（2015）利用无人机多光谱遥感结合人工神经网络（artificial neural network，ANN）模型来量化评估土壤表面水分，相关系数可以达到 0.88。该研究首先由搭载 AggieAir 平台的无人机获得 300~400 张可见 / 近红外 / 热红外的光谱图像，利用图像处理软件 EnsoMOSAIC 拼接图像，只需要导入具有一定重叠率的照片，通过自动化的工作流程进行处理，便可得到精确度高、细节丰富的结果。由无人机高空获得的伪彩色图片可以清晰地区别土壤中的含水量，甚至可以辨别田地中的路径。

知识点 3　作物养分信息监测

1．概述

作物养分信息检测是作物生长监测过程中的重要内容，主要包括作物生长所需的大量元素（氮、磷、钾）、微量元素、水分及与生长状况紧密联系的生理指标。当前的作物养分信息检测，主要是基于实验室的理化分析方法，或者基于现代的分析手段，采用图像处理技术、光谱及光谱成像技术。这些方法能够有效地监测作物养分信息，其中现代分析手段可以实现实时、快速、准确的监测，但每次监测仅限于较小的农田地块，且仅限于地面监测，无法实现大范围的实时、快速监测。更大范围的作物养分信息监测则需要用到遥感技术，航空遥感、卫星遥感等技术已经被用于作物养分信息监测。这些方法的优点是高效，能够快速实现大面积的监测，缺点是无法得到地面小范围或单株植株的细节养分信息。

无人机遥感的出现，有效地弥补了地面监测技术和设备及航空、卫星遥感技术和设备之间的不足，通过将检测仪器设备安装在低空飞行的无人机上，在飞行中获取作物的不同传感器数据信息，建立养分信息与传感器数据的分析模型，从而实现养分信息的反演和预测。在距离作物植株仅数米的高度，无人机可以实现对作物养分信息的快速、准确获取，也可以同时获取大范围的作物养分信息以及单株植株的细节养分信息。无人机为作物养分大范围的近地监测提供了更为有效的方法，而且无人机作物养分信息监测不需要人或机器进入作物之间，从而减小了对作物造成的影响。

无人机遥感轻便灵活，作业范围广，时效性强，维护、使用费用低，且时空分辨率更高，在作物养分信息监测中得到了更多的应用。无人机应用于作物养分信息监测，主要是对作物生长过程中的养分信息指标的遥感反演研究，结合作物生长过程中的养分状况和生长状况，实现对农作物的实时养分等级监测评估。无人机遥感对作物养分信息的监测为作物生长的精细化管理提供了基础。

2. 无人机在作物养分信息监测中的应用

国内外学者基于无人机平台，采用不同的传感器，对作物养分信息检测进行了深入的研究。

受限于无人机的发展，国内近几年才开始将无人机用于农业生产中，其中无人机在作物养分信息监测中的研究较少。姚霞等（2014）采用无人机遥感技术，利用机载多光谱定量分析了植被指数与冠层叶片氮含量、叶片氮积累量、叶干重、叶面积指数（LAI）的关系，同时研究了经验线性校正法和光强传感器校正法两种不同的辐射定标方法，发现二者各有优缺点。结果表明，基于无人机多光谱遥感监测小麦氮素状况和生长特征是可行的，具有较高的准确性。Duan 等（2014）利用搭载在无人机上的高光谱遥感，基于 PROSAIL 模型实现了对玉米、马铃薯和向日葵 LAI 的测量；分别采用无人机携带的 UVA-HYPER 传感器和地面的 SVCHR-1024 地物手持式光谱仪获取了玉米、马铃薯和向日葵的反射光谱信息，无人机飞行高度达到了 3.5km；在进行辐射校正、大气校正和几何校正之后，建立了 PROSAIL 模型；采用 UVA-HYPER 传感器，进行了双角度的信息采集，而研究结果也表明，双角度测量的结果要优于单角度测量的结果。Lu 等（2015）分别在水稻的抽穗期和拔节期利用无人机搭载 Mini-MCA 相机（红、绿、蓝和近红外波段）在 150m 高度对水稻地上部分生物量、LAI 及作物的含氮量进行了预测研究；通过研究不同植被指数与水稻地上部分生物量、LAI 及作物的含氮量之间的关系，发现作物含氮量的预测效果在水稻拔节期较为精确，而 Mini-MCA 相机在无人机遥感系统中兼容性很好；未来需要研发更多的无人机远程遥感来实现水稻养分的预测，从而实现肥料的精细化管理。Li 等（2015）采用装载有 Canon A3300IS 数码相机的无人机在 50m 飞行高度上对水稻冠层的氮含量进行了检测研究，建立了深绿色颜色指数（darkgreen colour index，DGCI）与氮含量之间的关系，研究结果发现，DGCI 与氮含量具有良好的线性关系，这表明无人机遥感可用于水稻氮素含量的检测。装载数码相机的六旋翼无人机及数据采集平台如图 8-13 所示。

浙江大学何勇教授团队通过模拟无人机飞行状况，设计和构建了无人机近地遥感模拟平台，通过搭载模数转换器（ADC）多光谱相机，采集不同氮素浓度下油菜植株的多光谱图像，研究了飞行高度和飞行速度对多光谱图像采集和分析的影响；研究结果表明，无人机模拟平台能对氮素分布进行检测，但存在一定的误差，需要进一步提高预测精度。

a）装载数码相机的六旋翼无人机　　　　　　　　b）数据采集平台

图 8-13　装载数码相机的六旋翼无人机及数据采集平台

国外学者在无人机作物养分监测方面较早就开始了研究和探讨，进行了大量的探索性研究，取得了较多的研究成果。Zarco-Tejada 等（2013）采用两个不同的无人机平台分别搭载机载多光谱成像仪及机载高分辨率高光谱成像仪对葡萄园葡萄叶片叶绿素含量和类胡萝卜素含量进行了检测；多光谱图像采集高度为 150m，高光谱图像采集高度为575m；将无人机平台采集到的图像校正之后，对与类胡萝卜素相关的植被指数、与叶绿素含量相关的植被指数及对应的色素含量进行分析；通过分析不同模型下的结果，发现采用 PROSPECT-5 叶片辐射传输模型之后的叶绿素及类胡萝卜素检测效果最佳；研究结果表明，无人机结合高光谱成像技术可以有效地实现葡萄园葡萄叶片叶绿素和类胡萝卜素的检测。

Lucieer 等（2014）设计了一个新的高分辨率的高光谱无人机系统，并以此进行了 3场机载实验，证明了该系统在标准条件以及远程恶劣低温环境下的可操作性；实验结果表明，该系统能够提供 5cm 精度下的定量植物生理生化变化及健康状况的地图。Baluja 等（2012）利用机载的红外热遥感相机 ThermoVision A40M 和多光谱成像仪来预测评估葡萄园的水分状态，无人机飞行高度为 200m；分别获取了葡萄园红外热图像和多光谱图像中的温度参数及植被指数，并分别研究了温度参数和植被指数与根水势和气孔导度的关系；研究发现，温度参数与根水势及气孔导度显著相关，且植被指数与葡萄园的水分状态相关，其中 NDVI 和土壤调节指数相关性最高；研究结果表明，无人机可被有效地用于葡萄园水分状态的监测，为精细灌溉的实现提供科学依据。Vega 等（2015）采用无人机结合多时相影像技术，对向日葵植株的籽粒产量、地上生物量及含氮量与 NDVI进行了线性回归分析；通过 Microdrones MD4-200 无人机平台搭载的 ADC 相机获取了向日葵生长期不同日期的多光谱图像，并对图像中的向日葵与土地进行了分类研究；通过计算图像 NDVI 与籽粒产量、地上生物量及含氮量之间的线性关系，发现 NDVI 与向日葵植株的籽粒产量、地上生物量及含氮量在 99% 的置信水平上具有良好的线性相关性；结果表明，无人机遥感可用于向日葵籽粒产量、地上生物量及含氮量的检测。Jannoura 等（2014）采用远程控制的六旋翼直升机装载数码相机 Panasonic Lumix DMC-GF1 采集豌豆和燕麦的图像信息，飞行高度为 30m；通过计算图像中植株区域的归一化绿红差异指数（normalized green-red difference index，NGRDI），并对 NGRDI 与叶面积指数（LAI）及地上生物量的关系进行分析，发现 NGRDI 与地上生物量显著相关，但是NGRDI 与豌豆和燕麦的 LAI 无显著相关关系；研究结果表明，基于无人机遥感获取的NGRDI 可用于作物地上生物量的预测。Saberioon 等（2014）采用地面数字图像技术与无人机遥感技术分别对不同生长期水稻叶片和冠层的叶绿素含量进行了检测研究，遥感图片采集高度为 100m；分别通过对数码相机采集的遥感照片及单个叶片照片的分析，提出了新的颜色参数主成分分析指数（IPCA），并通过提取包含 IPCA 在内的 12 个不同的颜色参数和植被指数，建立颜色参数和植被指数与叶片和冠层叶绿素含量之间的关系（图 8-14）；研究发现，基于地面叶片图像和无人机冠层图像得到的 IPCA 与叶绿素含量在 0.05 的显著性水平下显著相关，表明提出的主成分分析指数可用于地面和无人机遥感的水稻叶绿素含量检测，且结合数码相机的无人机遥感可用于水稻叶片和冠层叶绿素含量的监测。

 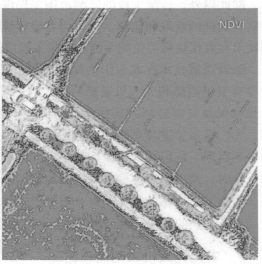

a）RGB 图像　　　　　　　　　　　　　　　b）NDVI 分布图

图 8-14　稻田 RGB 图像及 NDVI 分布图

Caturegli 等（2016）采用无人机遥感对施肥后的 3 种草坪的氮含量进行了检测研究；为控制草坪的氮含量呈梯度上升，通过人工施氮肥，使施肥量在 0~250kg/hm² 按一定梯度递增；通过无人机搭载 Canon S100 数码相机和 Tetracam ADC Micro 多光谱传感器获取草坪图像，飞行高度为 50m；研究了氮肥施肥量变化下草坪的氮含量与基于多光谱图像提取的植被指数（NDVI）之间的线性关系，并结合地面手持式作物传感器测定的氮含量和 NDVI 结果进行比较；研究发现，无人机遥感测得的 NDVI 与作物传感器近地测得的 NDVI 有较高的相关性，并且 NDVI 对草坪的氮含量有较好的估计结果，这一研究结果表明，无人机遥感能够充分评估草坪的氮含量在空间范围内的变化，这为大面积的草地管理提供了技术支持。

知识点 4 植物病害信息监测

1. 概述

农作物病害是影响作物生长、制约农业生产稳定发展的主要因素之一。农作物病害不仅会导致作物产量减少及农产品品质下降，而且会增加杀菌剂等农药的使用，从而引起农产品的安全问题。根据联合国粮食及农业组织的估计，农作物遭受病害造成的平均损失为总产量的 10%~15%。在我国，每年由于病害造成的农业损失高达数十亿元。因此，对作物病害进行早期监测预警，对提高作物的产量和品质具有重要的意义。

目前用于农作物病害检测的传统方法主要有人工感官检测和理化检测（何勇等，2015）。实际检测中，理化检测虽然较为精确，但操作复杂，且对实验样本具有破坏性；人工感官检测易受到情绪、疲劳和环境等主观和客观因素的影响，而且不能长时间地进行。除此以外，传统手段的监测范围多局限于实验室和近地面等微观监测，不适用于大田病害数据的获取和监测。所以为克服传统技术带来的弊端，大面积、快速、无损的监测技术在农作物病害监测中的应用越来越广泛。

随着遥感技术在农业中的深入应用，其在我国植物病害监测中的应用越来越普遍，主要有卫星遥感和无人机遥感等方式。卫星遥感监测多适用于大面积的地块面积估测、生长状况及灾害监测，其在小范围田间尺度的精准农业方面应用不多。相比于卫星遥感，无人机遥感适合小区域内的图像采集，一是由于飞行范围有限；二是由于传感器成像视场有限，成像图像覆盖面积小，大范围图像拼接过程中会有大量信息丢失，多幅图像重叠时，难以实现精确对齐，因此监测范围有限。无人机遥感主要应用在田间尺度调查，作为卫星遥感的补充，具有重量轻、体积小、性能高等优点，现已成为遥感技术发展的热点和新的趋势（姚云军等，2008）。

2. 农用无人机农田信息监测

在利用无人机遥感光谱监测之前，研究人员对病害的监测主要集中在实验室的微观监测，利用可见 – 近红外光谱仪、高光谱成像仪、多光谱成像仪、拉曼光谱成像仪及激光诱导击穿光谱仪等获取连续的光谱影像信息。在分析和检测作物病害方面，相比于无人机，地面高光谱技术可以提供小尺度空间虫害管理，同时高光谱遥感波段连续性强，可提高对作物的探测能力和监测精度。此外，地面光谱信息丰富、获取简单、成本低廉，又是卫星遥感中定标的重要环节，也是遥感数据与病害信息建立关系的重要步骤，为利用遥感技术对大面积植物病害的监测提供前期研究基础。

国内外学者利用地面光谱技术对作物病害进行了广泛的基础研究并取得了突破性的进展，为无人机低空遥感监测的实施提供了理论基础和先决条件。针对这些情况，已经有相当数量的研究对不同作物病害的光谱特征进行了报道。

3．无人机低空遥感信息的获取

地面光谱技术因其自身具有的局限性而不适用于进行大面积的病害监测，不能对作物生长过程中不同阶段病害的侵染及时做出评估。而无人机因其轻型、便捷及可携带采集设备等优势具有监测农业和环境变化的潜力。无人机在农田上空精确抽样，通过采集设备，能够从宏观、微观方面分析作物病害。目前国内外学者越来越多地将其应用到农作物病害监测中，取得了不错的结果。

Lenthe（2007）利用无人机搭载热红外成像系统，应用小气候条件促进对小麦发病率和严重程度的检测；实验中对单个叶片和冠层叶片的叶面温度进行了区分和检测，结果如图 8-15 和图 8-16 所示；研究表明，无人机搭载热红外成像系统可以实现对小麦病害程度的监测。

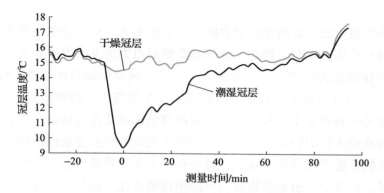

图 8-15　干燥和潮湿小麦植株的冠层温度

图 8-16　没有杀菌剂处理下的小麦冠层红外温度图

冷伟锋等（2012）使用无人机遥感技术对小麦条锈病进行监测分析；通过使用无人机航拍小麦冠层图像，分别分析了从图像中获得的小麦冠层反射率及各波段反射率与病情指数之间的关系，结果见表 8-1；结果显示，获取的几种反射率与小麦病情指数之间有较高的相关性，并且研究中利用反射率数据所构建的小麦条锈病的病情指数模型拟合度较好，表明了利用无人机遥感技术进行小麦条锈病监测的可行性，具有一定的应用价值。

表 8-1　小麦条锈病病情指数反演模型

反射率种类	反演模型	决定系数	差异平方和	回归误差
冠层反射率	$y=1015x-42.03$	0.747	249.737	35.677
红光区域反射率	$y=2461x-22.31$	0.771	225.324	32.189
绿光区域反射率	$y=3016x-51.07$	0.742	254.286	36.326
蓝光区域反射率	$y=3736x-56.75$	0.656	339.355	48.479

注：在模型中，y 是指病情指数（DI），x 是指反射率值。

知识点 5　植物虫害信息监测

1．概述

　　虫害是威胁作物生长，影响粮食增收的另一主要灾害。虫害监测是虫害综合防治的关键环节，实现对虫害的实时、快速、准确的监测对虫害的及时发现和对症防治具有重大意义。传统的作物虫害检测方法主要是人工方法，包括田间系统调查、灯光诱测等。虽然人工检测虫害的方法简单、直观，但是其不仅工作量大、检测范围小、时效性差、检测成本高，还是一种粗放型的检测方法，其检测结果建立在人体感官上，具有很高的主观性，会因为检测人员的经验和相关专业知识及其统计分析方法的不同而产生较大的误差。此外，植物在遭受害虫的咬噬后，其外观形态和生理效应会发生变化，如叶片卷曲、残缺、发黄、枯萎等，引起作物冠层形态结构的变化，而且当咬噬的叶片发黄或枯萎后，其叶片中叶绿素和类胡萝卜素等色素也会发生变化，影响作物的生长发育，造成受害植物的光谱特性与健康植物的光谱特性出现差异。因此将光谱分析技术、遥感技术等应用到作物虫害快速检测中，可以为判断虫害病情的严重性提供更科学有力的依据。其中光谱技术主要应用于地面作物的微观分析，而遥感技术可以从大尺度上分析作物虫害的发展情况，但是针对大面积的作物虫害还需要积累地面光谱数据进行分析。

2．地面虫害信息的获取

　　除传统方法外，目前国内外学者对虫害的研究主要集中在光谱成像技术及机器视觉技术上。国内外学者利用光谱分析技术围绕作物虫害进行了大量的研究。

　　Huang 等（2014）利用高光谱成像技术对山楂的虫害进行了检测；扫描获取高光谱图像并从中提取光谱信息，然后从全谱中提取特征波长，并计算出 4 个光谱特征值——最大值、最小值、平均值和标准差，从图像中提取 10 个纹理特征，如能量、熵、相关系数、逆差矩等，然后分别基于全波段和特征波段利用 14 个光谱和纹理特征进行偏最小二乘判别分析（partial least squares-discriminant analysis，PLS-DA），再基于同特征的组合进行建模分析；结果显示，利用光谱平均值、能量及熵基于全波段进行建模，分类正确率可以达到 98%，利用以上 3 个组合特征基于特征波长建模，得到的分类正确率为 97.4%；以上结果显示，基于全波长和特征波长进行建模分析在分类正确率上并没有太大的差异，正确率都相对较高，因此利用高光谱成像技术对山楂的虫害进行检测具有较大的潜力。

孙红等（2010）利用光谱技术对水稻稻纵卷叶螟虫害进行了检测；通过分析田间水稻稻纵卷叶螟受害区和对照区冠层反射光谱及一阶微分光谱特征差异发现，可见光区（400~700nm）550nm 附近对照冠层反射率明显高于中度受害水稻冠层反射率，重度受害水稻冠层反射率则高于对照区冠层反射率；水稻受虫害时，干枯导致叶绿素含量降低，对红光波段（600~700nm）的吸收减小；近红外区（750~770nm），受害水稻冠层反射光谱曲线均出现不同程度的"尖峰"波动，且光谱曲线红边拐点发生"蓝移"；通过构建样本总修正曲线可以直观地判别广域水稻受稻纵卷叶螟虫害侵扰的程度；进一步探讨稻纵卷叶螟受害区检测参数发现，利用近红外 NDVI 特征可以有效地区分对照区和受害区，经验证，准确率达 70%。

拓 展 课 堂 1

无人机技术在农业监测中的应用及优劣势

1. 优势

无人机移动速度快，对于环境的适应性较强，可以很好地代替人工进行特殊环境下的生产监测作业，减少了监测过程中对作物的损耗和人工费用。无人机体型较小，方便操作人员携带和移动，并且受天气和地形影响较小，尤其为种植在高山、丘陵等复杂地形的农作物监测提供了巨大的便利，同时降低了设备的运输成本。近年来，4K 摄像头已经广泛应用在无人机航拍中，提供了高分辨率的航拍影像，能够进行快速的数据信息捕捉。此外，与传统的大型农用监测机相比，无人机可大幅节省成本。

2. 劣势

虽然与人为监测相比无人机具有监测精度高、范围广等优势，例如大疆无人机"御"Mavic 2 专业版，可携带 4K 摄像头，有效通信距离为 5~7km，但在无负载情况下最大航行时间也只有 30min，续航时间的明显劣势是无人机在航拍过程中最大的"痛点"。同时，由于无人机极低的承载重量能力，限制了航拍效率的提升，而增加航拍频次就增加了监测的费用。虽然无人机较传统农用机运行的费用下降，但是需要培养专业驾驶员，也在一定程度上增加了监测的费用。在对目标种植区进行监测的过程中，无人机受客观因素的影响会使监测数据产生一定的偏差，如受自然光光照影响较大，光线不好会影响采集数据的准确性，在大雾、大风、雨天等天气情况下，受安全因素的影响，不宜飞行。

3. 结语

　　无人机与传统的农业监测设备相比，具有安全性高、操作灵活的特点，能够高效率地提供大规模影像信息数据，可适应现代的精准化农业发展。同时，无人机载重性能和续航能力等薄弱之处也随之体现出来。虽然无人机在监测中的应用存在一些明显缺点，但是随着技术越来越成熟，无人机在农业监测方面势必发挥更大的作用，也会更加广泛地应用到农业生产中，更好地促进农业生产的发展和改善。

学习任务 2　无人机农田其他应用及展望

知识目标

1）掌握无人机授粉。
2）掌握无人机施肥。
3）掌握无人机播种。
4）掌握无人机棉花脱叶与采收。

素养目标

1）培养认真细致、严谨治学的态度。
2）培养职业道德观念、增强责任感。
3）加强沟通协调、团队协作的能力。

❓ 引导问题 2

　　植保无人机除农药喷洒之外，在无人机授粉、无人机施肥、无人机播种以及无人机棉花脱叶等其他农业领域的应用如何？

▶ 知识点 1　无人机授粉

1. 概述

　　"春种一粒粟，秋收万颗子。"一粒小小的种子与农民的收入息息相关。当前，我国水稻种植和收获机械化水平发展较快，在 2016 年，水稻的耕种和收获基本实现了机械化。但杂交水稻制种机械化水平仍处于较低水平。20 世纪 60 年代，我国成功培育出水稻不育系、保持系和恢复系的"三系"配套，率先在世界上育成杂交水稻。在杂交水稻生产过程中，授粉是制种尤为关键的一个环节，直接关系到杂交水稻的产量与质量。杂交制种由不育系（母本）与恢复系（父本）杂交而成（王帅等，2013）。杂交制种属于异花授粉，父本所提供的高密度花粉充分、均匀地落在母本柱头上，才能获得满意的种子结实率，所以说辅助授粉是保证制种成功的关键因素之一。水稻授粉是一项技术和精度要求高、时间要求紧的作业，受气候环境影响明显的作业。目前传统的人工授粉方法包括双短竿推粉法（图 8-17a）、绳索拉粉法（图 8-17b）、喷粉授粉法、碰撞式授粉等。另外，水稻的花期很短，开花时间为上午 10：00—12：00，花粉的寿命也短，这些生理原因都会导致水稻授粉率的下降。为了提高花粉的利用率和母本的结实率，在整个人工授粉时期，需要保持每天授粉 3 或 4 次，且必须在 30min 内完成，"赶粉"时动作要快，才能保证花粉弹得高、散得宽。但是这些传统方法都需要消耗大量的人力和物力，也不能满足规模化授粉作业的要求。

a）双短竿推粉法　　　　　　　　　　　　　b）绳索拉粉法

图 8-17　传统的杂交水稻授粉方法

微小型农用无人直升机具有精准作业、高效环保、智能化、操作简单、环境适应性强、无须专用起降机场等突出优点，在农业生产中越来越受到青睐，目前已研制有多机型的无人直升机进行田间植保作业的示范应用。为了适应社会和现代农业发展的要求，如何利用无人机的优势，实现杂交水稻制种全程机械化，已成为近期水稻产业中最重要的技术问题。

直升机授粉的工作原理为：利用螺旋桨产生搅动气流，该气流有垂直向下和水平作用两个分量，水平分量将花粉从父本柱头上吹散，随风力散落到母本柱头上，往复 2 或 3 次完成授粉作业（王帅等，2013）。无人驾驶直升机授粉作业效率可达 $80\sim100hm^2/$ 天，是人力的 20 倍，且成本较低，适用于大面积水稻制种辅助授粉作业（汪沛等，2014）。在水稻机械化制种过程中，辅助以机械授粉和喷施农药激素技术，改变田间父本和母本的种植群体结构，研究父本和母本的机械化种植、收割、种子田间化学干燥和机械烘干技术，从而实现从田地耕整、播种移栽、施肥喷药、授粉、收割到种子干燥的全程机械化制种作业的技术路线。杂交水稻制种全程机械化技术能节省大量劳力，大幅减轻劳动强度，降低劳力成本，可促进我国从传统种业向现代种业的发展，促进规模化、机械化、标准化、集约化种子生产基地的建设，全面提升我国杂交水稻供种保障能力，继续保持我国杂交水稻技术的世界领先地位。

2. 美国杂交水稻全程机械化制种的授粉方法

美国是世界农业大国，种植业与畜牧业并重，但是美国的农业人口只占全国总人口的 2.6%，其农产品不仅自给自足，还是世界上最大的农产品出口国。其主要原因是农业生产区域专门化、机械化和商品化程度都相当高，玉米、小麦、大豆、棉花、肉类产量居世界前列，在作物生产和加工的各个环节都利用包括农业航空在内的现代科技成果，从而大幅度提高生产效率，降低生产成本，使农产品有较强的市场竞争力。美国约有 1600 家公司从事农业航空飞行作业，平均每家公司拥有飞机 2.2 架、雇用驾驶员 2.7人。在杂交水稻种子生产中，美国使用直升机旋翼产生的风力帮助授粉（图 8-18）。飞机在作业过程中还应用卫星定位技术，避免重复操作或遗漏，使成千上万亩庄稼均匀一致，取得最大的整体效果，达到大面积均衡高产的目的。飞机的农田作业由专门的公司运作，稻农只需支付服务费用。但是飞机授粉的重点和难点是保持飞机低空飞行的高度，为此，需要对驾驶员进行专业的授粉培训（王帅等，2013）。

图 8-18　美国小型农用直升机为杂交水稻授粉

　　美国西方石油公司下属的圆环公司与中国种子公司草签了《杂交水稻综合技术转让合同》，在 20 世纪 80 年代从中国引进杂交水稻技术后，开始研究、探索杂交水稻机械化制种技术。历经 15 年的试验研究，通过采用小型有人驾驶直升机进行辅助授粉，配套制种父、母本按（8～10）:（30～40）的行比相间种植，以 37km/h 左右的速度飞行，利用旋翼高速转动产生的风力将父本花粉传播到母本柱头上完成授粉作业（汤楚宙等，2012）。小型直升机在杂交水稻制种辅助授粉作业中，利用螺旋桨产生的风力增大杂交水稻制种时父本花粉的传播距离。利用小型农用无人直升机辅助授粉作业，可以实现杂交水稻全程机械化，提高生产效率，解决劳动力日益紧张的难题。当然不同农用植保机旋翼所产生的气流到达水稻冠层后形成的风场也有较大差异，水稻杂交授粉的效果会受到对应风场宽度、风速及风向等参数的影响。

3. 我国杂交水稻农用无人机制种的授粉方法

　　我国幅员辽阔，农田土地环境呈现多样性。我国北方包括新疆等地具有大面积的平原，地块单元大块连片，单位面积上农田生态系统相对单一，地势平坦开阔，耕地面积广阔，有利于大型机械化操作的实现；但是南方的丘陵地区地块破碎，土壤复杂，地形起伏较大，单位面积上的农田生态系统较为复杂。因此美国的杂交水稻全程机械化制种技术未必能够在我国，特别是农田环境较为复杂的丘陵地区得到广泛的应用。但借鉴美国的直升机辅助授粉方法，将目前我国所研发的农用航空无人直升机用于杂交水稻制种辅助授粉，实行父本和母本大间隔栽插，这一改进不仅可以保留母本水稻的优良基因，也可以使父本、母本都能实现机械化插秧与收割。

无人机在杂交水稻授粉上的应用是一项了不起的创新，是实现杂交水稻制种全程机械化的突破口，将为杂交水稻制种技术带来革命性的改变。同时，无人机授粉也在其他作物、林木中开始得到应用。

从总体来看，无人驾驶直升机是实现杂交水稻制种全程机械化的关键及必然选择。微型农用无人机作业相对来说比较安全，具有以下特点：

1）适用于相对比较复杂的农田环境，特别是宽广的东北地区和新疆地区。但是鉴于我国南方丘陵山区地势复杂，基地田块小，具有树冠茂密的高大乔木，因此在农用无人机的研制方面需要考虑防撞系统。

2）水稻的授粉效果也受到不同农用植保机旋翼所产生的风场差异的影响。不同类型的农用无人机在辅助授粉时，需要配比相应的飞行参数（高度、速度、无人机与负载质量）、父本和母本厢宽比以及授粉的效率和成本。

无人机在旋翼风力下进行辅助授粉时需要考虑花粉的分布情况与旋翼风场在水稻冠层平面的分布规律。因此在评价效果时，需要装置风场无线传感器网络（wireless wind speed sensor network，WWSSN）测量系统进行风场数据采集，风场无线传感器网络测量系统由飞行航线测量系统（flight global position system，FGPS）、若干风速传感器无线测量节点及智能总控汇聚节点（intelligent control focus node, ICFN）组成（李继宇等，2013）。具体为采样节点两两间隔1m，沿垂直水稻父本行排列为一行，放置20个采样节点，用于同步测量对应方向的自然风风速。每个节点上布置3个风速传感器，风速传感器轴心的安装方向分别为平行于无人机飞行方向X，即平行于水稻种植行方向；垂直于无人机飞行方向Y，即垂直于水稻种植行方向；垂直于水稻冠层方向Z。X、Y向形成的平面与水稻冠层面水平，花粉的悬浮输送主要来自这两个方向的风力，风力越大越好；Z向主要考察无人机所形成的风场对水稻植株的损伤情况（例如，大旋翼无人机悬停时风速可达15m/s以上，易造成水稻倒伏），该向风速越小越好。微处理器负责收集这3个方向的风速传感器信号并转化成风速存放于存储器中或通过无线收发模块发送出去。农用旋翼无人机按照指定飞行参数沿田间父本种植行飞行，在接近传感器阵列行时开始采集数据。单次数据采集完毕时，无人机在父本行前端或尾端悬停待命，待数据传输过程结束，开始下一次飞行作业。

国产农用无人机高科新农 HY-B-15L 机型航空有效作业时间为 25~40min，有效载荷为 15kg，抗风能力为 5 级，机身质量为 9.5kg，双药箱，无副翼，操控性能好，植保飞行时机翼能产生 5~6 级的风场，有效范围可达 7~8m，一天可以授粉 40hm²（600 亩）。华南农业大学从 2012 年起开始探索利用多种无人驾驶直升机进行杂交水稻辅助授粉作业，而不同类型的农用无人直升机结构不同，旋翼所产生的气流到达作物冠层后形成的风场也有较大差异，对应的风速、风向和风场宽度等参数对花粉的运送效果直接影响到授粉的效果（母本结实率）、作业效率及经济效益（李继宇等，2013，2014，2015）。例如，中国人民解放军总参谋部第六十研究所研制的无人驾驶油动单旋翼直升机 Z3 机型在水稻制种授粉作业时，较佳飞行作业高度为 7m，直升机顺风方向飞行时的风场宽度和风速较大，应避免逆自然风方向的飞行作业。珠海羽人飞行器有限公司生产的单旋翼电动无人直升机 SCAU-2 机型最佳的作业参数为飞行速度 1.56m/s、直升机及负载质量 14.05kg、飞行高度 1.93m；有别于单旋翼无人直升机，圆形多轴多旋翼无人直升机平行飞行方向风场只有一个峰值风速中心，垂直飞行方向风场存在两个峰值风速中心，大疆 T16 植保无人机水稻制种辅助授粉的田间作业参数为飞行速度 1.30m/s、飞机与负载质量 18.85kg 和飞行高度 2.40m。

知识点 2　无人机施肥

1. 概述

由于季节性的要求以及为了防止土壤板结，地面施肥机械已经不能满足农业作业的需求。目前，多旋翼无人机在施肥上的应用已有多处报道。无人机施肥不仅能够降低施肥的成本，而且更加安全、精准、高效。用高效省力的无人机来喷洒农药，将成为以后的发展趋势。随着数字农业的发展，变量施肥的需求越来越大。无人机施肥分为施固态肥和施液态肥，施液态肥与无人机喷药一样，这里不再赘述。

2. 关键技术与系统装备

实现无人机变量施肥的关键是要具备能够实时获取作物的养分需求及施固体肥料的末端装置。

在获取农作物的养分需求方面，目前较多的研究是利用多光谱或高光谱的遥感方式获取养分信息（刘超和方宗明，2013），整个变量施肥系统包括小型无人机系统、地理信息系统（GIS）、地面控制系统、数据处理与分析系统和施肥模型系统，如图 8-19 所示。小型无人机系统用来采集农作物图像信息及 GPS 信息，包括多旋翼无人机和多光谱成像平台、无人机搭载多光谱成像平台；GIS 用来采集农作物地理数据，生成地面作物的地理信息图；地面控制系统与无人机系统进行通信连接，用来控制无人机的飞行姿态并控制采样点和多光谱成像平台的采样时间；数据处理与分析系统分别与小型无人机系统和 GIS 连接，用于对采集到的农作物的多光谱图像和对应的 GPS 信息进行融合处理，结合 GIS 地理信息图生成作物的长势图，并根据作物的长势图，分别计算出氮、磷、钾肥料水平，生成氮、磷、钾含量分布图；施肥模型系统和数据处理与分析系统连接，用于根据氮、磷、钾含量分布图结合具体的地理坐标信息，给出详细的氮、磷、钾的施肥方案。

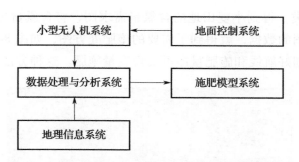

图 8-19　基于无人机低空遥感的变量施肥系统组成

　　获取作物的养分需求是变量施肥的前提，而末端装置才是精准变量施肥的保证。辽宁猎鹰航空科技有限公司发明了一种施固体肥料的末端装置，如图 8-20 所示。该装置包括无人机的药箱和横杆式起落架，药箱设有开口向下的圆柱形出料口，出料口的下方设有播撒部；播撒部包括连接在出料口下方的接料漏斗，接料漏斗下方固定连接具有凹陷部的旋转托盘，接料漏斗内部设有若干层带有漏料孔的隔板，接料漏斗的内部空腔与旋转托盘的底部连通；播撒部在电动机的带动下转动。放置在药箱内的固体肥料，通过旋转托盘的转动被抛撒出去，施肥作业效率高，弥补了现有的无人机只能够喷洒液体的缺陷，使得无人机的多用性得到了提高；环境适应能力强，脱离了地形的束缚，适合各种作业环境；结构简单，易于维护，能够方便地进行功能转换，降低了成本。

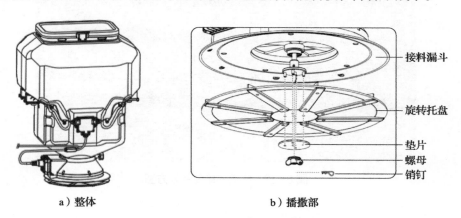

　　　　a）整体　　　　　　　　　　　b）播撒部

图 8-20　无人机施肥装置

　　芬兰农业食品研究院的 Kaivosoja 等（2013）研究了利用高光谱数据的分类图实现精确施肥的任务。他们在 2012 年的夏季以芬兰的一处小麦测试田为研究对象，利用分类图估算了生物质量和含氮量，结合分类地图和农场之前的产量图等历史数据，最后将其转换成了一个适合农业作业的矢量分区作业图。首先根据该农场历年来的产量数据预测之后的小麦田地施肥任务图，如图 8-21 所示。产量分类图的浅色部分表示历年来产量都比较低的区域，该田地的含氮量与生物质量的空间分布较为一致。之后又获取了 2012 年该田地的高光谱遥感图像，通过高光谱图像的光谱信息对小麦田地的含氮量和生物质量进行分类，得到小麦田地的含氮量需求图，将含氮量需求图数据减去产量潜力图及春季施肥图的数据，就得到了需要的施肥处方图，如图 8-22 所示。后续，只需要根据处方图规划好航线和施肥量即可实现变量施肥。这种方法大大减少了施肥量。

图 8-21　基于历史数据所获的产量分类图

图 8-22　构造的施氮量处方图

▍知识点 3　无人机播种

目前，我国农业发展迅速，农业现代化迫切需要农业机械化及作业高效精量化。而现有农田的播种则是一项高技术、高精度的作业，且播种效果明显受各种因素的影响，对于播种方式更是提出了很高的要求。目前的人工播种包括人力式和机械式，人力式播种不但劳动强度大、效率低，且播种不均匀的现象较明显，降低了播种质量，同时花费大量时间；机械式播种若取代人力播种，则能够有效提高工作效率。但现有的机械式播种主要还局限于手持式机械播种和行走式机械播种两种形式，手持式机械播种对于提高机械效率的水平非常有限；行走式机械又存在下田困难、行进速度低的问题，且上述两种机械式播种都存在损坏农田播种面积及农田平整度等许多难以应付的复杂田间环境问题。因此人们开始利用能够低空稳定飞行的无人飞行器实现辅助播种。这种利用无人飞行器进行辅助播种的方式解决了上述人力式和机械式播种的诸多问题，如降低了劳动强度，降低了地形的影响，也避免了损坏农田平整度等。

1. 关键问题

现有播种作业采用的无人机多为中小型无人机或者多旋翼飞行器，多旋翼飞行器具备垂直起降、低空飞行的基本功能，其旋翼产生的风力垂直向下，为飞行器提供向上的升力。同时，这些无人机通过旋翼产生的垂直风场实现辅助播种。但是，播种作业中种子从种子箱内按自由落体方式落到农田中，种子间距太小；其次，农田播种需要定量撒播，种子过密影响种子质量，过疏浪费农田资源；最后，播种受农田大小的影响，种子箱必须有开关控制。故播种作业中仍存在种子不均匀、种子过密或过疏及种子箱开关不易控制等诸多问题，使得无人机播种的作业效率降低，播种效果不佳。

2. 实现装置

湖南农业大学的李明（2015）提出了一种基于无人机平台的精量播种系统。它通过定量播种滚轮、滚轮叶片与固定座的共同配合实现定量排种；采用受伺服电机控制的定量播种滚轮实现精量播种，通过风力散种装置将排出的种子吹散，从而有利于均匀播种。它的工作原理是，定量播种滚轮不旋转时，定量播种滚轮和滚轮叶片共同封住固定座顶部开口和底部开口之间的通道，防止种子从固定座底部开口坠落，此时播种装置处于暂停播种状态；定量播种滚轮旋转时，种子先从种子箱的出口漏到相邻的滚轮叶片与定量播种滚轮之间共同形成的储种空腔中，随着滚轮叶片的旋转，该储种空腔运行至固定座的下方时，储种空腔中存储的种子被释放，并在风力散种装置的风力作用下分散并坠落，此时播种装置处于播种作业状态。

▶ 知识点4　研究展望

无人驾驶直升机具有作业高度低、无须专用起降机场、操作灵活轻便、环境适应性强、成本低、适用于大面积水稻制种辅助授粉作业等突出优点。传统的人工作业，一人一天作业10亩左右，而无人机平均每小时作业量可达30亩以上。考虑到农用无人机辅助杂交水稻的授粉效果受到不同机型所产生的风场、风速及风场宽度等参数的影响，在农用无人机作业过程中，为了提高作业效率，需要决策出较佳的飞行作业参数，包括飞行高度及作业航向等，这些理论依据都将为无人直升机辅助授粉技术的发展提供有力的保障。从长远来看，农用无人机是实现我国杂交水稻制种全程机械化的关键，也是必然选择。

目前，越来越多的研究通过无人机搭载便携式多光谱和高光谱仪器实时获取田间作物的养分信息，这样可以给变量施肥起到很好的指导作用。然而，在变量施肥末端执行机构方面的研究现在还少之甚少，仅有的研究也只是在机械结构的优化、改进上，没有设计控制系统来根据作物的实际需求进行变量施肥，也没有考虑到无人机作业时不同速度、不同高度产生的施肥延时问题，今后这方面的研究还有待加强。

利用低空飞行的无人机进行辅助播种解决了人力式和机械式播种的诸多问题，如降低了劳动强度、提高了作业效率、降低了地形的影响、避免了对农田平整度的损坏等。而目前所研究的无人机播种只能实现定量播种，在实际作业时由于无人机速度和高度的变化，迫切需要实现变量播种。今后，与变量施肥一样，变量播种也会成为无人机应用中的热门方向。

我国是世界上主要的产棉国之一，单产量居世界第一。棉花种植生产的机械化和自动化是我国棉花产业的主要发展目标。随着国家在农业机械上的持续投入，棉花种植生产的自动化和智能化水平越来越高。棉花脱叶是棉花机械化采摘前必不可少的处理。无人机喷施脱叶剂，有助于解决人工喷施效率低下、成本高及农药过量喷施的问题，也有助于解决地面喷施机械进地对棉株的损伤与棉花减产的难题。我国棉花的大面积种植及机械化和自动化的需求，使无人机的应用具有潜在而巨大的市场。无人机用于棉花脱叶的发展方向主要是降低无人机价格，延长无人机的单次飞行时间，提高脱叶效率，降低脱叶剂的使用量，降低脱叶成本，使无人机成为棉花脱叶的主力。

拓 展 课 堂 2

农用无人机的应用现状与展望

无人机具有机动性好、灵活、时效性强、易操作的特点，可搭载多种对地传感器来获取高清农田图像数据，分析田间作物生长状况，使农业生产可预测、可实时监测，对于辅助精准农业的田间管理具有重要意义。另外无人机可以搭载喷洒系统，可以快速高效地应对农田突发病虫害的发生，作业不受地理因素影响，同时可以减小作业过程中对作物的伤害。近年来，无人机低空遥感技术配合传统监测方式共筑空天地一体化监测管理体系，促进了我国农业生产航空化、信息化、精准化的发展，加速了我国农业由传统农业向现代农业的转变。

附　录

附录 A　多轴农用植保无人机系统通用标准

（Q/T JYEV—2015）

1　范围

本标准规定了多轴农用植保无人机系统的术语和定义、分类、分级与代号、技术要求、标志、包装、运输和贮存要求。本标准适用于多轴农用植保无人机系统的设计、制造、运输、贮存、使用和维修等过程。

2　规范性引用文件

下列文件对于本文件的应用是必不可少的。凡是注日期的引用文件，仅注日期的版本适用于本文件。凡是不注日期的引用文件，其最新版本（包括所有的修改单）适用于本文件。

GJB 5433—2005　无人机系统通用要求

GJB 3060—1997　无人机电气系统通用规范

GJB 6703—2009　无人机测控系统通用要求

GJB 2018　无人机发射系统通用要求

GJB 2019—1994　无人机回收系统通用要求

GJB 2023　飞行控制计算机通用规范

GJB 5200　无人机遥测系统通用规范

GJB 5201　无人机飞行控制与管理系统通用规范

GJB 5435　无人机强度和刚度规范

GJB 1014　飞机布线通用要求

GJB 451A—2005　可靠性维修性保障性术语

GJB 9001B—2009　质量管理体系要求

GJB 1909A—2009　装备可靠性维修性保障性要求论证

GJB 450A—2004　装备可靠性工作通用要求

GB/T 2829　周期检验计数抽样程序及表（适用于对过程稳定性的检验）

GB/T 17626.2—2006　电磁兼容　试验和测量技术　静电放电抗扰度试验

GB/T 17626.3—2006　电磁兼容　试验和测量技术　射频电磁场辐射抗扰度试验

GB/T 2423.38—2005 电工电子产品环境试验 第2部分：试验方法 试验R：水试验方法和导则

GB/T 2423.3 电工电子产品环境试验 第2部分：试验方法 试验Cab：恒定湿热试验

GB/T 2828.1 计数抽样检验程序 第1部分：按接收质量限（AQL）检索的逐批检验抽样计划

GJB 572A—2006 飞机外部电源供电特性及一般要求

GJB 899A—2009 可靠性鉴定和验收试验

NY/T 1533—2007 农用航空器喷施技术作业规程

3 术语和定义

下列术语和定义适用于本标准。

3.1 农用植保无人飞行器

由动力驱动、机上无人驾驶的应用于农业作业的航空飞行器的简称。它通常由飞行平台、任务装置、辅助装置三部分组成。

3.2 飞行平台

以无人飞行器机体结构为主体，搭载能够安全有效控制飞行的装置和设备的总称，它通常由机体结构、动力系统、飞行控制系统、发射和接收系统及其他安全设备等组成。

3.3 任务装置

任务装置指能够满足不同作业需要的设备总称。

3.4 多轴无人飞机

具有三个及三个以上旋转轴，能垂直起降，自由悬停的飞行器。

3.5 地面控制站

用于实现任务规划、链路控制、飞行控制、载荷控制、航迹显示、参数显示、图像显示和载荷信息显示以及记录和分发等功能的设备，是飞行控制系统中的一个部分。

3.6 辅助装置

保障多轴农用植保无人机飞行和安全的外围设备的总称。

4 多轴农用植保无人机系统的技术指标

多轴农用植保无人机系统的主要技术指标一般包括以下几个方面，或由详细规范规定：

4.1 飞行性能

4.1.1 速度指标

最大平飞速度：不超过 8m/s。

4.1.2 高度指标

最大飞行高度：相对起飞点的高度不超过 30m。

4.1.3 续航时间

最大续航时间。

4.1.4 飞行半径

一般指从起飞点到返航点的平面飞行半径。手控操作飞行方式：不超过 300m。使用地面站方式飞行的最大飞行半径不超过 1000m。

4.1.5 机动飞行性能

最大爬升率；最大下降率。

4.1.6 悬停稳定性

高度飘移：不大于 0.5m；水平飘移：不大于 2.0m。

4.1.7 飞行姿态平稳度

俯仰角平稳度；倾斜角平稳度。

4.1.8 起飞和着陆方式

4.2 重量指标

最大起飞重量；最大任务载重。

4.3 几何尺寸

最大轴距、最大高度、最大宽度、最大长度。

4.4 航迹控制精度

指地面站飞行方式的目标控制精度：飞行距离、高度控制、飞行速度。

4.5 作业性能

4.5.1 有效喷洒宽度

作业环境风速条件下有效喷洒宽度。

4.5.2 风场

风场指悬停、飞行状态产生的对标靶范围内的风力大小：飞行高度、速度、有效喷洒宽度。

4.5.3 喷洒流量

可调。

4.5.4 雾滴直径

4.6 环境适应性

4.6.1 气候环境

存储温度范围；工作温度范围；湿度；淋雨；盐雾；抗风等级。

4.6.2　力学环境

冲击；加速度；跌落、振动；运输。

4.6.3　特定环境

药雾侵蚀。

4.7　安全性

4.7.1　一键返航

4.7.2　失控保护

4.7.3　启动和关机保护

4.7.4　告警提示和机体标识

4.7.5　抗干扰性

4.8　保障性

可靠性、一致性、维修性。

4.9　互换性

4.10　耐久性与寿命特性

5　分类与编码

5.1　通用多轴无人机系统从轴的数量依轴的数量增加而变化

5.2　按照任务净载荷重量分类

a）轻型（5～10kg）。

b）小型（10～15kg）。

c）中型（15～25kg）。

d）大型（25kg以上）。

5.3　代号和编码

无人机系统代号由领域主代号、产品专业区分代号、分类代号、分级代号、能源方式代号、指标代号、企业名称代号和企业自定代号组成，如图 A-1 所示。

行业领域主代号：例如用"农业"的首个大写字母"AG"表示农用。

产品专业区分代号：用"无人机"的英语大写字母缩写"UAV"表示。

分类代号：用分类的平台构形表示。固定翼（fixed wing）用"F"表示、单轴旋翼（single shaft rotor）用"S"表示、多轴无人机（multi rotor）用"M"表示。

分级代号：用分级的续航时间表示。近航时（short）用"S"表示、中航时（middle-distance）用"M"表示、长航时（long）用"L"表示。农用机全部用"N"表示。

能源方式代号：无人机使用电池能源用"E"表示，使用燃油能源（fuel power）用

"F"表示，使用混合能源用"M"表示。

指标代号：用无人机的最大起飞重量表示，轻型用"L"表示，小型用"S"，中型用"M"表示，大型用"H"表示。

企业名称代号：三位字母表示、代表企业唯一性的字码。

企业自定代号：二位数字或字母表示。

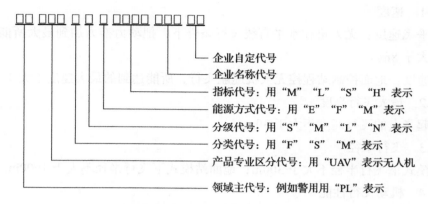

图A-1 无人机系统代号

示例1：XX公司生产的农业植保无人机系统，多轴无人机，净载荷6kg，能源方式电池，企业代号ABC，企业自定义号50，表示为：AG-UAV-M-N-E-S-ABC-50。

6 要求

6.1 设计要求

6.1.1 无人机的结构设计应符合空气动力飞行的特点，适合空气中平飞、侧飞、爬升、下降、悬停的姿态变化；正反桨与飞行器上需有对应的设计标识。

6.1.2 无人机系统的硬件设计应遵循系列化、标准化、模块化和向上兼容原则，应进行可靠性、维修性、易用性、软件兼容性、安全性和电磁兼容性设计。硬件的选择应优先采用满足相关国家标准和国家强制性产品认证要求的产品。

6.1.3 同一系列的无人机系统软件设计应满足系列化、标准化及兼容性要求，新版本应兼容旧版本软件。

6.1.4 应随产品提供能指导用户正确安装、使用及日常维护的文档，且应符合相应的国家标准。

6.2 基本参数和功能要求

6.2.1 外形尺寸

无人机的外形尺寸依据不同行业应用的要求而不同，一般不做硬性规定，但必须在产品外包装及产品手册上明确标明。

6.2.2 颜色

无人机外部主体颜色应按照行业特点和具体要求加以区别，并在产品外包装和产品使用手册中标明。

6.2.3 质量

无人机的质量依据不同行业应用的要求而不同，一般不做硬性规定，但必须在产品外包装及产品手册上明确标明。

6.2.4 无人机分系统要求

6.2.4.1 速度

最大平飞速度：无人机在水平直线飞行条件下，把动力推力加到最大所能达到的最大速度不大于 8m/s。

巡航速度：地面控制站程控无人机巡航飞行，所能达到的最大速度不大于 8m/s。

6.2.4.2 最大飞行高度

相对起飞点的飞行高度不大于 30m。

6.2.4.3 飞行半径

手控模式下飞行半径不大于 300m；地面站模式下飞行半径不大于 1000m。

6.2.4.4 机动飞行性能

最大爬升率：最大爬升率不小于 2m/s。

最大下降率：最大下降率不小于 2m/s。

6.2.4.5 飞行姿态平稳度

倾斜角平稳度、俯仰角平稳度精度误差 ±3.5°；偏航角平稳度精度误差在 ±3°。

6.2.4.6 航迹控制精度

飞行距离、飞行速度、飞行高度。

6.2.4.7 地面控制站控制半径

地面控制站能遥控无人机最远距离不大于 1000m。

6.2.4.8 抗风能力

抗风等级不小于 5 级风。

6.2.4.9 黑匣子存储能力

无人机具备黑匣子存储飞行数据，可持续存储数据不小于 20min。

6.2.5 地面控制分系统要求

6.2.5.1 综合显示系统

综合显示系统符合产品设计应用规范。对于飞行故障状态或任务故障状态要以声、光或红颜色特别提示。

6.2.5.2 地图与飞行航迹显示

地图与飞行航迹显示符合产品设计应用规范。

6.2.5.3 任务规划

任务规划符合产品设计应用规范。任务规划能进行预飞行仿真。

6.2.5.4 飞行设备参数更改设置

地面控制站能对飞行参数进行更改设置，并发送给无人机。

6.2.5.5 控制权切换功能

地面控制站和遥控器可对无人机的控制权进行切换。

6.2.5.6 一键自动返航功能

地面控制站或遥控器启动一键返航按键，无人机中止当前任务，按预先设定的航线返航并降落。

6.2.5.7 失联保护功能

无人机接收不到遥感信号，遥感信号出现中断超过预设时间，无人机沿原航线自动返航或按预设模式着陆。

6.2.5.8 显示屏参数要求

地面控制站或遥控器采用彩色液晶显示器，其对角线尺寸、亮度、对比度要求符合通用技术要求。

6.2.5.9 无人机启动和停止安全保护

无人机要通过发射机上特定的安全组合动作进行启动；无人机降落后的预设时间内应具有自动锁定启动功能。

6.2.6 地面保障分系统要求

6.2.6.1 起飞和着陆区域要求

无人机可在产品设计达成的平面上完成起飞和着陆。

6.2.6.2 电源设备要求

电源设备需符合 GJB 572A—2006 标准要求。

6.2.6.3 地面存储运输设备要求

多轴农用植保无人机系统的设备存储和运输企业自行确定，如有特殊装卸要求需在产品规范中说明，装卸设备需具备安装与维修无人机的工具。

6.3 标识

6.3.1 设备外表面上应符合产品外观通用的规定。

6.3.2 设备外表面应有产品编号。

6.3.3 设备的开机、关机和功能键等操作按键应标有清晰、明确的标识。

6.3.4 标识应采用通用符号或中文进行标注，标识应不易被擦除，且不应出现卷边。

6.4 电磁兼容性

无人机系统的设备在其电磁环境中能正常工作且不会对环境中的其他设备产生不能承受的电磁干扰的能力。

6.4.1 静电放电抗扰度

静电放电抗扰度试验应符合 GB/T 17626.2—2006 中等级 3 的规定：接触放电，试验电压 6kV；空气放电，试验电压 8kV。试验期间，通用多轴无人机系统的设备不应产生不可恢复的功能或性能丧失或降低，试验后设备应能正常工作，设备内存储的数据不应丢失。

6.4.2　射频电磁场辐射抗扰度

射频电磁场辐射抗扰度试验应符合 GB/T 17626.3—2006 中等级 3 的要求：试验场强 10V/m，频率范围 80~100MHz。试验期间，通用多轴无人机系统的设备不应发生状态改变；试验后设备应能正常工作，设备内贮存的数据不应丢失。

6.5　环境适应性

6.5.1　气候环境适应性

通用多轴无人机系统的设备按规定进行气候环境适应性试验，试验过程中不应发生状态改变，试验后设备应能正常工作。盐雾试验后设备表面不应有锈蚀。淋雨试验中，无人机应能正常飞行。

6.5.2　机械环境适应性

6.5.2.1　振动

试验时试件应通电工作。若不能通电，则试前试后均应做满功率功能检查，包括机械功能和电气功能检查，各项性能均应达到设计文件规定的技术指标。振动功率谱密度（PSD）见图 A-2，加速度谱均方根值（G_{RMS}）为 6.06g。

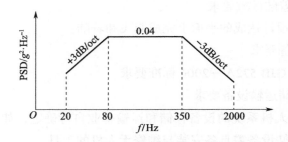

图 A-2　随机振动验收试验条件

方向：X、Y、Z 三向。

时间：对三轴进行振动，每轴振动 5min。

安装要求：试件一律与振动台面刚性连接。

6.5.2.2　冲击

通用多轴无人机系统设备的冲击能力需在规范中明确，冲击能力需按 GJB 150.18A 标准制订对应频率、量级、冲击方向和冲击次数等要求。经冲击试验后，设备内部线路、电路板和接口等接插件不应有脱落、松动或接触不良现象。试验后应能正常工作，存储的数据不应丢失。

6.5.2.3　包装跌落

包装跌落按 GJB 150.18A 标准要求进行，推荐的包装跌落高度见表 A-1。跌落试验后各项性能均应达到设计文件规定的技术指标。

表 A-1 推荐的跌落高度

包装质量 /kg	类型	跌落高度 /cm	最大试件速度变化量 /cm·s^{-1}
0~9.1	人工装卸	76	772
9.2~18.2	人工装卸	66	769
18.3~27.2	人工装卸	61	691
27.4~36.3	人工装卸	46	600
36.4~45.4	人工装卸	38	546
45.5~68.1	机械装卸	31	488
68.2~113.5	机械装卸	26	447
≥ 113.6	机械装卸	20	399

6.5.3 高原环境适应性

通用多轴无人机系统可在不低于海拔 3000m 高原环境进行飞行。

6.6 可靠性

可靠性参照 GJB 899A 的指标方法，符合产品设计规范要求。可靠性试验时间包括地面联试和空中飞行时间，不得小于试验总时间的一半。实验过程中出现不可排除的故障 $r \leqslant 2$。

6.7 维修性

维修性是指对产品在规定的条件和规定的时间内，按规定的程序和方法进行维修时，保持和恢复到规范的状态进行的要求。需在规范中明确对无人机分系统和任务设备分系统可更换单元的要求。航线可更换单元（LRU）维修指标为：平均修复时间（MTTR）$\leqslant$ 30min。

6.8 安全性

通用多轴无人机系统可采用自动返航、一键返航、自动降落、自动复飞等安全机制。无人机的安全机制功能要求需在产品规范中明确。

6.9 耐久性

通用多轴无人机系统设备耐久性要求应符合表 A-2 的规定。

表 A-2 耐久性

主要部件	耐久性
电机和桨叶旋转	1000000 转
电源开关	3000 次
液晶显示及开关	2000 次
可动部件	3000 次
模式选择开关	5000 次

6.10 黑匣子时间记录要求

多轴无人机飞行时，黑匣子可记录多轴无人机飞行时的数据量大于 20min。

7 标志、包装、运输及贮存

7.1 标志

标志应制在标牌上，再将标牌牢固地固定到产品上，通用无人机系统的设备应在适当位置装有清晰、耐久的铭牌，并在其上注明：

a）产品名称。

b）产品型号和注册商标。

c）制造厂名称或代号。

d）制造编号（或出厂日期）或生产批号。

7.2 包装

产品的包装盒内应有说明书、合格证、保修卡及相关的附件。根据产品体积大小，选用规格适当的包装箱。包装箱上应有厂名、产品型号、名称、数量、生产日期、质量及防护要求（如"小心轻放""防潮"等）。

7.3 运输

包装设计时应满足贮存、装箱和运输要求。经包装的产品应能承受汽车、火车、轮船、飞机等交通工具的运输而不致损坏。在运输时应严密遮盖，避免淋雨受潮、暴晒，避免与腐蚀性物品混装运送。

7.4 贮存

经包装的产品应贮存在环境温度为 –5~+40℃，相对湿度 ≤ 80%，无腐蚀性气体，通风干燥、避光的库房内，应离地面 250mm 以上，不应与腐蚀性物品一起贮存。

8 交付与培训

8.1 交付

产品交付应在订购方指定地点进行或按合同规定，产品应具有技术说明书和使用维护说明书。

8.2 培训

培训一般应分为理论培训和实操培训；产品厂家提供培训教材，必要时提供培训录像片；应具有培训考核，通过考核人员可获得上岗证，持有上岗证的人员可获得独立操作产品的资格。

附录 B　植保无人飞机施药安全技术规范

（DB37/T 3939—2020）

1　范围

本标准规定了植保无人飞机施药的基本要求、施药作业前准备、施药作业、施药作业后处理等。

本标准适用于植保无人飞机施药防治农作物病虫害作业。

2　规范性引用文件

下列文件对于本文件的应用是必不可少的。凡是注日期的引用文件，仅注日期的版本适用于本文件。凡是不注日期的引用文件，其最新版本（包括所有的修改单）适用于本文件。

GB/T 8321　农药合理使用准则（所有部分）

GB 12475　农药贮运、销售和使用的防毒规程

GB/T 25415　航空施用农药操作准则

NY/T 1533　农用航空器喷施技术作业规程

NY/T 3213　植保无人飞机质量技术评价规范

3　术语和定义

下列术语和定义适用于本文件。

3.1　隔离带（isolation zone）

喷雾作业区域边缘与敏感目标区域边缘之间的间隔地带。

3.2　喷幅（spraying range）

植保无人飞机作业会形成喷雾带，相邻两个达到足够有效雾滴覆盖密度要求的喷雾带中心线之间的距离。

3.3　作业高度（operation altitude）

植保无人飞机作业时雾化喷头与作物冠层顶部的相对距离。

4　基本要求

4.1　气象条件

4.1.1　风速

作业时，最大风速 3m/s。

4.1.2 温度与湿度

施药适宜环境温度为 5~35℃，当温度超过 35℃时应暂停作业；相对湿度宜在 50% 以上。

4.1.3 降雨

预估化学农药施药后 12~24h 内、生物农药施药后 48~72h 内没有降雨的情况下适宜作业。

4.2 植保无人飞机要求

植保无人飞机应符合 NY/T 3213，维护良好，安全可靠，可以正常作业。

4.3 操作人员要求

4.3.1 飞控手

飞控手应经过有关航空喷洒技术的培训，获得专业的培训合格证；应掌握作物病虫害发生规律与防治技术及安全用药技能，了解农药风险及具有中毒事故应急处理的常识和能力，并做好个人防护。

4.3.2 辅助作业人员

辅助作业人员包括药液配制、灌装人员，以及地面指挥人员等，所有人员应熟悉作业流程，安全用药常识和掌握正确的操作步骤，并做好个人防护。

4.4 农药科学安全使用要求

4.4.1 科学选药

坚持"预防为主，综合防治"的植保方针，针对作物不同时期主要病虫害发生情况，选用登记的高效、低风险农药品种；其剂型可在低容量/超低容量航空喷洒作业的稀释倍数下均匀分散悬浮或乳化；一个生长季同一防治对象需要多次防治时，应交替轮换使用不同作用机理的药剂。药剂施用应符合 GB/T 8321 要求。

4.4.2 科学配药

4.4.2.1 根据作物病虫害发生情况，可选择 1 种或多种药剂（一般不超过 3 种）科学混配，混配时依次加入，每加入一种应立即充分搅拌混匀，然后再加入下一种。宜预先进行桶混兼容性试验。

4.4.2.2 采用二次稀释法配制药液。配药时选择 pH 值接近中性的水，不能易浑浊的硬水配制农药。严格按农药标签推荐剂量用药，不能随意增加和降低农药用量。宜选择水分散粒剂、悬浮剂、微乳剂、水乳剂、水剂、可分散油悬浮剂、超低容量液剂等剂型。现配现用，不能放置超过 3h。

4.4.2.3 药液配制过程中宜添加相应飞防助剂。

4.4.3 药液的加注

用 2 层 100 目滤筛过滤后加注。

4.4.4 剩余药液和农药废弃包装容器的处理

要求符合 GB 12475 的规定。

5 施药作业前准备

5.1 作业区块要求

5.1.1 作业区块边际 10m 范围内无人居房、防护林、高压线塔和电杆等障碍物。

5.1.2 作业区块内无影响飞行安全或阻挡操控人员视线的障碍物。

5.1.3 作业区块周边或区块内有适合无人飞机起落的场地以及可用于配药的洁净水源。

5.1.4 明确作业区域内空中管制要求及周围的设施。

5.2 确定施药区域

5.2.1 作业地图的绘制

利用地面站或人工测绘作业地图，作业地块周围做好明显标记，明确作业区域；标记作业地块内及周边障碍物或特殊区域。

5.2.2 作业路线的设计

综合植保无人飞机最大控制距离、飞行高度、飞行速度、喷幅、载药量、亩施药量、喷洒速度等参数进行喷雾航线规划，在保证喷洒效果的前提下，合理设计喷雾航线。

5.2.3 起降点选择

应选择空旷、没人经过的地势平坦的区域作为起降点。

5.3 隔离带设置

在人居环境、鱼虾养殖场所、牲畜饲养地、桑蚕种植基地，以及任何环境敏感场所进行无人飞机喷雾作业前，必须设立施药缓冲隔离带，隔离带距离大于 100m。

5.4 确定作业方案

5.4.1 喷药压力和雾滴大小

选用同样的喷头和药剂时，设定的喷药压力越大，雾滴粒径越小。采用低容量或超低容量喷雾，雾滴直径为 50~200μm。

5.4.2 施药液量

每公顷施药液量不少于 15L。

5.4.3 作业高度和有效喷幅

作业高度以 1~3m 为宜，且施药过程中应严格保持稳定的飞行高度；喷幅则应根据气象条件、作物情况、飞行高度和无人飞机厂商规定的有效喷幅作业综合确定。

5.4.4 飞行速度

飞行速度的确定可参考以下公式计算：

$$v= \frac{Q\times10000}{q\times D\times60}$$

式中　q——每公顷施药液量（L/hm²）；

　　　Q——喷头总流量（L/min）；

　　　v——飞行速度（m/s）；

D——有效喷幅（m）。

5.5 施药设备的准备及检查调整

5.5.1 机械部分

检查螺旋桨、电机座、电池、药箱是否安装到位，各连接部件连接牢固、并保持完好，确保能够正常可靠运转，并校准整机重心位置。

5.5.2 电子部分

检查各插头、机电线，电子设备、遥控器是否完好，确保能够正常运转；检查电子罗盘，校准指针方向。

5.6 作业公告

作业现场须张贴喷雾作业公告。公告内容：作业时间、作业区域、防治目标、喷施机型、喷施药剂的剂型与种类、作业方式、警告事项等。

5.7 试喷

施药前，用清水在作业地块试喷，检查和校准喷头流量及喷洒监测装置，确定植保无人飞机喷雾作业状态良好。

6 施药作业

6.1 起飞

操作人员视线应高于作物高度，能清晰观察到无人飞机飞行状态。植保无人飞机启动后起飞，轻微推动油门，观察飞行器是否稳定可控。若存在问题及时降落检查，无故障方可直接进行喷雾作业飞行。

6.2 喷洒作业

6.2.1　根据设定好的作业路线进行手动喷雾作业，或者设定自动航线进行自主飞行喷雾作业。飞行过程中要注意保持稳定的飞行速度、高度和喷幅，符合 GB/T 25415 和 NY/T 1533 的相关规定。

6.2.2　作业时，先在田间进行与地块边界匀速平行的喷洒作业，与田块边界保持 1~2 个喷幅。在匀速平行喷施全部完成后，再对田块边界地带（未施药的 1~2 个喷幅）进行匀速闭环喷洒。

6.2.3　在丘陵或山丘等复杂地形作业时，如果因地形不平坦，不能仿地飞行，应沿着地形坡度由上向下沿同一方向飞行喷洒。

6.2.4　作业过程中，当风速超过 3m/s 时，飞控手应停止作业并使无人飞机返回起降点，当风向风速符合要求后再进行作业。

6.3 降落

作业结束后，植保无人飞机须降落至指定平坦区域，降落过程平稳柔和。

7 施药作业后处理

7.1 警示标记

应对施药区域进行警示标记，严禁人畜靠近。

7.2 作业后效果检查

7.2.1 查看飞行轨迹及流量数据

作业结束后，应及时查看防治效果、飞行轨迹及喷雾流量数据，若发现明显漏喷区域，应及时补喷；若发现明显重喷区域，应定期观察，及时采取补救措施。

7.2.2 防治效果调查

作业结束后，应按时进行田间防治效果调查和跟踪。

7.2.3 无人飞机的清洗和保养

7.2.3.1 喷洒作业结束后，应使用清水对无人飞机和喷洒设备的内部和外表面清洗干净，必要时可加润滑油，对可能锈蚀的部件可涂防锈黄油。

7.2.3.2 喷洒设备不使用时，应对药泵、控制阀、喷杆、喷头等进行分解、清洗更换损坏的零部件；如含压力表的，在喷雾液泵停止工作后，压力表指针应回零。

7.2.3.3 无人飞机存放地点应干燥通风，远离火源，不应露天存放，不应与农药及酸、碱等腐蚀性物质存放在一起。

7.2.3.4 无人飞机电池应严格按照使用说明书要求进行维护和保养，长期存放应每隔三个月进行维护性充放电，及时更新软件。

7.3 施药作业记录

作业结束后，填写植保无人飞机施药作业记录表（表 B-1）。

表 B-1 植保无人飞机施药作业记录表

作业地点		联系人及联系方式	
作业时间 /h		作业时气温 /°C	
作物及生育期		作业时风速 /m·s^{-1}	
防治对象		下风向作物	
防治面积		施药后 12h 气象	
无人飞机生产企业		整机额定载药量 /L	
无人飞机型号		喷头类型及型号	
有效喷幅 /m		作业高度 /m	
施药液量 /L·hm^{-2}			
药剂名称	登记证号	每公顷制剂用量 /g 或 mL	

附录 C 农业植保无人机安全作业操作规范

（DB36/T 995—2017）

1 范围

本标准规定了农业植保无人机安全作业注意事项、作业前准备、现场作业、作业后维护。

本标准适用于农业植保无人机的安全作业操作。

2 规范性引用文件

下列文件对于本文件的应用是必不可少的。凡是注日期的引用文件，仅所注日期的版本适用于本文件。凡是不注日期的引用文件，其最新版本（包括所有的修改单）适用于本文件。

DB36/T 930　农业植保无人机

AP–45–AA–2017–03　民用无人驾驶航空器实名制登记管理规定

AC–91–FS–2015–31　轻小无人机运行规定（试行）

3 安全作业注意事项

3.1　参与作业的农业植保无人机必须符合 DB36/T 930、AP–45–AA–2017–03、AC–91–FS–2015–31 的规定。

3.2　飞行范围应严格按照作业方案执行，飞行距离控制在视距范围内，同时了解作业地周围的设施及空中管制要求。

3.3　飞行应远离人群，作业地有其他人员时严禁操控飞行。

3.4　起降飞行、平行飞行时，按作业方案应与障碍物保持规定的安全距离。

3.5　操控人员应佩戴口罩、安全帽、防眩光眼镜、身穿反光工作服并严禁穿拖鞋，且在上风处和背对阳光操作；操控人员应与农业植保无人机保持规定的安全距离；作业过程中操控人员应关闭手机及其他有电磁干扰设备。

3.6　作业人员之间相互通话必须简洁、明确，并且重复两次以上。

3.7　地面操作维护、保养时，必须关闭动力系统，避免意外启动，防止发生事故。

4 作业前准备

4.1 作业区块要求

4.1.1　作业区块安全距离内及周边应避免有影响安全飞行的林木、高压线塔、电线、电杆等障碍物。

4.1.2 作业区块及周边可视范围内应有适合农业植保无人机起落的场地和飞行航线。

4.1.3 作业区块不能位于国家规定的禁飞区域内。

4.2 操控人员要求

4.2.1 操控人员必须经过相关机构的培训，并取得相应的培训合格证书。

4.2.2 操控人员严禁酒后及身体不适状态下操控，对农药有过敏情况者严禁操控。

4.3 农药要求

4.3.1 根据作物要求，选择符合相关标准规定、适合农业植保无人机飞防要求的高效农药。

4.3.2 遵守农药使用规定，妥善保管农药，并在配药、用药过程中采取防护措施，避免发生农药使用事故。

4.4 气象条件

4.4.1 作业前应查询作业区块的气象信息，包括温度、湿度、风向、风速等气象信息。

4.4.2 雷雨天气禁止作业。

4.4.3 风力大于 3 级或室外温度超过 30℃禁止作业。

4.5 确定作业方案

4.5.1 根据作业区块地理情况，设置农业植保无人机的飞行高度、速度、安全距离、喷幅宽度、喷雾流量等参数。

4.5.2 根据作业区块作物及病虫害情况、农药使用说明或咨询当地农业植保部门，确定药品、药量以及配药标准。

4.5.3 制定突发情况的应急预案，确保人员和农业植保无人机安全。

4.6 设备准备

4.6.1 农业植保无人机必须有企业的产品合格证。

4.6.2 根据使用说明书要求检查，农业植保无人机及辅助设备应齐全。

4.6.3 操控人员做好农业植保无人机各项检查，确保农业植保无人机处于正常状态，严禁农业植保无人机带病作业。

4.6.4 检查电池电量或燃料量及飞行信号灯状态处于正常状态。

4.6.5 调试通信设备，作业人员在作业区最远处通信正常，确保操控人员作业时沟通顺畅。

4.6.6 操控人员对农业植保无人机进行不喷农药的模拟作业，正常后才可以进行作业飞行。

5 现场作业

5.1 起飞前，应在作业区块设置明显的禁止入内的警示标识，再次检查作业区块及周边情况，确保没有影响飞行安全因素。

5.2 起飞前检查电池电压或燃料情况，确保农业植保无人机整机处于正常状态。

5.3 根据作业情况，观察飞行远端的位置和状态以及农业植保无人机喷洒的宽度、飞行高度、速度、距离、断点等，做出相应处理。

5.4 做好农业植保无人机作业情况记录。农业植保无人机寿命期内保存作业记录。

5.5 建立农药使用记录，如实记录使用农药的时间、地点、对象以及农药名称、用量、生产企业等。农药使用记录应当保存 2 年以上。

5.6 完成作业后，应将记录汇总归档保存。

5.7 做好农业植保无人机转场、更换电池、加注燃料和加药等工作。

6 作业后维护

6.1 整理装备

6.1.1 作业完成后，做好农业植保无人机以及通信设备、遥控器、风速仪、充电器等相关附件的整理与归类保存。

6.1.2 妥善收集农药包装物等废弃物，防止农药污染环境和农药中毒事故的发生。

6.2 清洁与检查

6.2.1 排净药箱内的残留药剂，清洗喷头和滤网等所有配药器具，保证无残留物附着，不得污染环境。

6.2.2 农业植保无人机燃油机需排空剩余燃料，运动部件要涂防锈和润滑油，并检查和紧固螺栓。

6.3 电池充电与存放

6.3.1 电池的充电与使用按电池的相关标准执行。

6.3.2 作业完成后，应按要求分类整理摆放电池，并在电池防爆箱内标注使用或未使用。

6.4 贮存

检查完毕后，应将农业植保无人机及辅助设备安全运回存放地存放。

参考文献

［1］何雄奎. 植保无人机与施药技术［M］. 西安：西北工业大学出版社，2019.

［2］何勇，岑海燕，何立文，等. 农用无人机技术及其应用［M］. 北京：科学出版社，2018.

［3］张建平，程亚樵，张运华，等. 中国植保病虫草害图谱大全暨防治宝典［M］. 郑州：中原农民出版社，2021.

［4］骆焱平，曾志刚. 新编简明农药使用手册［M］. 北京：化学工业出版社，2016.

［5］何雄奎，程忠义. 无人机植保技术［M］. 北京：中国民航出版社，2018.

［6］KLEINSNGER S，SCHMIDT K. 93中德学者植保机械技术研讨班讲学材料［A］. 北京：北京农业大学，1993.

［7］袁志发，周静芋. 试验设计与分析［M］. 北京：高等教育出版社，2000.

［8］强胜. 杂草学［M］. 北京：中国农业出版社，2001.

［9］丁祖荣. 流体力学［M］. 北京：高等教育出版社，2003.

［10］何雄奎，刘亚佳. 农业机械化［M］. 北京：化学工业出版社，2006.

［11］屠豫钦，李秉礼. 农药应用工艺学导论［M］. 北京：化学工业出版社，2006.

［12］陈英旭. 农业环境保护［M］. 北京：化学工业出版社，2007.

［13］徐映明，朱文达. 农药问答精编［M］. 北京：化学工业出版社，2007.

［14］GULLAN P J，CRANSTON P S. 昆虫学概论［M］. 彩万志，花保祯，宋敦伦，等译. 3版. 北京：中国农业大学出版社，2009.

［15］关成宏. 绿色农业植保技术［M］. 北京：中国农业出版社，2010.

［16］何雄奎. 药械与施药技术［M］. 北京：中国农业大学出版社，2013.

［17］何雄奎. 高效施药技术与机具［M］. 北京：中国农业大学出版社，2012.

［18］农业部种植业管理司，全国农业技术推广服务中心. 农作物病虫害专业化统防统治手册［M］. 北京：中国农业出版社，2011.

［19］孙毅. 无人机驾驶员航空知识手册［M］. 北京：中国民航出版社，2010.

［20］邵振润，梁帝允. 农药安全科学使用指南［M］. 北京：中国农业科学技术出版社，2014.

［21］汪建沃，刘杰，苏彪，等. 水稻全程植保无人机飞防作业200问［M］. 长沙：中南大学出版社，2017.

［22］宇辰网. 无人机［M］. 北京：机械工业出版社，2017.

［23］全权. 多旋翼飞行器设计与控制［M］. 杜光勋，赵峙尧，戴训华，等译. 北京：电子工业出版社，2018.

［24］MATTHEWS G A，MILLER P，BATEMAN R. Pesticide application methods［M］. Hoboken，N. J. ：Wiley-Blackwell，2014.

［25］HUNT D. Farm power and machinery management［M］. Ames：Iowa State University Press，2001.

［26］OHKAWA H，MIYAGAWA H，LEE P W. Pesticide chemistry：crop protection，public health，environmental safety［M］. Weinheim：Wiley-VCH，2007.